普通高等教育“十四五”系列教材
高等学校土木类专业应用型本科系列教材

土木工程施工技术

主　编　彭军志　王　雪　孙海英
副主编　朱宝英　刘喜峰　高　健　姜耀龙　王中广

中国水利水电出版社
www.waterpub.com.cn
·北京·

内 容 提 要

本书是高等学校土木类专业应用型本科系列教材之一，依据2012年教育部颁布的《普通高等学校本科专业目录和专业介绍》和2018年教育部颁布的《普通高等学校本科专业类教学质量国家标准》等的要求编写而成。

本书根据目前我国各应用型本科高校土木工程和相关专业的需求，以土建施工技术为主线，结合各类工程实际案例，融入近十年我国土木工程领域取得的部分成就，以更加简明、新颖、实用的内容，培养学习者知识、能力和素质。全书共计11章，主要包括土方工程、基础工程、钢筋混凝土结构工程、砌筑工程、防水工程、道路工程、桥梁工程、隧道工程等的施工准备工作、材料机具使用、施工工艺流程、施工技术要点及质量检查验收等内容。

本书可作为高等学校土木工程、工程管理、工程造价、智能建造等相关专业的教材和教学参考书，也可作为土木工程技术人员、管理人员的参考书。

图书在版编目（CIP）数据

土木工程施工技术 / 彭军志，王雪，孙海英主编．北京 ：中国水利水电出版社，2024．11．--（普通高等教育“十四五”系列教材）（高等学校土木类专业应用型本科系列教材）．-- ISBN 978-7-5226-2824-0

Ⅰ．TU7

中国国家版本馆CIP数据核字第20242UN107号

书　　名	普通高等教育“十四五”系列教材 高等学校土木类专业应用型本科系列教材 **土木工程施工技术** TUMU GONGCHENG SHIGONG JISHU
作　　者	主　编　彭军志　王　雪　孙海英 副主编　朱宝英　刘喜峰　高　健　姜耀龙　王中广
出版发行	中国水利水电出版社 （北京市海淀区玉渊潭南路1号D座　100038） 网址：www.waterpub.com.cn E-mail：sales@mwr.gov.cn 电话：(010) 68545888（营销中心）
经　　售	北京科水图书销售有限公司 电话：(010) 68545874、63202643 全国各地新华书店和相关出版物销售网点
排　　版	中国水利水电出版社微机排版中心
印　　刷	清淞永业（天津）印刷有限公司
规　　格	184mm×260mm　16开本　16.25印张　395千字
版　　次	2024年11月第1版　2024年11月第1次印刷
印　　数	0001—2000册
定　　价	**49.00**元

前　言

党的二十大报告中指出，我们实行更加积极主动的开放战略，构建面向全球的高标准自由贸易区网络，加快推进自由贸易试验区、海南自由贸易港建设，共建“一带一路”成为深受欢迎的国际公共产品和国际合作平台。我国成为一百四十多个国家和地区的主要贸易伙伴，货物贸易总额居世界第一，吸引外资和对外投资居世界前列，形成更大范围、更宽领域、更深层次对外开放格局，土木工程产品也将迎来对外出口方面前所未有的机遇和挑战。自党的十九大以来，我国建成世界最大的高速铁路网、高速公路网，机场港口、水利工程、能源工程等基础设施建设取得重大成就，土木工程施工技术也有了突飞猛进的发展。

“土木工程施工技术”是土木工程专业的核心课程，主要研究土木工程的工艺流程和施工技术以及质量验收方法。本书结合当前土木工程领域新的施工技术和施工方法，注重对基本理论和基本方法的阐述，强调实用性和可操作性，从土木工程实际需要出发，坚持对读者应用能力的培养，引导读者学做一体，努力培养高素质应用型人才。

为了将土木工程施工过程中的新材料、新设备、新方法、新技术及时、快速应用和推广，校企合作编写本书。书中列举了大量土木工程现场案例，并努力做到深入浅出、通俗易懂。本书内容主要以施工技术为主，施工组织部分可以参考相应的数字资源。

本书建立了全媒体资源库，通过扫描二维码，读者可以在“行水云课”平台上学习相关资源。新技术快于教材的更新，为了使读者能及时掌握最新的施工技术，本书数字资源建设会时时更新，规避教材印刷滞后问题。本书可为互联网＋土木工程施工技术教学奠定基础。

本书由吉林农业科技学院彭军志、孙海英，河北工程技术学院王雪担任主编；吉林农业科技学院朱宝英、刘喜峰、高健，中国京冶工程技术有限公司姜耀龙，吉林淞江建设开发有限公司王中广担任副主编；中交集团总工程师孙建平担任主审。本书共计11章，具体分工如下：第1章、第4章、第6章由彭军志编写；第2章、本书思政案例资源由王雪编写；第3章由朱宝英编写；第5章、第8章由刘喜峰编写；第7章、第11章由高健编写；第9章、第10章由孙海英编写；姜耀龙为教材提供了相关的数字资源，王中广提供了工程案例素材。

土木工程施工技术的发展日新月异，限于编者的水平，书中难免存在缺点和不足之处，欢迎广大读者批评指正。

编　者

2024年5月

数字资源清单

资源编号	资 源 名 称	资源类型	资源页码
1.1	开工报告格式	拓展资料	2
1.2	开工前调查内容汇总	拓展资料	3
1.3	图纸会审记录	拓展资料	3
1.4	临时房屋设施参考指标	拓展资料	6
1.5	临时道路设计参数表	拓展资料	6
1.6	季节性施工准备	拓展资料	6
1.7	课后习题参考答案	拓展资料	7
2.1	边坡坡度允许值	拓展资料	22
2.2	工程事故案例	拓展资料	33
2.3	课后习题参考答案	拓展资料	33
3.1	课后习题参考答案	拓展资料	53
4.1	钢筋与混凝土黏结作用	视频	55
4.2	热轧钢筋及钢筋生产工艺	拓展资料、视频	57
4.3	钢筋的性能	拓展资料	57
4.4	量度差值推导过程和钢筋末端弯钩增加长度	拓展资料	59
4.5	钢筋下料计算例题	拓展资料	62
4.6	钢筋焊接方法	拓展资料、视频	66
4.7	钢筋安装位置的允许偏差和检验方法	拓展资料	67
4.8	钢筋工程质量通病	拓展资料	69
4.9	组合钢模组成与安装	拓展资料	73
4.10	工具式模板视频演示	视频	75
4.11	筒仓倒塌案例：江西丰城电厂“11·24”致73死事故	拓展资料	77
4.12	梁板柱墙构件模板验算思路	拓展资料	81
4.13	强制式和自落式搅拌机对比	拓展资料	84
4.14	混凝土运输工具及混凝土泵动画演示	拓展资料、视频	86

续表

资源编号	资　源　名　称	资源类型	资源页码
4.15	课后习题参考答案	拓展资料	95
5.1	先张法	视频	98
5.2	先张法预应力混凝土施工	视频	99
5.3	先张法预应力混凝土受弯构件各阶段的应力分析	视频	101
5.4	后张法	视频	102
5.5	后张法预应力混凝土	视频	102
5.6	JM12 锚具	视频	103
5.7	千斤顶工作过程	视频	105
5.8	课后习题参考答案	拓展资料	116
6.1	起重机械简介及动画演示	拓展资料、视频	119
6.2	起重机索具简介	拓展资料	120
6.3	思政案例：悬挂式重载升降机	拓展资料	120
6.4	旋转法吊柱	视频	123
6.5	单机滑行法吊柱	视频	123
6.6	缆索吊装施工	视频	124
6.7	结构综合吊装	视频	131
6.8	起重臂长的选择	视频	132
6.9	单机吊装开行路线	视频	133
6.10	柱和屋架预制和安装阶段平面布置方法	视频	134
6.11	单机吊装平面图设计	视频	134
6.12	整体提升施工	视频	134
6.13	对称吊装屋顶壳板	视频	134
6.14	课后习题参考答案	拓展资料	135
7.1	思政元素：天下第一桥——赵州桥	拓展资料	140
7.2	一顺一丁	视频	141
7.3	三顺一丁	视频	142
7.4	砌筑施工可视化交底	拓展资料	143
7.5	课后习题参考答案	拓展资料	151
8.1	地下室外墙防水内贴法	视频	154
8.2	地下室外墙防水外贴法	视频	154
8.3	卷材水平铺贴施工	视频	157

续表

目　录

第1章 施工准备工作

【项目案例引入】

××项目××工程施工准备：

1. 技术准备

(1) 由项目部技术负责人组织各专业施工管理人员进行图纸会审。

(2) 根据设计要求和规范要求，进一步细化施工方案编写技术交底。

(3) 组织施工操作人员熟悉设计图纸，学习相关“施工规范”。

(4) 组织人员学习现场安全生产和文明施工管理规定。

(5) 编制施工预算，提出原材料进场、劳动力计划及机械设备计划。

(6) 及时对各种原材料进行试验、检验，计量器具要先检验，后使用。

(7) 根据工程特点和业主提供的测量基准点进行平面轴线及高程测设。

2. 生产准备

(1) 现场施工准备。

(2) 现场临时用电。

(3) 现场临时水源。

(4) 排水系统。

3. 施工资金和材料准备

(1) 材料准备。

(2) 施工材料的验收与质量保证措施。

1.1 施工准备概述

1.1.1 施工准备工作的意义和要求

建筑施工是一项综合性、复杂性的生产活动，它涉及大量材料的供应，多种机械设备的使用，诸多专业化施工班组安排与协调配合等，而且还涉及许多复杂的施工技术难题的处理。因此，充分做好施工准备工作，对于加快施工进度、提高工程质量、降低工程成本，都将起到重要的作用。实践证明，施工准备工作做得越充分、考虑得越周到，实际施工就会越顺利，施工速度就越快，经济效益就越好；反之，如果忽视施工准备工作，仓促开工，必然会造成现场混乱、进度迟缓、物资浪费、质量低劣，甚至被迫停工、返工，造成不应该有的损失。

施工准备工作不仅指开工前的准备工作，还必须贯穿于整个施工过程中。拟建工程开工前，施工准备工作是为工程正式开工创造必要的条件；而工程开工后，继续做好各项施工准备工作，是使施工顺利进行和工程圆满完成的重要保证。

资源 1.1 开工报告格式

在做好各项施工准备工作后，应写出开工报告，并向上级申报，经批准后，单位工程才能开工。

施工准备工作的范围包括两个方面。一个方面是阶段性的施工准备，它是指工程开工前的各项准备工作，带有全局性。没有这一准备，工程既不能顺利开工，也做不到连续施工。另一个方面是工程作业条件的施工准备，它是为某一项单位工程，或某一个施工阶段，或某个分部分项工程，或某个施工环节所做的施工准备，这是局部性的，也是经常性的。一般来说，冬雨期施工准备属于作业条件的施工准备。

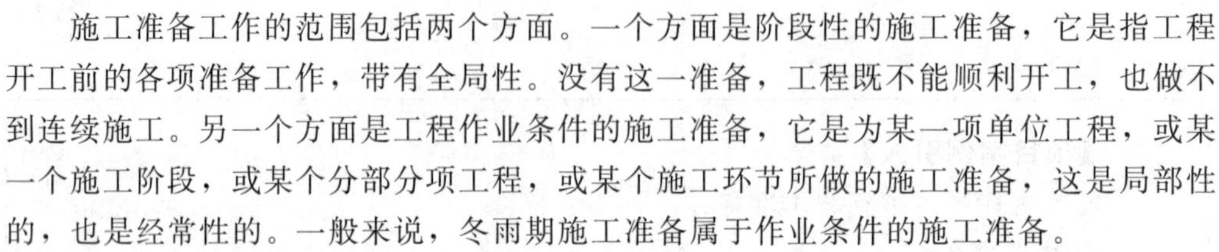

每项工程施工准备工作的内容视该工程本身及其具备的条件而定，有的比较简单，有的却十分复杂。例如，只有一个单项工程的施工项目和包含多个单项工程的群体项目，一般小型项目和规模庞大的大中型项目，新建项目和改扩建项目，在未开发地区新建的项目和在已开发地区所需各种条件大多已具备的地区的项目等，都因工程的特殊需要和特殊条件而对施工准备提出不同的具体要求。因此，需根据具体工程的需要和条件，按照施工项目的规划来确定准备工作的内容，并拟订具体的、分阶段的施工准备工作实施计划，才能充分而又恰如其分地为施工创造一切必要条件。

为此要在时间上、内容上、步骤上进行合理安排，既要重视开工前的各项准备，又要重视施工中的准备，两方面的工作都要做好，做到“条件具备再开工，准备充分再作业，不搞无准备的施工”。

开工前的施工准备工作分前期准备和后期准备两个阶段进行。前期施工准备工作分为建设场地勘查、技术资料准备。

1.1.2　施工准备工作的实施

对于施工准备工作的内容，应逐项确定完成日期，落实具体负责人。单位工程施工准备工作包括以下内容：

（1）现场障碍物清理及场地平整。

（2）临时设施的搭建。

（3）暂设水电管线的安装。

（4）场内交通道路布置。

（5）排水沟的修筑以及人工降低地下水位。

（6）材料、机具设备及劳动力进场。

（7）加工订货及设备的落实。

1.1.3　前期施工准备工作

1.1.3.1　建设场地勘查

建设场地勘查主要是指了解建设地点的地形、地貌、地质、水文、气象、市场状况、施工条件、周围环境和障碍物情况等；一般可作为确定施工方法和技术措施的依据。

对于施工区域内的建筑物、构筑物、水井、树木、坟墓、沟渠、电杆、车道、土堆、青苗等地面物，均可用目测的方法进行调查，并详细记录下来；对于场区内的地下埋设物，如地下沟道、人防工程、地下水管、电缆等，可向当地村镇有关部门调查了解，以便于拟订障碍物的拆除方案以及土方施工和地基处理方法。需要调查的内容主要应包括地方资源的调查，地方建筑材料及构件生产企业的调查，当地自然条件调查，水、电、蒸汽等条件调查，建设地区交通运输条件调查，社会劳动力和生活设施调查等。

资源 1.2
开工前调查
内容汇总

1.1.3.2　技术资料准备

技术资料准备即通常所说的室内准备（内业准备），其内容一般包括以下几部分：

1. 图纸会审

图纸会审是施工前极为重要的技术准备工作。会审的目的主要有两个：一是事先认真阅读图纸，了解设计意图、工程质量标准，了解新结构、新技术、新材料和新工艺的技术要求及图纸间内在的联系；二是在熟悉图纸及有关资料的基础上，通过由设计单位、建设单位、施工单位等单位参加的会审，发现有关问题，并在施工之前解决，真正做到按图施工。图纸会审的主要内容如下：

（1）设计图纸是否符合国家有关技术规范，是否符合实用经济、美观大方的原则。

（2）图纸本身及说明是否完整、清晰，图纸的尺寸、轴线、标高及各种管线等是否准确，各种图纸（平面图、立面图、剖面图、节点大样图、结构配筋图、水电安装图等）之间是否有矛盾。

（3）施工单位的技术水平、技术设备能否满足结构方案和建筑装饰的要求，能否保证工程质量和安全。

（4）图纸上选用的各种材料、配件、构件能否保证采购，其规格、型号、性能、质量、数量能否满足设计要求。

（5）对设计中的不明确处或有疑问处，请设计人员做必要的解释。

（6）图纸是否贯彻就地取材、因材设计的原则；如果不能贯彻，可在会审时提出合理化建议。

（7）若设计或建设单位在图纸发出后，由于情况有变而需做某些方面的更改，其变动部分在图纸会审时一并解决。

图纸会审应有通过充分协商后统一形成的图纸会审纪要，并由参加会审的单位盖章，这些应视为施工图的组成部分，在工程施工中也应遵守。

资源 1.3
图纸会审
记录

2. 编制施工组织设计

施工组织设计是规划和指导施工活动的重要技术经济文件。编制施工组织设计是建筑工程施工前的必要准备工作，是科学合理组织施工生产和加强企业管理的重要措施。

3. 编制施工图预算和施工预算

根据会审后的施工图和批准的施工组织设计，预算人员便可编制施工图预算和施工预算，这是施工管理和实行经济核算的重要措施。

1.1.4　后期施工准备工作

后期施工准备主要为现场施工准备，也就是通常所说的室外准备（外业），一般包括以下几部分内容。

1.1.4.1　拆除障碍物

这一工作通常由建设单位完成，但有时也委托施工单位完成。拆除时，一定要摸清情况，尤其是原有障碍物复杂、资料不全时，应采取相应的措施，以防止事故发生。

架空电线、埋地电缆、自来水管、污水管、煤气管道等的拆除，都应与有关部门取得联系并办好手续后才可进行，最好由专业公司、单位来拆除。场内的树木需报请林业部门批准后方可砍伐。房屋要在水源、电源、气源等截断后，方可进行拆除。坚实、牢固的房屋等可采用定向爆破方法拆除，但应经主管部门批准，由专业施工队进行拆除。

1.1.4.2　建立测量控制网

这项工作是确定建筑物平面位置和高程的关键环节。施工前，应按总平面图的要求，将规划确定的水准点和红线桩引至现场，做好固定和保护装置，并按一定的距离布点，组成测量控制网。通常此项工作由专业测量队完成，但施工单位还需根据施工的具体需要，做一些加密网点等补充工作。

1.1.4.3　搭设临时设施

现场所需临时设施应报请规划、市政、消防、交通、环保等有关部门审查批准。根据施工组织设计的要求，除利用现场既有建筑外，还应搭建一批临时建筑，如警卫室、工人休息室、宿舍、办公室、厨房、食堂、仓库、吸烟室、厕所等，但均应按批准的图纸搭建，不得乱搭乱建，并尽量利用永久建筑物，减少临时设施搭设量。这些临时设施，均应在正式工程施工前做好。

为了施工方便和行人的安全，应用围墙将施工用地围护起来。围墙的形式和材料应符合市容管理的有关规定和要求，并在主要出入口设置标牌，标明项目名称、施工单位、项目负责人等。

1.1.4.4　确定施工队伍

施工队伍要根据现有的劳动组织情况及施工组织设计的劳动力需用量计划确定。建立与工程规模相应的组织机构，包括行政、技术、材料、计划等管理人员，并与建设单位密切联系，共同解决一些大问题。施工人员的组织应根据工程的特点，选择恰当的劳动组织形式，处理好土建施工队伍与专业施工队伍的配备关系。在土建施工中，一般以混合施工队形式为好，并要注意技工与普工的比例关系。如需使用外包施工队，必须按各企业的审批手续办理。在使用外包施工队之前，要进行技术考核，对达不到技术标准、质量没有保证的，不得使用。

在施工前，企业还应做好职工的培训工作，进行劳动纪律和施工安全教育，不断提高其业务技术水平，使职工能遵守劳动时间规定、坚守工作岗位、遵守操作规程、保证工程质量、保证施工工期、保证安全生产、服从调动、爱护公物。

1.1.4.5 准备物资、器材

物资、器材是保证工程顺利施工的基础，必须在各分部分项工程施工前准备就绪，应根据工程图纸计算工程量，确定需用量计划（考虑材料加工损耗）和供货量计划（考虑运输损失），及时组织货源，办理订货手续，安排运输和贮备。特别是特殊的材料、构件，应提早准备，使其满足连续施工的需要。

材料、构件分期分批进场时，应根据有关规定做好检查验收，对于重要部位使用的材料以及对材料质量有怀疑，应做好抽样检验鉴定工作。对于进场的各种材料、构件，应按施工平面图指定的位置进行堆放。

进场的机械设备必须经过检查验收，根据需要做好基础、轨道或操作棚，接通动力和照明线路，提前保养、试运转，做到台台完好。

1.1.4.6 “三通一平”工作

在施工现场范围内，修通道路，接通水源、电源，平整施工场地的工作，称为“三通一平”工作。这项工作应根据施工组织设计的规划来进行。它分为全场性“三通一平”和单位工程“三通一平”。前者必须有计划、分阶段进行，后者必须在施工前完成。

（1）道路通。施工便道应适当起拱（向道路两侧形成一定坡度），路边应做好排水沟。根据工期要求，有条件的项目最好建设混凝土施工便道。

（2）电通。供电包括施工用电和生活用电两部分。应注意电源的获得和现场供电线路的布置。应根据各种施工机械设备用电量及照明用电量，计算并选择配电变压器；与供电部门联系，架设好连接电力干线的工地内外临时供电线路及通信线路。尽可能做到使用方便，总的供电线路最短。另外还需考虑断电情况下自行发电的工作，以确保施工的顺利进行。

（3）水通（或叫管网通）。它包括施工工地的临时施工用水、供热等管线的敷设，以及施工现场红线内的排水系统布置。

（4）场地平整。需先做“场平设计”，尽量做到挖填平衡、就近调运。因为施工场地的自然地貌常常是起伏不平的，不能满足建设要求。

平整场地前，应清除地上障碍物和地下埋设物。在平整时，往往会碰到地上、地下的障碍物，例如坟墓、旧建筑、高压线、地下管线等，应由建设单位与有关部门协调后做出妥善处理。

现在所讲的“三通一平”，实际上已不再是狭义的概念，而是一个广义的概念。有条件的项目做的是“七通一平”，即水通、电通、路通、通信通、燃气通、快递通、蒸汽通和场地平整，使“三通一平”工作更加完善。

1.2 建筑工地临时设施

1.2.1 工地临时房屋设施

1.2.1.1 一般要求

（1）结合施工现场具体情况，统筹规划，合理布置。

1）布点要适应施工生产需要，方便职工工作和生活。

2）不能占据正式工程位置，留出生产用地和交通道路。

3）尽量靠近已有交通线路、即将修建的正式或临时交通线路。

4）选址应注意防洪水、泥石流、滑坡等自然灾害，必要时应采取相应的安全防护措施。

（2）认真执行国家严格控制非农业用地的政策，尽量少占或不占农田，充分利用山地、荒地、空地或劣地。

（3）尽量利用施工现场或附近已有的建筑物。

（4）必须搭设的临时建筑，应因地制宜，利用地材，尽量降低费用。

（5）符合安全防火要求。

1.2.1.2　临时房屋设施分类及参考指标

资源 1.4 临时房屋设施参考指标

1. 生产性临时设施

生产性临时设施是直接为生产服务的，如临时加工厂、现场作业棚、机修间等，具体面积及指标可以参考资源 1.4 中生产性临时设施参考指标。

2. 物资贮存临时设施

物资贮存临时设施专为某一项在建工程服务：一方面要做到能保证施工的正常需要；另一方面又不宜贮存过多，以免加大仓库面积，积压资金。

1.2.1.3　行政生活福利临时设施

行政生活福利临时设施是专为工作人员服务的，如办公室、宿舍、食堂、医务室和俱乐部等。

其使用方法和每人设计面积参考资源 1.4 中行政生活福利临时设施建筑面积参考指标。

资源 1.5 临时道路设计参数表

1.2.2　临时道路

临时道路的厚度一般不小于 15cm。为了能够满足荷载和使用年限要求，最好做到永临结合，不能为了节约投资造价，降低临时道路的标准。尤其是工期较长项目，必须重视临时道路使用年限，临时道路经常维修会影响工程整体进度。

1.3　季节性施工准备

资源 1.6 季节性施工准备

我国地域辽阔，气候复杂，气温和雨水对建筑施工的质量、工期、成本和安全都有重要影响，特别是建筑施工多露天作业，季节性影响很大，给施工生产增加了很多困难。因此，做好周密的施工计划和充分的施工准备，是克服季节影响，保持均衡生产的有效措施。尤其要注意冬季、雨季到来之前的施工准备。

【知识拓展】凡事预则立，不预则废

党的二十大报告提出，全面建成社会主义现代化强国，总的战略安排是分两步走：从 2020 年到 2035 年基本实现社会主义现代化；从 2035 年到 21 世纪中叶把我国建成富强民主文明和谐美丽的社会主义现代化强国。目标定下来后就要为实现目标做好准备，施工项目中标后也要做好施工准备。

《礼记·中庸》有言："凡事豫则立，不豫则废。言前定则不跲，事前定则不困，行前定则不疚，道前定则不穷"。"豫"，亦作"预"，意为无论做什么事，事先做足准备，便可取得成功，否则就会失败。进行科学的计划，事事未雨绸缪，施工项目和社会主义现代化建设将会变得有条不紊，秩序井然。

资源 1.7
课后习题
参考答案

课 后 习 题

1. 前期施工准备工作有哪些？
2. 施工图纸审核哪些内容？

第2章

土 方 工 程

【项目案例引入】

2009年6月27日早6时左右，上海闵行区“莲花河畔小区”一栋在建13层住宅楼整体倒塌，见图2.1。

图2.1 住宅楼整体倒塌现场

这起事故被定性为一起“社会影响恶劣，性质非常严重”的重大责任事故。事故直接原因是“大楼两侧压力差使土体产生水平移位”；间接原因有六个，即土方堆放不当、开挖违规、监理不到位、管理不到位、安全措施不到位、基坑围护桩施工不规范。

土方工程为土木工程中的重要组成部分，其施工特点体现在以下几个方面：

(1) 工程量大，施工工期长。土方工程往往涉及大量的土石方开挖、运输和回填，工程量巨大，有时甚至可达几百万立方米。这种大规模的工程直接导致施工工期较长，需要精心规划和合理安排施工顺序，以确保工程按时完成。

(2) 施工条件复杂。土方工程多为露天作业，直接暴露于自然环境中，因此受到气候、水文地质和工程地质等条件的深刻影响。不同地区的土壤性质、地下水位、气候条件等都会对土方施工造成不同程度的影响。此外，施工现场的地形地貌、周边建筑物和设施等也会给土方施工带来一定的限制和挑战。

（3）气候因素影响较大。由于土方工程多为露天作业，因此气候因素对其施工影响显著。降雨、高温、严寒等气候条件都可能对施工进度和质量造成影响。例如，降雨可能导致施工现场积水，增加施工难度；高温天气则可能使施工人员体力消耗过快，影响工作效率和安全。

（4）劳动强度大。土方工程虽然大量使用机械设备，但在某些环节如开挖边缘的修整、小型土石方的搬运等仍需要人工参与。这些工作往往劳动强度大，对工人的体力和技能要求较高。

（5）土、石种类繁多。土方工程中的土、石是天然物质，种类繁多，性质各异。不同种类的土、石在开挖、运输和回填过程中的处理方式和要求也不同，这增加了施工的复杂性和难度。

针对这些特点，施工前必须做好充分的调查研究工作，包括了解施工地区的工程和水文地质情况、气候条件以及环境特点等。在此基础上，制订合理的施工方案和计划，选择合适的土方机械设备，并组织机械化施工。这样不仅可以缩短工期、降低工程成本，还能保证工程质量和施工安全。同时，在施工过程中还需要加强管理和协调，确保各项施工活动有序进行。

2.1　土的工程分类及性质

2.1.1　土的工程分类

在施工中，根据土的开挖难易程度，将土分为八类，见表2.1。

表2.1　土的工程分类

土的分类	土的名称	开挖方法
一类土（松软土）	砂土；粉土；冲积砂土层；疏松的种植土；淤泥	用锹、锄头挖掘
二类土（普通土）	粉质黏土；潮湿的黄土；夹有碎石、卵石的砂；粉土混卵（碎）石；种植土；填土	用锹、锄头挖掘，少许用镐翻松
三类土（坚土）	软及中等密实黏土；重粉质黏土；砾石土；干黄土；含碎（卵）石的黄土；粉质黏土；压实的填土	主要用镐，少许用锹、锄头，部分用撬棍
四类土（砂砾坚土）	密实的黏性土或黄土；中等密实的含碎（卵）石黏性土或黄土；粗卵石；天然级配砂石；软泥灰岩	用镐或撬棍，部分用楔子及大锤
五类土（软石）	硬质黏土；中密的页岩、泥灰岩、白垩土；胶结不紧的砾岩；软石灰岩及贝壳石岩	用镐或撬棍、大锤，部分用爆破
六类土（次坚石）	泥岩；砂岩；砾岩；坚实的页岩、泥灰岩；密实的石灰岩；风化花岗岩、片麻岩	用爆破方法，部分用风镐
七类土（坚石）	大理岩；辉绿岩；粉岩；粗、中粒花岗岩；坚实的白云岩、砂岩、砾岩、片麻岩、石灰岩	用爆破方法
八类土（特坚石）	安山岩；玄武岩；花岗片麻岩；坚实的细粒花岗岩、闪长岩、石英岩、辉长岩、辉绿岩	用爆破方法

2.1.2　土的工程性质

土一般由固体颗粒、水和空气三部分组成。随着周围条件的变化，三者的比例关系亦发生改变，土表现出不同的物理状态，如干燥、潮湿、密实、松散等。土的这些物理状态对土方工程的施工会产生直接的影响。

1. 土的密度

土在自然状态下单位体积的质量称为土的密度，又称质量密度，即

$$\rho=\frac{m}{V} \tag{2.1}$$

式中　ρ——土的密度；

m——土在自然状态下的质量；

V——土在自然状态下的体积。

土的密度与土的密实程度和含水率有关，在选择运输机具时必须考虑土的密度造成的影响。

2. 土的含水量

土的含水量指土中水的质量与固体颗粒质量之比的百分率，即

$$\omega=\frac{m_w}{m_s}\times 100\% \tag{2.2}$$

式中　ω——土的含水量；

m_w——土中水的质量；

m_s——土中固体颗粒的质量。

土的含水量受气候条件、雨雪和地下水的影响而变化，对土方边坡的稳定性及填方密实程度有直接的影响。回填土夯实时，若含水量过大，则会产生“橡皮土”现象，无法夯实。当土的含水量超过 25%时，采用机械施工就很困难，一般土的含水量超过 20%时，就会使运输车辆打滑或陷入泥坑。

3. 土的可松性

土的可松性是指土经挖掘以后，体积因松散而增加的性质。土的可松性程度一般以可松性系数表示，它是挖填土方时，计算土方机械生产率、回填土方量、运输机具数量以及进行场地平整规划竖向设计、土方平衡调配的重要参数。土的最初可松性系数和最终可松性系数（参考数值见表 2.2）为

$$K_S=\frac{V_2}{V_1} \tag{2.3}$$

$$K'_S=\frac{V_3}{V_1} \tag{2.4}$$

式中　K_S——最初可松性系数；

K'_S——最终可松性系数；

V_1——开挖前土的自然体积；

V_2——开挖后土的松散体积；

V_3——填方处压实后的体积。

表 2.2 土的可松性系数参考数值

土的类别	体积增加百分比/%		可松性系数	
	最初	最终	K_S	K'_S
一类土（种植土除外）	8～17	1～2.5	1.08～1.17	1.01～1.03
一类土（植物性土、泥炭）	20～30	3～4	1.20～1.30	1.03～1.04
二类土	14～28	1.5～5	1.14～1.28	1.02～1.05
三类土	24～30	4～7	1.24～1.30	1.04～1.07
四类土（泥灰岩、蛋白石除外）	26～32	6～9	1.26～1.32	1.06～1.09
四类土（泥灰岩、蛋白石）	33～37	11～15	1.33～1.37	1.11～1.15
五～七类土	30～45	10～20	1.30～1.45	1.10～1.20
八类土	45～50	20～30	1.45～1.50	1.20～1.30

2.2 土方工程量计算及土方调配

2.2.1 工程场地平整

2.2.1.1 场地平整的程序和一般要求

场地平整为施工中的一个重要项目，它的一般施工工艺程序安排是：现场勘查→清除地面障碍物→标定整平范围→设置水准基点→设置方格网，测量标高→计算土方挖填工程量→平整土方→场地碾压→验收。

平整场地的一般要求如下：

（1）应做好地面排水。平整场地的表面坡度应符合设计要求，如设计无要求，一般应向排水沟方向做不小于0.2%的坡度。

（2）平整后的场地表面应逐点检查，其质量检验标准应符合规范规定。

（3）应经常测量并校核其平面位置、水平标高和边坡坡度是否符合设计要求。平面控制桩和水准控制点应采取可靠措施加以保护，定期复测和检查。土方不应堆在边坡边缘。

2.2.1.2 场地平整高度的计算

场地平整前，要确定场地设计标高，计算挖填土方量，以便据此进行土方挖填平衡计算和确定平衡调配方案，并根据工程规模、施工期限和现场机械设备条件，选用土方机械，拟订施工方案。场地平整高度计算常用的方法为“挖填土方量平衡法”，因其概念直观，计算简便，精度能满足工程要求，所以应用最为广泛。具体计算方法有方格网法和横截面法两种，方格网法在工程上应用较为常见，因此重点介绍方格网法。

1. 初步计算场地设计标高

如图 2.2 所示，将场地划分为边长 a=10～40m 的方格，通常采用 20m 的方格，找出每个方格各角点的地面标高。

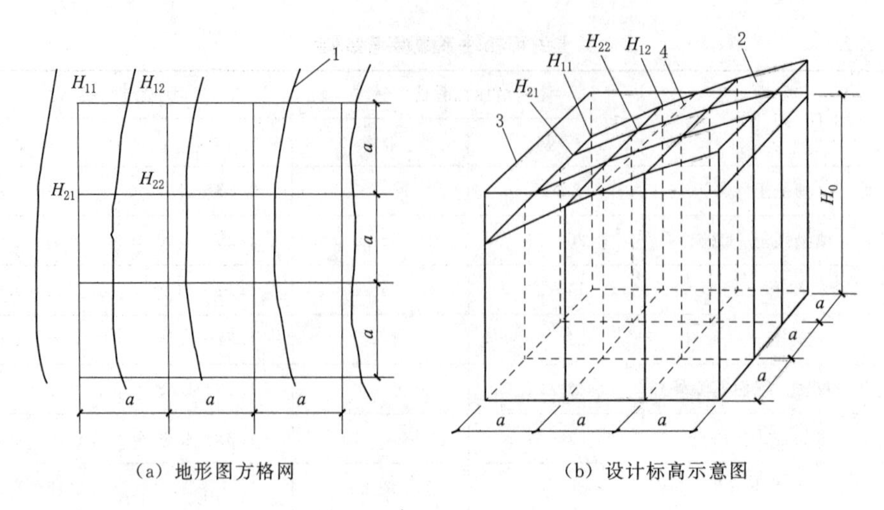

图 2.2　场地设计标高计算简图

1—等高线；2—自然地坪；3—设计标高平面；4—自然地面与设计标高平面的交线（零线）

场地初步设计标高简化计算式如下：

$$H_0=\frac{\sum H_1+2\sum H_2+3\sum H_3+4\sum H_4}{4N} \tag{2.5}$$

式中　N——方格网数，个；

H_1——一个方格共有的角点标高，m；

H_2——两个方格共有的角点标高，m；

H_3——三个方格共有的角点标高，m；

H_4——四个方格共有的角点标高，m。

2. 场地设计标高的调整计算

应考虑以下因素对场地设计标高进行调整：

（1）由于土具有可松性，填土将有剩余。

（2）由于场地排水需要，需调整设计标高。

（3）由于边坡挖填方量不等，而引起挖填土方量的变化，需相应地增减设计标高。

（4）就近借弃土、土方运输等其他影响因素。

本节只介绍最常用的由于场地排水需要，需进行的设计标高调整，其他方面的调整可参考本调整方法。

3. 根据场地排水坡度对设计标高的调整

如图 2.3 所示，场地内任意点实际施工时所采用的设计标高 H_n 可由下式计算：

单向排水时　　$H_n=H_0+li$　　(2.6)

双向排水时　　$H_n=H_0\pm l_x i_x\pm l_y i_y$　　(2.7)

式中　l——场地内任意点至场地中心线设计标高 H_0 的距离，m；

i——x 方向或 y 方向的排水坡度（不小于 2‰）；

l_x、l_y——该点于 x 方向和 y 方向距场地中心线的距离，m；

i_x、i_y——x 方向和 y 方向的排水坡度；

±——该点高程比 H_0 高则取“+”号，反之取“-”号。

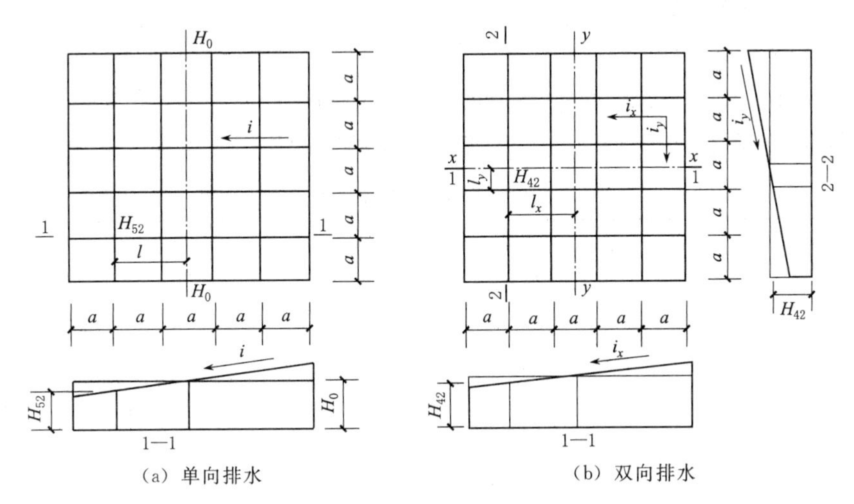

（a）单向排水　　（b）双向排水

图 2.3　场地排水坡度示意图

4. 方格角点的施工高度计算

$$h_n = H_n - H \tag{2.8}$$

式中　h_n——角点施工高度（填挖高度），“+”为填，“-”为挖；

H_n——角点的设计标高（若无泄水坡度，即为场地的设计标高）；

H——角点的自然地面标高。

5. 计算零点位置

为省略计算，亦可采用图解法直接求出零点位置，如图 2.4 所示，方法是用透明尺在各角上标注出相应比例，尺与方格相交点即为零点位置。这种方法可避免计算（或查表）出现的错误。

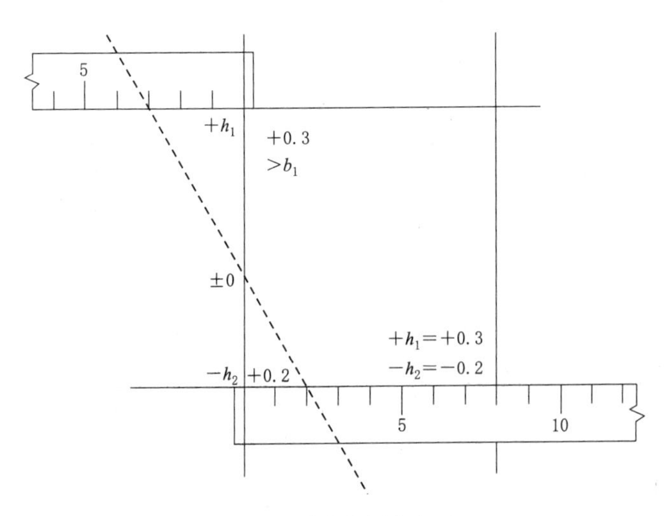

图 2.4　零点位置图解法

2.2.2　土方工程量的计算

1. 场地土方量计算

由于方格中零线的位置不同，其相应的土方量的计算方法也不同。可按方格网底面图形和表2.3所列体积计算公式，计算每个方格内的挖方或填方量。

表2.3　　常用方格网土方计算公式

方格类别	计算图形	计算公式
全挖（或全填）	$+h_1$ $+h_4$ a a $+h_2$ $+h_3$	$V=\frac{a^2}{4}(h_1+h_2+h_3+h_4)$
半挖半填	$+h_1$ $+h_4$ b c a $+h_2$ $+h_3$	$V=\frac{b+c}{2}a\frac{\sum h}{4}=\frac{a}{8}(b+c)(h_1+h_4)$
三挖一填（或三填一挖）	$+h_1$ c $+h_4$ b a a $+h_2$ $+h_3$	挖（或填）三个角： $V=\left(a^2-\frac{bc}{2}\right)\frac{\sum h}{5}=\frac{1}{5}\left(a^2-\frac{bc}{2}\right)(h_1+h_2+h_3)$ 挖一个角： $V=\frac{bc}{2}\frac{\sum h}{3}=\frac{1}{6}bch_4$

2. 基坑、基槽土方量计算

基坑、基槽的土方量可按立体几何中的拟柱体（由两个平行的平面做底的一种多面体）体积公式计算，如图2.5所示。

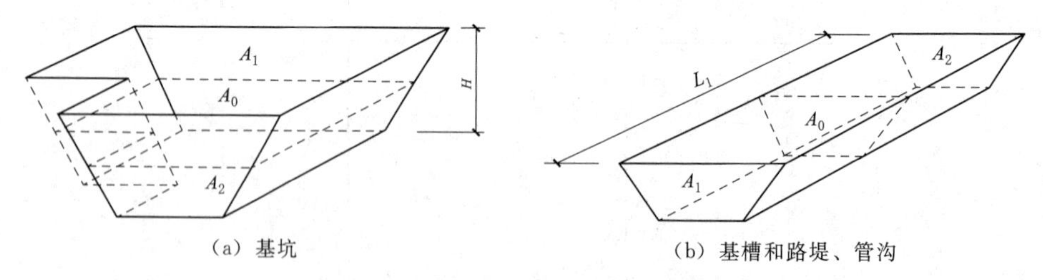

(a) 基坑　　(b) 基槽和路堤、管沟

图2.5　基坑、基槽土方量计算图

(1) 基坑土方量的计算公式。

$$V=\frac{H}{6}(A_1+4A_0+A_2) \tag{2.9}$$

式中　H——基坑深度，m；

A_1、A_2——基坑上、下底面的面积，m^2；

A_0——基坑中截面的面积，m^2。

（2）基槽和路堤、管沟的土方量计算公式。

$$V_i = \frac{L_i}{6}(A_1 + 4A_0 + A_2) \tag{2.10}$$

式中 V_i——第 i 段的土方量，m^3；

L_i——第 i 段的长度，m。

3. 土方总量计算

将待平整场地中所有挖方区和填方区的计算土方量汇总，即得该场地挖方和填方的总土方量。

2.2.3 土方的平衡与调配

计算出土方的施工标高、挖填区面积、挖填区土方量，并考虑各种变动因素（如土的可松性、压缩率、沉降量等）进行调整后，应对土方进行综合平衡与调配。土方平衡调配工作是土方规划设计中的一项重要内容，其意义是：在使土方运输量或土方运输成本最低的条件下，确定填、挖方区土方的调配方向和数量，从而达到缩短工期和提高经济效益的目的。

进行土方平衡与调配，必须综合考虑工程和现场情况、进度要求、土方施工方法，以及分期分批施工工程的土方堆放和调运问题，经过全面研究，确定土方平衡与调配的原则之后，才可着手进行土方平衡与调配工作，如划分土方调配区，计算土方的平均运距、单位土方的运价，确定土方的最优调配方案。

1. 土方平衡与调配的原则

（1）挖方与填方基本达到平衡，减少重复倒运。

（2）挖（填）方量与运距的乘积应尽可能最小，即总土方运输量最小或运输费用最少。

（3）好土应用在回填密实度要求较高的地区，以避免出现质量问题。

（4）取土或弃土应尽量不占农田或少占农田，弃土尽可能有规划地造田。

（5）分区调配应与全场调配相协调，避免只顾局部平衡，任意挖填而破坏全局平衡。

（6）调配应与地下构筑物的施工相结合，地下设施的填土，应留土后填。

（7）选择恰当的调配方向、运输路线、施工顺序，避免土方运输出现对流和乱流现象，同时便于机具调配、机械化施工。

2. 土方平衡与调配的步骤

土方平衡与调配需编制相应的土方调配图，如图 2.6 所示，其步骤如下：

（1）划分调配区。在平面图上先划出挖填区的分界线，并在挖方区和填方区适当划出若干调配区，确定调配区的大小和位置。划分时应注意以下几点：

1）划分时应注意与房屋和构筑物的平面位置相协调，并考虑开工顺序、分期施工顺序。

2）调配区大小应满足土方施工用主导机械的行驶操作尺寸要求。

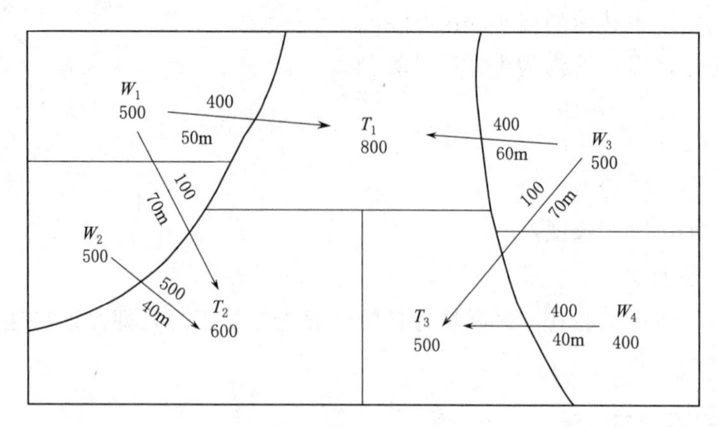

图 2.6　土方调配图（单位：m^3）

3）调配区范围应和土方工程量计算用的方格网相协调，一般可由若干个方格组成一个调配区。

4）当土方运距较大或场地范围内土方调配不能达到平衡时，可考虑就近借土或弃土，此时借土区或弃土区可作为独立的调配区。

（2）计算各调配区的土方量，并标注在图上。

（3）计算各挖、填方调配区之间的平均运距，即挖方区土方重心至填方区土方重心的距离。所有填、挖方调配区之间的平均运距均需计算，并将计算结果列于土方平衡与运距表内。当填、挖方调配区之间的距离较远，采用自行式铲运机或其他运土工具沿现场道路或规定路线运土时，其运距应按实际情况进行计算。

（4）确定土方最优调配方案。

（5）绘出土方调配图。根据以上计算，标出调配方向、土方数量及运距（平均运距再加上施工机械前进、倒退和转弯必需的最短长度）。

2.3　土方施工排水与降水

在软土地区，基坑开挖深度超过 3m，一般就要用井点降水法。开挖深度浅时，亦可边开挖边用排水明沟和集水井进行集水明排。地下水控制方法有多种，其适用条件大致如表 2.4 所列，选择时应根据土层情况、降水深度、周围环境、支护结构种类等综合考虑，当因降水而危及基坑和周边环境安全时，宜采用截水或回灌方法。

2.3.1　集水明排法

集水明排法也称集水井降水法。在地下水位较高地区开挖基坑，会遇到地下水问题。如涌入基坑内的地下水不能及时排除，不但土方开挖困难，边坡易于塌方，而且会使地基被水浸泡，扰动地基土，造成竣工后的建筑物产生不均匀沉降。因此，在基坑开挖时，要及时排除涌入的地下水。当基坑面积较小、开挖深度不太大，土层中无细砂、粉砂，且基坑涌水量不大时，集水明排法是应用最广泛，亦是最简单、经济的方法。

表 2.4　　地下水控制方法适用条件

方法名称		土类	渗透系数/(m/d)	降水深度/m	水文地质特征
集水明排		填土、粉土、黏性土、砂土	7～20.0	<5	上层滞水或水量不大的潜水
井点降水	真空（轻型）井点降水		0.1～20.0	单级，<6 多级，<20	
	喷射井点降水	粉土、砂土、碎石土、可溶岩、破碎带	0.1～20.0	<20	含水丰富的潜水、承压水、裂隙水
	管井井点降水		1.0～20.0	>5	
截水		黏性土、粉土、砂土、碎石土、岩溶土	不限	不限	
回灌		填土、粉土、砂土、碎石土	0.1～200.0	不限	

1. 排水明沟、集水井的设置

集水明排法多是在基坑的两侧或四周设置排水明沟，在基坑四角或每隔 30～40m 设置集水井，使基坑渗出的地下水通过排水明沟汇集于集水井内，然后用水泵将其排出基坑外，如图 2.7 所示。

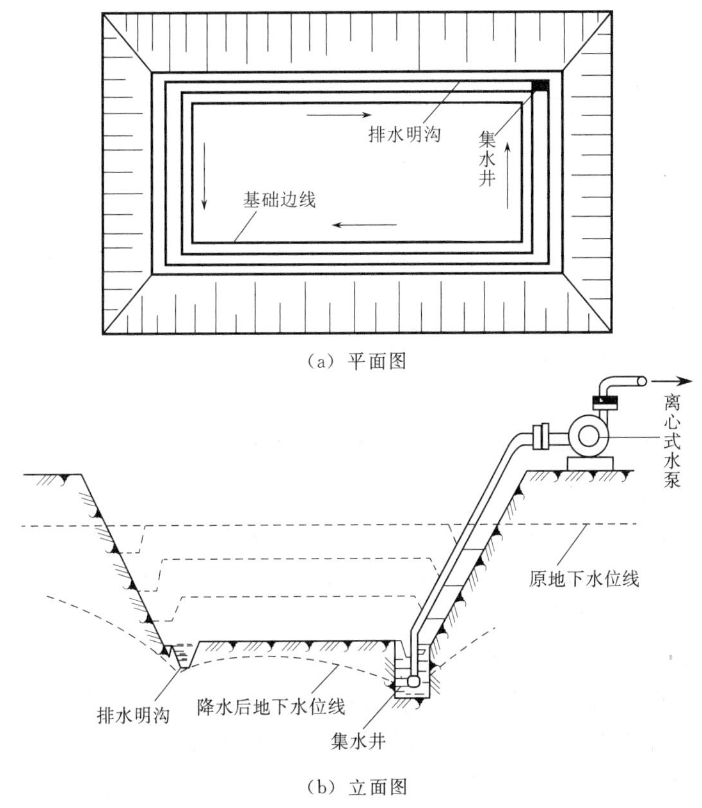

（a）平面图

（b）立面图

图 2.7　明沟、集水井排水

排水明沟宜布置在拟建建筑基础边 0.4m 以外，沟边缘离开边坡坡脚应不小于 0.3m。排水明沟的底面应比挖土面低 0.3～0.4m。集水井底面应比挖土面低 0.5m 以上，并随基坑的挖深而加深，以保持水流畅通。集水井应设置在基础范围以外，地下水走向的上游。

明沟、集水井排水时，一般视水量多少而连续或间断抽水，直至基础施工完毕、回填土为止。

当基坑开挖的土层由多种土组成，中部夹有透水性能的砂类土，基坑侧壁分层渗水时，可在基坑边坡上按不同高程，分层设置明沟和集水井（图 2.8），构成明排水系统，分层阻截和排除上部土层中的地下水，避免上层地下水冲刷基坑下部，造成塌方。

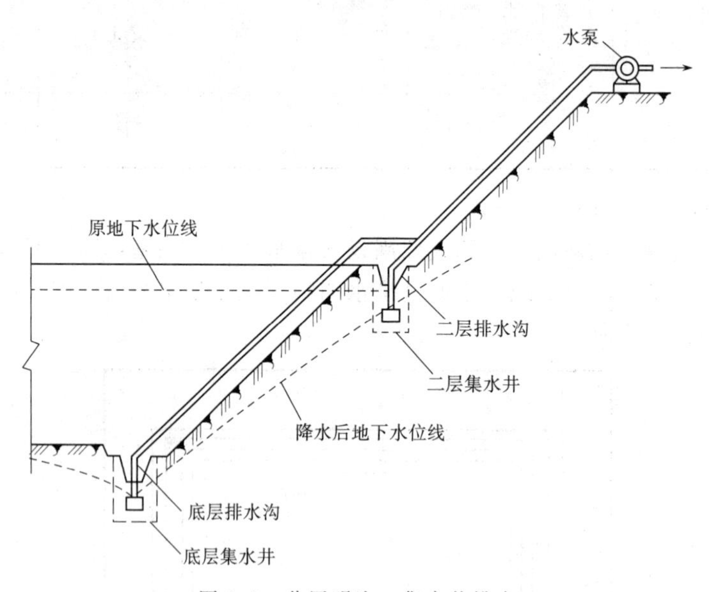

图 2.8　分层明沟、集水井排水

2. 水泵选用

集水明排法是用水泵从集水井中抽水，常用的水泵有潜水泵、离心式水泵和泥浆泵。水泵的选用要根据基坑的涌水量和开挖深度，结合水泵的流量、总扬程、吸水扬程和功率性能等确定。实际工作时，可参考不同水泵的技术性能表进行选择。

3. 流砂的产生及防治

采用集水明排法开挖基坑时，当基坑（槽）开挖深于地下水位 0.5m 以下，采取坑内抽水时，坑底下面的土形成流动状态，随地下水一起涌进坑内，边挖边冒、无法挖深的现象，称为“流砂”。

发生流砂时，土完全失去承载力，使施工条件恶化，而且流砂严重时，会引起基础边坡塌方，附近建筑物会因地基被掏空而下沉、倾斜，甚至倒塌。

(1) 流砂形成的原因。产生流砂现象的原因有内因和外因。内因：取决于土的性质，土的孔隙比大、含水量大、黏粒含量少、粉粒多、渗透系数小、排水性能差等均容易导致流砂现象。因此，流砂现象极易发生在细砂、粉砂和亚黏土中，但是否发生流砂现象，还取决于一定的外因条件。外因：当坑外水位高于坑内抽水后的水位时，坑外水向坑内流动的动水压则等于或大于颗粒的浸水后的重力，使土粒悬浮、失去稳定而变成流动状态，随水从坑底或四周涌入坑内。如施工时强挖，抽水越深，动水压就越大，流砂就越严重。

（2）流砂防治方法。对流砂的防治主要是减小或平衡动水压力，或使动水压力的方向向下，以保持坑底土粒稳定，不受水压干扰。常用的防治措施如下：

1）安排在全年最低水位的季节施工，使基坑内动水压减小。

2）采取水下挖土（不抽水或少抽水），使坑内水压与坑外地下水压相平衡或缩小水压差。

3）采用井点降水，将水位降至基坑底 0.5m 以下，使动水压力的方向朝下，坑底土面保持无水状态。

4）沿基坑外围四周打板桩，深入坑底下面一定深度，增加地下水从坑外流入坑内的渗流路线和渗水量，减小动水压力。

5）采用化学压力注浆或高压水泥注浆，固结基坑周围粉砂层，使之形成防渗帷幕。

6）往坑底抛大石块，增加土的压重和减小动水压力，同时组织快速施工。

7）当基坑面积较小时，也可采取在四周设钢板护筒的方法，护筒随着挖土不断加深，直到穿过流砂层。

2.3.2　井点降水法

井点降水又称人工降水，其方法有轻型井点降水、喷射井点降水、管井井点降水、深井泵井点降水以及电渗井点降水等，究竟采用何种方法，可根据土的渗透系数、降低水位的深度、工程特点及设备条件等确定，其中以轻型井点采用较广。

1. 轻型井点的组成

轻型井点设备由管路系统和抽水设备组成，见图 2.9。

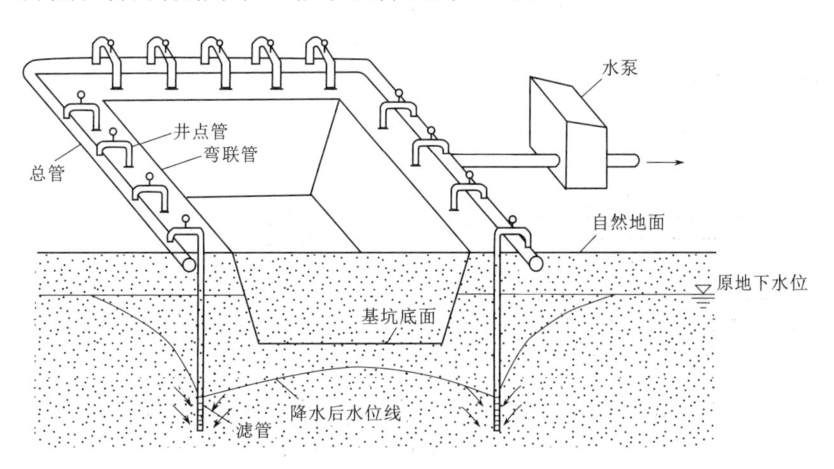

图 2.9　轻型井点降水全貌图

滤管通常采用长 1.0～1.5m、直径为 38mm 或 51mm 的无缝钢管，滤孔面积为滤管表面积的 20%～25%。为使流水畅通，在骨架管与滤管之间用塑料管或梯形铅丝隔开，网外面再绕一层粗铁丝保护网，滤管下端为一铸铁塞头。滤管上端与井点管连接。井点管是直径为38mm或51mm、长5～7m的钢管，可整根或分节组成。井点管上端用弯联管与总管相连。总管是直径为100～127mm的无缝钢管，每段长4m，其上装有与井点管连接的短接头，间距为0.8～1.6m。

抽水设备常用的是真空泵、射流泵等。

轻型井点适用于土壤渗透系数为0.1～5.0m/d的土层。其降低水位深度：一级轻型井点为3～6m，二级轻型井点可达6～9m。

2. 轻型井点的布置

井点系统的布置，应根据基坑平面形状与尺寸、基坑的深度、基坑地质情况、地下水位高低与流向、降水深度要求等因素确定。

(1) 平面布置。

1) 单排布置。当基坑（槽）宽度小于6m、降低水位深度小于等于5m时可采用单排布置。井点管应布置在地下水的上游一侧，两端的延伸长度不宜小于坑槽的宽度B，如图2.10 (a) 所示。

2) 双排布置。当基坑（槽）宽度大于6m时应采用双排布置，如图2.10 (b) 所示。

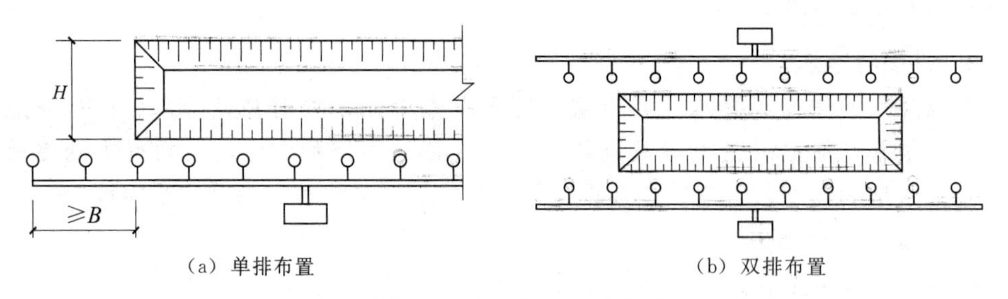

(a) 单排布置　　(b) 双排布置

图2.10　井点单排、双排布置

3) 环形或U形布置。当基坑面积较大时，应采用环形布置（考虑施工机械进出基坑时宜采用U形布置），如图2.11所示。

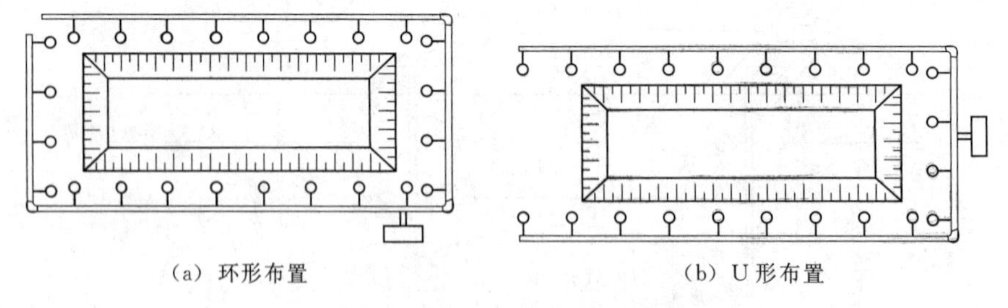

(a) 环形布置　　(b) U形布置

图2.11　井点环形或U形布置

注意：采用双排、环形或U形布置时，位于地下水上游一排的井点间距应小些，下游井点的间距可大些。如采用U形布置，则井点管不封闭的一段应在地下水的下游方向。

（2）高程布置。轻型井点的降水深度较小，布置井点管时应尽量减小井点管的埋设深度，充分利用轻型井点的降水能力。在计算井点管的埋设深度时，可根据降水深度及含水层所在位置，参考井点管的标准长度和井点管露出地面的高度（0.2～0.3m）来确定。

井点管的埋设深度 H（不包括滤管）可按下式计算：

$$H \geqslant H_1 + h + iL + l \tag{2.11}$$

式中 H——井点管的埋设深度，m；

H_1——井点管埋设面至基坑底面的距离，m；

h——基坑中央最深挖掘面至降水曲线最高点的安全距离，m，一般为 0.5～1.0m，人工开挖取下限，机械开挖取上限；

L——井点管中心至基坑中心的短边距离，m；

i——水力坡度，单排线状井点可取 1/4，环形井点取 1/10～1/8；

l——滤管长度，m。

井点管埋设深度 H 计算出来后，为保证滤管位于含水层中，一般可再增加 1/2 滤管长度。

轻型井点的降水深度一般不超过 6.0m，当计算出来的井点管的埋设深度 H 大于 6.0m 时，可采用明沟排水与井点相结合的方法，将总管安装在原地下水位以下；或采用二级井点排水，即先挖去第一级井点排干的土，然后再在坑内布置埋设第二级井点，以增加降水深度。

3. 轻型井点施工

埋设井点管的程序是：先排放总管，再沉设井点管，用弯联管将总管和井点管连通，最后安装抽水设备。

井点管的埋设可用射水法、钻孔法和冲孔法成孔，井孔直径不宜大于 300mm，孔深宜比滤管底深 0.5～1.0m。在井管与孔壁间，及时用洁净中粗砂填密实、均匀。投入的滤料数量应大于计算值的 85%，在地面以下 1m 范围内用黏土封孔。

井点系统安装完毕后，应进行试抽，检查是否存在漏气现象。

2.4 土方边坡与支护

2.4.1 土方边坡

土方边坡坡度是以土方挖方深度 H 与放坡宽度 B 之比表示，即

$$\text{土方边坡坡度} = \frac{H}{B} = \frac{1}{B/H} = 1 : m \tag{2.12}$$

式中 m——边坡系数。

边坡应根据使用时间（临时或永久性）、土的种类、物理力学性质（内摩擦角、黏聚力、密度、湿度）和水文情况等确定。对于永久性场地的开挖，挖方边坡坡度应按设计要求放坡；如设计无规定，可按表 2.5 所列数值采用。

表 2.5　永久性土工构筑物挖方的边坡坡度

序号	挖土性质及挖方深度	边坡坡度
1	在天然湿度、层理均匀、不易膨胀的黏土、粉质黏土和砂土（不包括细砂、粉砂）内，挖方深度不超过 3m	1∶1.00～1∶1.25
2	土质同上，深度为 3～12m	1∶1.25～1∶1.50
3	干燥地区土质结构未经破坏的干燥黄土及类黄土，深度不超过 12m	1∶0.10～1∶1.25
4	在碎石土和泥灰岩土的地方，深度不超过 12m，根据土的性质、层理特性和挖方深度确定	1∶0.50～1∶1.50
5	在风化岩内的挖方，根据岩石性质、风化程度、层理特性和挖方深度确定	1∶0.20～1∶1.50
6	在微风化岩石内的挖方，岩石无裂缝且无倾向挖方坡脚的岩层	1∶0.10
7	在未风化的完整岩石内的挖方	直立的

资源 2.1
边坡坡度
允许值

临时性挖方边坡土质边坡、岩石边坡坡度允许值以及基坑（槽）和管沟不加支承时的容许深度详见资源 2.1。放坡后基坑上口宽度由基坑底面宽度及边坡坡度来决定，坑底宽度每边应比基础宽出 15～30cm，以便施工操作。

2.4.2　边坡防护与开挖

1. 边坡防护

当基坑放坡高度较大，施工期和暴露时间较长或岩土质较差时，边坡易于风化、疏松或滑塌。为防止基坑边坡因气温变化、失水过多而风化或松散，或防止坡面受雨水冲刷而产生滑坡现象，应根据土质情况和实际条件，采取边坡保护措施，以保证基坑边坡的稳定性。常用基坑坡面的保护方法有薄膜覆盖或砂浆覆盖法、挂网或挂网抹面法、喷射混凝土或混凝土护面法、土袋或砌石压坡法等。

2. 边坡开挖

场地边坡开挖应沿等高线自上而下，分层、分段依次进行。在边坡上采取多台阶同时进行机械开挖时，上台阶与下台阶开挖错开距离应不少于 30m，以防塌方。

边坡台阶开挖应做成一定坡势，以利泄水。边坡下部设有护脚及排水沟时，应尽快处理台阶的反向排水坡，进行护脚矮墙和排水沟的砌筑与疏通，以保证坡脚不被冲刷且在影响边坡稳定的范围内不积水，否则应采取临时性排水措施。

对于软土土坡或易风化的软质岩石边坡，开挖后应对坡面、坡脚采取喷浆、抹面、嵌补、护砌等保护措施，并做好坡顶、坡脚排水，避免在影响边坡稳定的范围内积水。

2.4.3　浅基坑支护

土方工程中，为保持土体的稳定，保障施工安全，当土方开挖超过一定深度时，应该放出足够的边坡。若因场地限制无法放坡，应设置支护结构，以确保施工安全。浅基坑的支撑方法及适用条件见表 2.6。

表 2.6　　浅基坑的支撑方法及适用条件

支撑方式	支撑方法及适用条件
斜柱支撑	水平挡土板钉在柱桩内侧，柱桩外侧用斜撑支顶，斜撑底端支在木桩上，在挡土板内侧回填土。 适用于开挖较大型、深度不大的基坑，或在使用机械挖土时使用
锚拉支撑	水平挡土板支在柱桩的内侧，柱桩一端打入土中，另一端用拉杆与锚桩拉紧，在挡土板内侧回填土。 适用于开挖较大型、深度不大的基坑，或在使用机械挖土不能安设横撑时使用
短桩横隔板支撑	打入小短木桩，部分打入土中，部分露出地面；钉上水平挡土板，在背面填土、夯实。 适用于开挖宽度大的基坑，或当部分地段放坡不够时使用
临时挡土墙支撑	沿坡脚用砖、石叠砌或用装水泥的聚丙烯扁丝编织袋、草袋装土、砂堆砌，使坡脚保持稳定。 适用于开挖宽度大的基坑，或当部分地段放坡不够时使用

2.4.4　深基坑支护

深基坑开挖的施工工艺一般有两种：放坡开挖（无支护开挖）和在支护体系保护下开挖（有支护开挖）。前者既简单又经济，在保证边坡稳定的条件下，应优先选用，但往往受到诸多因素限制。本节介绍常用的几种深基坑支护结构。

1. 钢板桩

钢板桩（图 2.12）由带锁口或钳口的热轧型钢制成，把这种钢板桩互相连接后打入土层中，就形成钢板桩墙，可用于挡土和挡水。

钢板桩的优点是：材料质量可靠，在软土地区打设方便，施工速度快且简便，有一定的挡水能力；可多次重复使用；一般费用较低。其缺点是：一般的钢板桩刚度不够大，用于较深的基坑时支撑（或拉错）工作量大；在透水性较好的土层中不能完全挡水；拔出时易带土，如处理不当会引起土层移动，可能危害周围的环境。

图 2.12　钢板桩

2. 地下连续墙

地下连续墙施工工艺，即在工程开挖土方之前，用特制的挖槽机械在泥浆护壁下每次开挖一定长度（一个单元槽段）的沟槽，见图 2.13，待挖至设计深度并清除沉淀下来的泥渣后，将在地面上加工好的钢筋骨架（称为钢筋笼）用起重机械吊放入充满泥浆的沟槽内，用导管向沟槽内浇筑混凝土。由于混凝土是由沟槽底部开始逐渐向上浇筑，所以随着混凝土的浇筑，即可将泥浆置换出来。待混凝土浇筑至设计标高后，一个单元槽段即施工完毕，各个单元槽段之间用特制的接头连接，就形成连续的地下钢筋混凝土墙。地下连续墙呈封闭状，工程开挖土方时，地下连续墙可用作支护结构，既挡土又挡水；如同时又将地下连续墙用作建筑物的承重结构，则经济效益更好。目前常用的地下连续墙厚度为600mm、800mm、1000mm，多用于12m以下的深基坑。

3. 钻孔灌注桩

钻孔灌注桩是指在基坑周围用钻机钻孔，然后吊放钢筋笼，浇筑混凝土，形成排桩，作为支护结构。根据目前的施工工艺，钻孔灌注桩为间隔排列，缝隙不小于100mm，因此它不具备挡水功能，需另做挡水帷幕。用于地下水水位较低地区时，则不需做挡水帷幕，施工现场如图2.14所示。

图2.13　成槽施工

图2.14　钻孔灌注桩施工现场

钻孔灌注桩施工无噪声、无振动、无挤土，刚度大，抗弯能力强，变形较小，几乎在全国都有应用，多用于基坑侧壁安全等级为一级、二级、三级，坑深7～15m的基坑工程。在土质较好地区已有8～9m悬臂桩，在软土地区多加设内支承（或拉锚），悬臂式结构不宜大于5m。桩径和配筋由计算确定，常用直径为600mm、700mm、800mm、900mm、1000mm。

4. 土层锚杆

如图2.15所示，在立壁土层上钻（掏）孔至要求深度，孔内放入钢筋，灌入水泥砂浆或化学浆液，使之与土层结合成抗拉锚杆，将立壁土体侧压力传至稳定土层。在较硬土层或破碎岩石中开挖较大较深基坑，邻近有建筑物，必须保证边坡稳定时，采用土层锚杆加固边坡。

5. 钻孔灌注桩与土层锚杆结合

为了实现更长的悬臂桩，钻孔灌注桩经常会和锚杆相结合应用，如图2.16所示。

6. 土钉墙

土钉墙是一种边坡稳定式的支护结构，如图2.17所示，其作用与被动起挡土作用的围护墙不同，它能起主动嵌固作用，增加边坡的稳定性，使基坑开挖后坡面保持稳定。

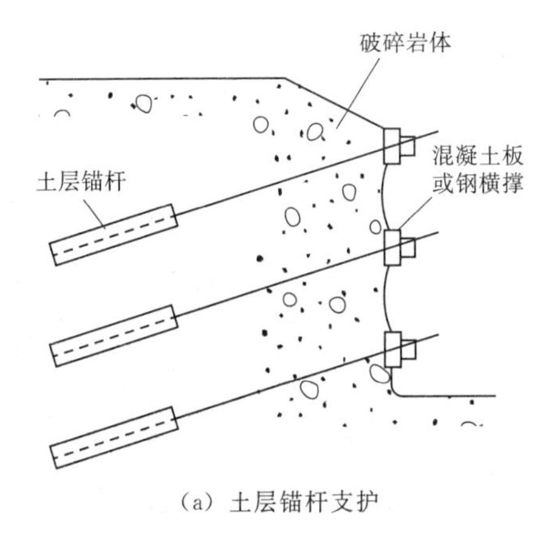

(a) 土层锚杆支护

(b) 土层锚杆钻孔

图 2.15 土层锚杆

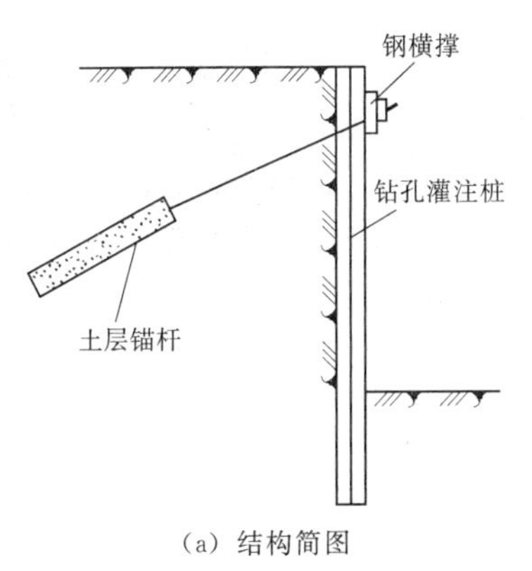

(a) 结构简图

(b) 施工效果

图 2.16 钻孔灌注桩与土层锚杆结合

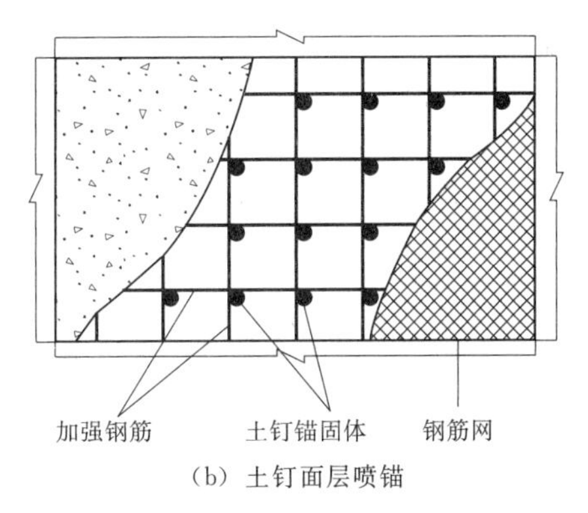

(a) 土钉墙剖面　(b) 土钉面层喷锚

图 2.17 土钉墙支护

施工时，每挖深 1.5m 左右，挂细钢筋网，喷射细石混凝土面层（厚 50～100mm），然后钻孔插入钢筋（长 10～15m，纵向、横向间距均为 1.5m），加垫板并灌浆，依次进行，直至坑底。基坑坡面有较陡的坡度。

土钉墙用于基坑侧壁安全等级为二级、三级的非软土场地，基坑深度不宜大于 12m。当地下水位高于基坑底面时，应采取降水或截水措施。

7. 内撑式支护

内撑式支护由支护桩或墙和内支撑组成，适用于各种地基土层；缺点是内支撑会占用一定的施工空间，如图2.18所示。

(a) 钢管内撑式

(b) 混凝土内撑式

图2.18　内撑式支护

深基坑挖土是基坑工程的重要部分，对于土方数量大的基坑，基坑工程工期的长短在很大程度上取决于挖土的速度。另外，支护结构的强度和变形控制是否满足要求，降水是否达到预期的目的，都靠挖土阶段来进行检验。因此，基坑工程成败与否，也在一定程度上取决于基坑挖土。土方开挖顺序、方法必须与设计工况一致，并遵循“开槽支撑，先撑后挖，分层开挖，严禁超挖”的原则。基坑工程的挖土方案主要有放坡挖土、中心岛式（也称墩式）挖土、盆式挖土。放坡挖土无支护结构，其他两种皆有支护结构。

2.5　土方施工机械

土方工程施工包括土方开挖、运输、填筑与压实等过程。由于土方工程量大，劳动繁重，因此施工时应尽可能采用机械化施工，以减少劳动量，加快施工进度，提高施工效率，降低工程成本。土方工程施工机械种类很多，常用的有推土机、挖掘机等，施工时应正确选用。

2.5.1　推土机

推土机由拖拉机和推土铲刀组成，按其行走方式分为有履带式和轮胎式两种。铲刀的操作方式有机械操纵（索式）和液压式操纵两种。索式推土机的铲刀依靠自重切入土中，在硬土中切土深度较浅；液压式操纵推土机能使铲刀强制切入土中，切土深度较大。

推土机具有操作灵活，运转方便，所需工作面较小，可挖土、运土，易于转移，行驶速度快等特点，多用于场地平整和清理，适于推挖一至四类土，短距离移挖作填，回填压实基坑（槽）、管沟，开挖深度不大于1.5m的基坑（槽），堆筑路基、堤坝，牵引无动力土方机械等。推土机的经济运距在100m以内，最有效的运距为30～60m。回填土坡和填沟渠时，铲刀不得超出土坡边沿。上下坡坡度不得超过35°，横坡不得超过10°。几台推土机同时作业，前后距离应大于8m。

2.5.2　单斗挖掘机

单斗挖掘机是基坑（槽）土方开挖常用的一种机械，主要用于挖掘基坑、沟槽、清理和平整场地，更换工作装置后还可进行装卸、起重、打桩等其他作业，能一机多用，工效高、经济效果好，是工程建设中的常用机械。当场地起伏高差较大、土方运输距离超过1000m，且工程量大而集中时，可采用挖掘机挖土，配合自卸汽车运土，并在卸土区配备推土机平整土堆。

挖掘机按其行走装置的不同，可分为履带式和轮胎式两类；依其工作装置的不同，可分为正铲、反铲、抓铲和拉铲四种。

1. 正铲挖掘机

正铲挖掘机（图2.19）的挖土特点是“前进向上，强制切土”。铲斗由下向上强制切土，挖掘力大，适用于开挖含水量不大于27%的一至三类土，生产效率高。根据开挖路线与运输汽车相对位置的不同，一般有以下两种方法：

图2.19　正铲挖掘机

（1）正向开挖、侧向装土法。正铲向前进方向挖土，汽车位于正铲的侧向装车，见图2.20（a）。本法铲臂卸土回转角度（<90°）最小，装车方便，循环时间短，生产效率高；适用于开挖工作面较大、深度不大的边坡、基坑（槽）、沟渠和路堑等，为最常用的开挖方法。

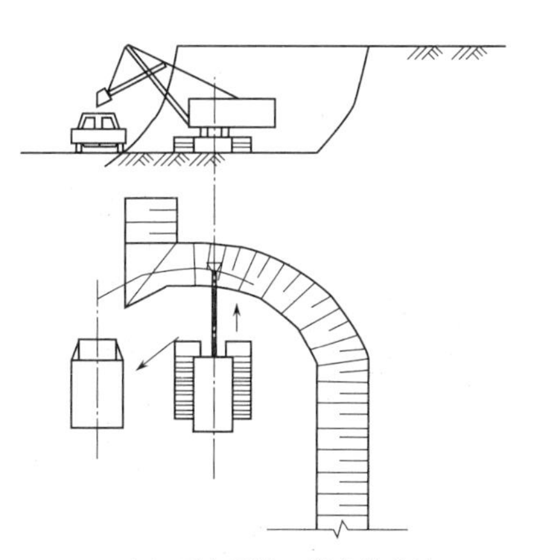

（a）正向开挖、侧向装土法

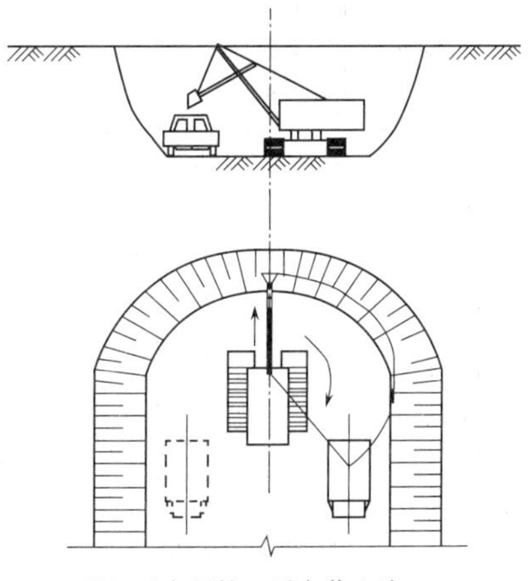

（b）正向开挖、后方装土法

图2.20　正铲挖掘机装土方法

（2）正向开挖、后方装土法。正铲向前进方向挖土，汽车停在正铲的后面，见图2.20（b）。本法铲臂卸土回转角度（在180°左右）较大，且汽车要倒车进入，增加工作循环时间，生产效率降低（回转角度180°，效率约降低23%；回转角度130°，效率约降低13%）；常用于开挖工作面较小、较深的基坑（槽）、管沟和路堑等。

2. 反铲挖掘机

反铲挖掘机（图2.21）的挖土特点是“后退向下，强制切土”。铲斗由上而下强制切土，用于开挖停机面以下的一至三类土。根据挖掘机的开挖路线与运输汽车的相对位置不同，一般有以下几种挖法：

图2.21 反铲挖掘机

（1）沟端开挖法。反铲停于沟端，后退挖土，同时往沟一侧弃土或装汽车运走，见图2.22（a）。本法适于一次成沟后退挖土，挖出的土方随即运走，或就地取土填筑路基、修筑堤坝等。

（2）沟侧开挖法。反铲停于沟侧，沿沟边开挖，汽车停在机旁装土或往沟一侧卸土，见图2.22（b）。本法铲臂回转角度小，能将土弃于距沟边较远的地方，但挖土宽度比挖掘半径小，边坡不好控制，同时机身靠沟边停放，稳定性较差，常在横挖土体和需将土方甩到离沟边较远的距离时使用。

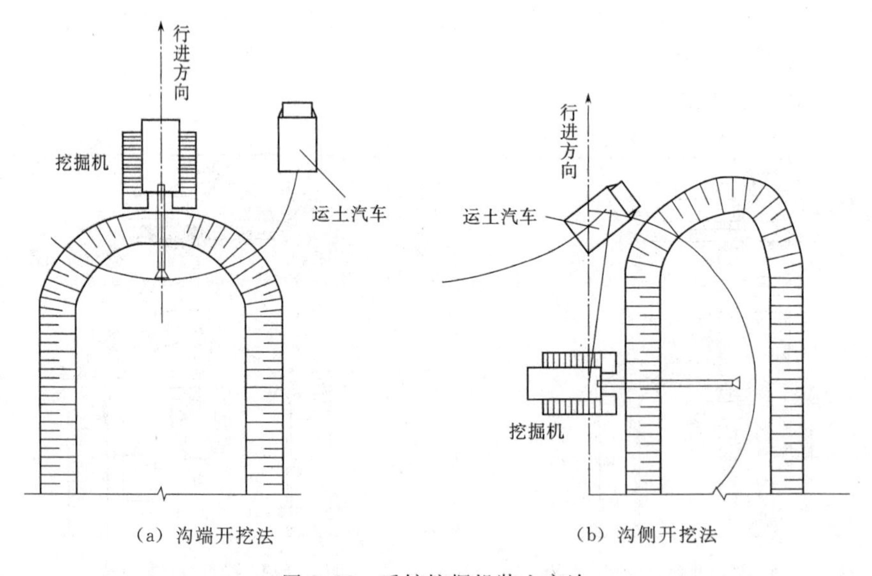

（a）沟端开挖法　（b）沟侧开挖法

图2.22 反铲挖掘机装土方法

3. 抓铲挖掘机

抓铲挖掘机（图2.23）的挖土特点是“直上直下，自重切土”。抓铲能在回转半径范围内开挖基坑中任何位置的土方，并可在任何高度上卸土（装车或弃土）。

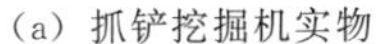

(a) 抓铲挖掘机实物

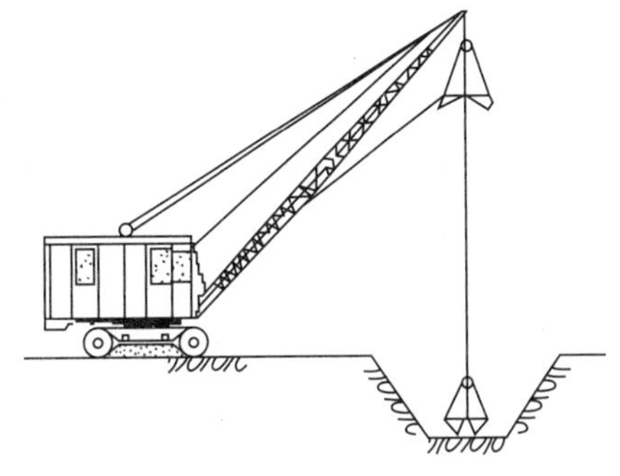

(b) 抓铲挖掘机简图

图 2.23　抓铲挖掘机

对于小型基坑，抓铲立于一侧抓土；对于较宽的基坑，抓铲在两侧或四侧抓土。抓铲应离基坑边一定距离，土方可直接装入自卸汽车运走，成堆弃在基坑旁，或用推土机推到远处堆放；挖淤泥时，抓斗易被淤泥吸住，应避免用力过猛，以防翻车。抓铲施工一般需加配重。抓铲挖掘机适用于开挖软土地基基坑，特别是窄而深的基坑、深槽、深井，采用抓铲的效果较为理想。

4. 拉铲挖掘机

如图 2.24 所示，拉铲挖掘机土斗用钢丝绳悬挂在挖掘机长臂上，挖土时，土斗在自重作用下落到地面切入土中。其挖土特点是“后退向下，自重切土”。其挖土深度和挖土半径均较大，能开挖停机面以下的一至二类土，但不如反铲灵活、准确。拉铲挖掘机适用于开挖较深较大的基坑（槽）、沟渠，挖取水中泥土以及填筑路基、修筑堤坝等。

图 2.24　拉铲挖掘机

2.5.3　挖掘机与汽车配合计算

现场施工最常用的组合为挖掘机与运土汽车配合作业，其数量计算可参考如下：

(1) 挖掘机数量确定。

1) 挖掘机数量 N 的计算。

$$N=\frac{Q}{P}\frac{1}{TCK}\quad（台）\tag{2.13}$$

式中　Q——土方量，m^3；

P——挖掘机生产率，m^3/台班；

T——工期，工作日；

C——每天工作班数；

K——时间利用系数（0.8～0.9）。

2）挖掘机的生产率。

$$P=\frac{8\times3600}{T}q\frac{K_C}{K_S}K_B \quad (m^3/\text{台班}) \tag{2.14}$$

式中 T——挖掘机每斗作业循环延续时间，s；

q——挖掘机斗的容量，m^3；

K_C——土斗的充盈系数；

K_S——土的最初可松性系数；

K_B——工作时间利用系数（0.7～0.9）。

（2）自卸汽车配合计算。

$$N=\frac{T_S}{t_1} \quad (\text{台}) \tag{2.15}$$

式中 N——自卸汽车数量，台；

T_S——运土车辆每一运土循环延续时间，min；

t_1——运土车辆每车装车时间，min。

2.6 土方的回填与压实

2.6.1 土方回填的准备工作

为保证土方回填质量，需要对填方场地进行清理，先清除基底上的垃圾、草皮、树根，排除坑穴中的积水、淤泥和杂物，并采取措施，以防地表滞水流入填方区，浸泡地基，造成地基土下陷。当填方基底为耕植土或松土时，应将基底充分夯实和碾压密实。当填方位于水田、沟渠、池塘或含水量很大的松散土地段时，应根据具体情况，采取排水疏干，或将淤泥全部挖出换土、抛填片石、填砂砾石、翻松、掺石灰等措施进行处理。若填土场地地面陡于1∶5，应先将斜坡挖成阶梯形，阶高0.2～0.3m，阶宽大于1m，然后分层填土，以利于接合和防止滑动。

2.6.2 填方土料的选择和填筑要求

填方土料是影响土方回填质量的主要因素之一，若土料选择不当，将会影响土方回填施工，甚至影响整个建筑工程的质量。因此，必须正确选择填方土料。

1. 填方土料的要求

填方土料应符合设计要求，以保证填方的强度和稳定性。填土应尽量采用同类土填筑，并将土的含水率控制在最优含水量范围内。如设计无要求，应符合以下规定：

（1）碎石类土、砂土和爆破石渣（粒径不大于每层铺土厚的2/3）可用于表层下的填料。

（2）含水量符合压实要求的黏性土可作各层填料。

（3）淤泥和淤泥质土一般不能用作填料；但在软土地区，经过处理后，含水量符合压实要求的，可用于填方中的次要部位。

2. 不允许作为填方的土料

含有大量有机物的土容易因降解变形而降低承载能力；含水溶性硫酸盐大于5%的土在地下水的作用下，硫酸盐会逐渐溶解消失，形成孔洞，影响密实性。因此，有机质含量大于8%的土，含水溶性硫酸盐大于5%的土，含水量大的冻土、黏土等，均不得作为填土。

3. 土方填筑要求

填土应尽量采用同类土填筑，并应将土的含水率控制在最优含水量范围内。当采用不同的土填筑时，应按土的种类有规则地分层铺填，将透水性大的土层置于透水性较小的土层之下，不得混杂使用，边坡不得用透水性较小的土封闭，以利于水分排出和基土稳定，并避免在填方内形成水囊和产生滑动现象。

2.6.3 填土压实的方法

填土应从最低处开始，由下向上，分层铺填碾压或夯实。在地形起伏之处，应做好接槎，修筑1∶2阶形边坡，每个台阶高可取50cm，宽取100cm；分段填筑时，每层接槎处应做成大于1∶1.5的斜坡，碾迹重叠0.5～1.0m，上下层错缝距离不应小于1m。接缝部位不得在基础、墙角、柱、墩等重要部位。

填土压实的方法一般有碾压法、夯实法和振动压实法。对于大面积填土工程，多采用碾压法；对于较小面积的填土工程，宜采用夯实机具压实。填方施工前，必须根据工程特点、填方土料的种类、设计要求的压实系数和施工条件等，合理地选择压实机械和压实方法，以确保填土压实质量。

1. 碾压法

碾压法是靠沿填筑面滚动的鼓筒或轮子的压力来压实填土的，使之达到设计需要的密实度，它适用于大面积填土工程。碾压法使用的碾压机械有平碾、羊足碾等。

为保证填土压实的均匀性及密实度，提高碾压效率，在碾压机械碾压之前，宜先用轻型推土机、拖拉机推平，低速预压4～5遍，使表面平实。采用振动平碾压实爆破石或碎石类土时，应先静压，而后振压。

碾压机械压实填方时，应控制行驶速度，一般平碾、振动碾不超过2km/h，羊足碾不超过3km/h，并要控制压实遍数；碾压机械与基础或管道应保持一定的距离，防止将基础、管道压坏或使其位移。

用碾压机械进行填方压实时，应采用“薄填、慢驶、多次”的方法，填土厚度不应超过25～30cm；碾压方向应从两边逐渐压向中间，碾轮每次重叠宽度为15～25cm，避免漏压。运行中碾轮边距填方边缘应大于500mm，以防发生溜坡倾倒。边角、边坡等碾压不到之处，应辅以人力夯或小型夯实机具夯实。

平碾碾压完一层后，应用人工或推土机将表面拉毛。土层表面太干时，应洒水湿润后继续回填，以保证上、下层接合良好。羊足碾一般用于黏性土，不适用于砂性土。松土不宜用重型碾压机直接滚压，否则土层有强烈起伏现象，效率不高。如果先用轻碾压实，再用重碾压实就会取得较好效果。

2. 夯实法

夯实法是指利用夯锤自由下落的冲击力来夯实土壤。这种方法主要适用于小面积的回填土。夯实法可分人工夯实和机械夯实，目前大多数采用机械夯实。

机械夯实采用的机械有冲击式和振动式之分，因其体积小，质量轻，构造简单，机动灵活，实用，操纵、维修方便，夯击能量大，夯实工效较高，故在建筑工程上使用很广，但劳动强度较大。常用的有蛙式打夯机、夯锤和内燃夯土机等。

3. 振动压实法

振动压实法是指将振动压实机放在土层表面，借助振动机构振动土颗粒，使土的颗粒发生相对位移，从而达到紧密状态。用这种方法振实非黏性土（爆破石渣、碎石类土、杂填土及粉土）效果较好。

常用的机械为板式振动器。板式振动器体形小，轻便，实用，操作简单，但振实深度有限。它适用于小面积黏性土薄层回填土的振实、较大面积砂土的回填振实，以及薄层砂卵石、碎石垫层的振实。

2.6.4　填土压实的排水要求

填土层如有地下水或滞水，应在四周设置排水沟和集水井，将水位降低。已填好的土如遭水浸，把稀泥铲除后，方能进行下一道工序。填土区应保持一定横坡，中间稍高、两边稍低，以利于排水。当天填土，应在当天压实。

2.6.5　影响填土压实的因素

填土压实的效果受到填方土料、压实机械和施工方法等因素的影响，同一种土料选择不同的压实机械和压实方法，压实效果就会出现较大的差异。因此，可将影响填土压实效果的主要因素归结为压实功、土的含水量和铺土的厚度三个方面。要获得理想的填土压实效果，必须综合考虑这三个方面的因素。

施工现场简单检验黏性土含水量的方法一般是以“手握成团、落地开花”为适宜。当含水量过大时，应采取翻松、晾干、风干、换土回填、接入干土或其他吸水性材料等措施；当含水量较小时，则应预先洒水润湿，补充水量。如土料过干，亦可采取增加压实遍数或使用大功率压实机械等措施。在气候干燥时，须加速挖土、运土、平土和碾压过程，以减少土的水分散失。当填料为碎石类土（充填物为砂土）时，碾压前应充分洒水润湿，以提高压实效果。

2.7　土方质量标准与验收

2.7.1　土方质量标准

土方质量标准应严格执行《建筑地基基础工程施工质量验收标准》（GB 50202—2018）中关于土石方工程一般规定、土方开挖、土石方堆放与运输、土石方回填的要求，这里不再赘述。

2.7.2　基坑（槽）验收（验槽）

1. 验槽的组织与程序

基坑开挖完毕，应由施工单位、设计单位、监理单位或建设单位及质量监督部门等有关人员一同到现场进行检查、鉴定验槽，核对地质资料，检查地基土与工程地质勘查报告、设计图纸要求是否相符合，有无破坏原状土结构或发生较大的扰动现象。一般采用表面检查验槽法，必要时采用钎探检查或洛阳铲探检查。检查合格后，填写基坑（槽）验收、隐蔽工程记录，及时办理交接手续。

验槽须满足《建筑地基基础工程施工质量验收标准》（GB 50202—2018）附录A的要求：

（1）天然地基验槽前应在基坑或基槽底普遍进行轻型动力触探检验，将检验数据作为验槽依据。

（2）轻型动力触探宜采用机械自动化实施，检验完毕后，触探孔位处应灌砂填实。

2. 验槽的方法

验槽的方法以观察为主，辅以夯、拍或轻便勘探。

（1）观察验槽。观察验槽包括以下内容：

1）检查基坑（槽）的位置、断面尺寸、标高和边坡等是否符合设计要求。

2）检查土质情况是否符合地质勘察报告和设计图纸要求，检查钎探记录。

3）对整个槽底土进行全面观察：土的颜色是否均匀一致；土的坚硬程度是否均匀一致，有无局部过软或过硬情况；土的含水量情况，有无过干过湿；在槽底行走或夯拍，有无振颤现象或空穴声音等。

4）检查重点部位。应重点观察、注意柱基、墙角、承重墙下或其他受力较大的部位。仔细观察基底土的结构、孔隙、湿度、含有物等，并与设计勘察资料相比较，确定是否已挖到设计的土层。对于可疑之处应局部下挖检查。

（2）夯、拍验槽。用木夯、蛙式打夯机或其他施工工具对干燥的基坑进行夯、拍（对潮湿和软土地基不宜夯、拍，以免破坏基底土层），根据夯、拍声音判断土中是否存在土洞或墓穴。对可疑迹象，应用轻便勘探仪进一步调查。

（3）轻便勘探验槽。用钎探、轻便动力触探、手摇小螺纹钻、洛阳铲等对地基主要受力层范围的土层进行勘探，或对上述观察、夯或拍发现的异常情况进行探查。

【知识拓展】

土方施工中，基坑坍塌导致的工程事故屡见不鲜，不论今后在哪个工作岗位，时刻要保持高度的安全、责任意识，严格遵守行业规范。

资源2.2 工程事故案例

课后习题

1. 深基坑支护结构有哪些形式？工程中应如何选择？

2. 影响填土压实的主要因素有哪些？

3. 试述流砂现象发生的原因及主要防治方法。

4. 基坑降水的方法有哪些？如何确定其适用范围？

资源2.3 课后习题参考答案

第3章

基 础 工 程

建筑物的全部质量及其各种荷载最终将通过基础传给地基。根据埋置深度的不同，基础可分为浅基础及深基础两大类。大多数建筑物基础的埋置深度不会很大，可以用普通开挖基坑（槽）及集水井排水的方法施工，这类基础称为浅基础，浅基础的埋深通常小于4m。浅基础施工应符合《建筑地基基础工程施工质量验收标准》（GB 50202—2018）等的要求。深基础的埋深大于4m。

3.1 基 础 分 类

深基础按受力特点分类可以分为桩基础、沉井及沉箱、地下连续墙、桩箱、桩筏基础和墩基础等几种类型。

浅基础可按受力特点、构造形式和使用材料的不同分类。

3.1.1 按受力特点分类

1. 刚性基础

刚性基础是用抗压强度较大而抗弯、抗拉强度较小的材料建造的基础。如砖基础、毛石基础、灰土基础、混凝土基础、三合土基础等基础属于刚性基础。

2. 柔性基础

钢筋混凝土基础一般为柔性基础，它的抗弯、抗拉、抗压的能力很大，适用于地基土比较软弱、上部结构荷载较大的基础。

3.1.2 按构造形式分类

1. 单独基础

单独基础也称独立基础，多呈柱墩形，其形式有台阶形、锥形等柱基。

2. 条形基础

条形基础是长度远大于其高度和宽度的基础，如墙下基础。

3. 联合基础

当荷载较大，地基较软，所需各单独基础或条形基础面积很大，各个基础非常接近，以致相互之间空隙很小时，可将各单独基础连接起来而形成柱下条形基础或柱下十字交叉基础，甚至形成片筏基础或箱形基础。

3.1.3 按所使用的材料分类

1. 灰土基础

为了节约砖、石材料，常在砖、石下面做一层灰土垫层，这种垫层习惯上称为灰土基础。

2. 三合土基础

将白灰砂浆与黏土、细砂充分拌和后，均匀铺入基槽内，分层夯实而成的基础是三合土基础。

3. 砖基础

砖基础是直接将砖砌筑在地基上的基础，一般都做成阶梯形。

4. 毛石基础

毛石基础是将毛石直接砌筑在地基上的基础。

5. 混凝土和毛石混凝土基础

用水泥、砂、石加水拌和浇筑而成的基础称为混凝土基础。为了节约混凝土用量，可掺入占基础体积25%～30%的毛石，这种基础叫毛石混凝土基础。

6. 钢筋混凝土基础

在混凝土内按计算配置钢筋，成为抗压、抗拉、抗弯强度都很大的柔性基础，这种基础叫钢筋混凝土基础。

3.2 独 立 基 础

钢筋混凝土独立基础按其构造形式可分为现浇柱锥形基础、现浇柱阶梯形基础（图3.1）和预制柱杯口基础，其中现浇柱阶梯形基础应用较多。

现浇柱基础施工如下。在混凝土浇筑前应先进行验槽。轴线、基坑尺寸和土质应符合设计规定。坑内浮土、积水、淤泥、杂物应清除干净。局部软弱土层应挖去，用灰土或砂砾回填并夯实至与基底相平。在基坑验槽后应立即浇筑垫层混凝土以保护地基。混凝土宜用表面振动器进行振捣，要求表面平整。当垫层达到一定强度后，在其上弹线、支模、铺放钢筋网片，底部用与混凝土保护层同厚度的水泥砂浆块垫塞，以保证钢筋位置正确。

图3.1 现浇柱阶梯形基础

在基础混凝土浇筑前，应将模板和钢筋上的垃圾、泥土和油污等杂物清除干净，对模板的缝隙和孔洞应予堵严，木模板表面要浇水湿润，但不得积水。对于锥形基础，应注意锥体斜面坡度要正确，斜面部分的模板应随混凝土浇捣分段支设并顶压紧，以防模板上浮变形，边角处的混凝土必须捣实。严禁斜面部分不支模。

基础混凝土宜分层浇筑。对于阶梯形基础，分层厚度为一个台阶高度，每浇完一个台阶应停0.5～1.0h，使混凝土获得初步沉实，然后再浇筑上层。每一台阶浇完后应做到表面基本抹平。基础上有插筋时，应将插筋按设计位置固定，以防浇捣混凝土时产生位移。基础混凝土浇筑完，应用草帘等覆盖并浇水加以养护。

3.3 条 形 基 础

条形基础的截面形式有矩形、阶梯形及梯形，如图3.2所示。在混凝土浇筑前应先验槽，基坑尺寸应符合设计要求，应挖去局部软弱土层，用灰土或砂砾回填，夯土至与基底相平。在地基或基土上浇筑混凝土时，应先清除淤泥和杂物，并应有防水措施。对于干燥的黏性土，应用水湿润；对于未风化的岩石，应用水清洗，但其表面不得留有积水。

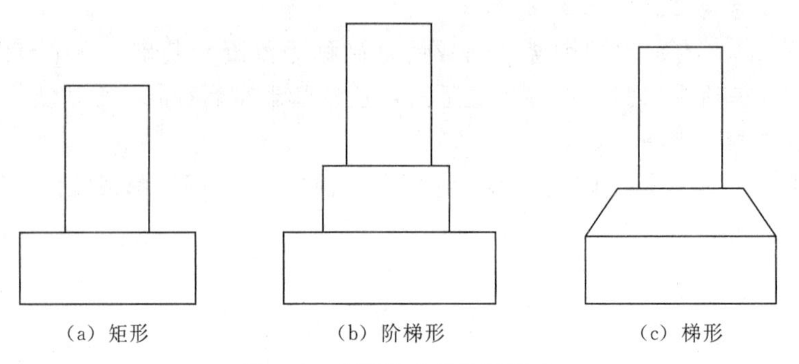

图3.2　条形基础的截面形式

垫层混凝土在验槽后应立即浇筑，以保护地基。当垫层素混凝土达到一定强度后，在其上弹线、支模、铺放钢筋。钢筋上的泥土、油污，模板内的垃圾、杂物应清除干净。木模板应浇水湿润，缝隙应堵严，基坑积水应排除干净。

3.4 片 筏 基 础

片筏基础是把柱下独立基础或者条形基础全部用连系梁连系起来，下面再整体浇筑底板，由底板、梁等整体组成。片筏基础在外形和构造上像倒置的钢筋混凝土楼盖，可分为梁板式（图3.3）和平板式两种。

图3.3　梁板式片筏基础

片筏基础浇筑前，应清扫基坑、支设模板、铺设钢筋。木模板要洒水湿润，钢模板面要涂隔离剂。

混凝土浇筑方向应平行于次梁长度方向，对于平板式片筏基础则应平行于基础长边方向。混凝土应一次浇筑完成，若不能整体浇筑完成，则应留设垂直施工缝，并用木板挡住。施工缝留设位置，当平行于次梁长度方向浇筑时，应留在次梁中部

1/3 跨度范围内，平板式可留设在任何位置，但施工缝应平行于底板短边且不应在柱脚范围内。梁高出底板部分应分层浇筑，每层浇筑厚度不宜超过 200mm。当底板上或梁上有立柱时，混凝土应浇筑到柱脚顶面，留设水平施工缝，并预埋连接立柱的插筋。继续浇筑混凝土前，应对施工缝进行处理，水平施工缝与垂直施工缝的处理相同。

3.5 箱形基础

箱形基础主要是由钢筋混凝土底板、顶板、侧墙及一定数量纵横墙构成的封闭箱体。箱形基础施工中，首先是基坑开挖。基坑开挖前应先验算边坡稳定性，并分析开挖时基坑邻近建筑物的影响。验算时，应考虑坡顶堆载、地表积水和邻近建筑物影响等不利因素，必要时要采取支护。

当开挖处有地下水时，应采用明沟排水或井点降水等方法，保持作业现场的干燥。当地下水储蓄丰富、地下水位很高，且基坑土质为粉土、粉砂或细砂时，采用明沟排水易造成边坡坍塌、基坑周围地面下沉等严重后果，此时宜采用井点降水措施。

箱形基础的基底直接承受全部建筑物的荷载，必须是土质良好的持力层。因此，要保护好地基土的原状结构，尽可能不要扰动它。采用机械挖土时，应根据土的软硬程度，在基坑底面设计标高以上，保留 200～400mm 厚的土层，采用人工挖除。基坑不得长期暴露，更不得积水。在基坑验槽后，应立即进行基础施工。

箱形基础的底板、顶板及内外墙的支模和浇筑，可采用内外墙和顶板分次支模浇筑方法施工。外墙接缝应设榫接或设止水带。

箱形基础的底板、顶板及内外墙宜连续浇灌。对于大型箱形基础工程，当基础长度超过 40m 时，宜设置一道不小于 700mm 的后浇带，以防产生温度收缩裂缝。

箱形基础的混凝土浇筑大多属于大体积钢筋混凝土施工问题。由于混凝土体积大，浇筑时积聚在内部的水泥水化热不易散发，混凝土内部的温度将显著上升，产生较大的温度变化和收缩作用，导致混凝土产生表面裂缝、贯穿性或伸缩裂缝，影响结构的整体性、耐久性和防水性，影响正常使用。对于大体积混凝土，在施工前要经过一定的理论计算，采取有效的技术措施，以防止温差对结构的破坏。

3.6 桩基础

深基础主要以桩基础为主，其余深基础施工参考相应施工规范。本章以桩基础为例介绍深基础施工。桩是一种具有一定刚度和抗弯能力的传力杆件，它将建筑物的荷载（竖向的和水平的）全部或部分传递给地基土（或岩层）。桩基础是由桩和桩顶的承台组成，由承台将若干根桩的顶部连接成整体，以共同承受荷载的一种深基础形式，它是广义深基础的一种主要形式。桩基础具有承载能力大、抗震性能好、沉降量小等特点。桩基础的使用可以减少大量的土方支撑和排水降水设施，施工方便，一般能获得较好的技术经济效果，目前已被广泛应用于高层建筑基础和软弱地基中的多层建筑基础。桩基施工应符合《建筑桩基技术规范》（JGJ 94—2008)、《建筑地基基础工程施工质量验收标准》（GB 50202—2018）等的要求。

（1）按桩的承载特性分类，可分为端承桩、摩擦桩、端承摩擦桩和摩擦端承桩。

1）端承桩，指桩端有非常坚硬的持力层，在极限承载力状态下，桩顶荷载由桩端阻力承受，如图 3.4（a）所示。

2）摩擦桩，指桩端没有良好持力层的纯摩擦桩，在极限承载力状态下，桩顶荷载由桩侧阻力承受，如图 3.4（b）所示。

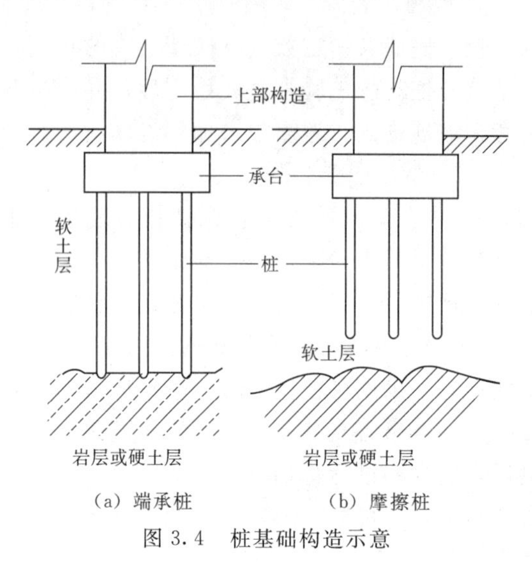

图 3.4　桩基础构造示意

3）端承摩擦桩，指桩端具有比较好的持力层，有一些端阻力，但在极限承载力状态下，桩顶荷载主要由桩侧阻力承受。

4）摩擦端承桩。在极限承载力状态下，其桩端荷载主要由桩端阻力承受。

（2）按桩的使用功能分类，可分为竖向抗压桩、竖向抗拔桩、水平受荷桩和复合受荷桩。

1）竖向抗压桩，由桩端阻力和桩侧摩阻力共同承受竖向荷载，工作时的桩身强度需验算轴心抗压强度。

2）竖向抗拔桩。当建筑物有抗浮要求，或在水平荷载作用下基础的一侧会出现拉力时，需验算桩的抗拔力。承受上拔力的桩，其桩侧摩阻力的方向相反，单位面积的摩阻力小于抗压桩，钢筋应通长配置以抵抗上拔力。

3）水平受荷桩，是以承受水平荷载为主的建筑物桩基础，或用于防止土体或岩体滑动的抗滑桩，桩的作用主要是抵抗水平力。

4）复合受荷桩，指同时承受竖向荷载和水平荷载作用的桩基础。

（3）按成桩对环境的影响分类，可分为挤土桩、部分挤土桩和非挤土桩。

1）挤土桩，指打入或压入土中的实体预制桩和闭口管桩（钢管桩或预应力管桩)、沉管灌注桩。这类桩在沉桩过程中或沉入钢套管的过程中，周围土体受到桩体的挤压作用，土中超孔隙水压力增长，土体发生隆起，对周围环境造成严重的损害。

2）部分挤土桩，指预钻孔打入式预制桩、打入式敞口桩。打入敞口桩管时，土可以进入桩管形成土塞，从而减少了挤土的作用，但在土塞的长度不再增加时，也会产生挤土的作用。打入实体桩时，为了减少挤土作用，可以采取预钻孔的措施，将部分土体取走，此时也属于部分挤土桩。

3）非挤土桩，指采用干作业法、泥浆护壁法、套管护壁法的钻（冲）孔、挖孔桩。非挤土桩在成孔与成桩的过程中对周围的桩间土没有挤压的作用，不会引起土体中超孔隙水压力的增长，因而桩的施工不会危及周围相邻建筑物的安全。

（4）按桩的施工方法分类，可分为预制桩和灌注桩。

1）预制桩。预制桩是在工厂或施工现场制成的各种材料和类型的桩（如木桩、钢筋混凝土方桩、预应力钢筋混凝土管桩、钢管或型钢的钢桩等）。预制后用沉桩设备将桩打入、压入、旋入或振入土中。

2）灌注桩。灌注桩是在施工现场的桩位上用机械或人工成孔，然后在孔内灌注混凝土或钢筋混凝土而成。根据成孔方法的不同，灌柱桩分为干作业成孔灌柱桩、泥浆护壁成孔灌注桩、爆扩成孔灌注桩、挖孔灌注桩和套管成孔灌注桩等。

3.6.1 钢筋混凝土预制桩锤击法施工

预制桩以钢筋混凝土预制桩应用较多。本节以钢筋混凝土预制桩为例介绍桩的施工工艺。

钢筋混凝土预制桩常用的截面形式有混凝土方形实心截面、圆柱体空心截面。对于预应力混凝土方形桩，为了便于预制，实心桩一般做成方形断面，断面尺寸一般为200mm×200mm～500mm×500mm，单根桩的最大长度根据打桩架高度而定，目前一般在27m以内。如需打设30m以上的桩，则将桩预制成几段，在打桩过程中逐段接长。预应力混凝土桩是采用先张法预应力、掺加高效减水剂、高速离心蒸汽养护工艺的空心管桩，包括预应力混凝土管桩（PC）、预应力混凝土薄壁管桩（PTC）和预应力高强混凝土管桩（PHC）三大类，外径为300～1000mm，每节长度为4～12m，管壁厚为60～130mm，与实心桩相比可大大减轻桩的自重。预制桩施工包括预制、起吊、运输、堆放和打桩等过程，还应根据工艺条件、土质情况、荷载特点等综合考虑，以便拟定合适可行的施工方法和技术组织措施。

3.6.1.1 桩的预制、起吊、运输和堆放

较短的钢筋混凝土预制桩一般在预制厂制作，较长的一般在施工现场预制。制作预制桩的方法有并列法、间隔法、重叠法、翻模法等。现场预制桩多用重叠法制作，重叠层数不宜超过4层，层与层之间应涂刷隔离剂，上层桩或邻近桩的浇筑应在下层桩或邻桩混凝土达到设计强度等级的30%以后进行。

钢筋混凝土桩的预制程序是：施工准备（包括现场准备）→支模→绑扎钢筋骨架、安吊环→浇筑混凝土→养护至桩的混凝土强度达到设计强度标准值的30%后拆模→桩的混凝土强度达到设计强度标准值的100%后运输、堆放。

钢筋混凝土预制桩的钢筋骨架的主筋连接宜采用对焊，且几根主筋接头位置应相互错开。桩尖一般用钢板制作，在绑扎钢筋骨架时就把钢板桩尖焊好。钢筋骨架的偏差应符合有关规定。

预制桩的混凝土宜用机械搅拌，机械振捣。混凝土强度等级应不低于C30，粗骨料用5～40mm碎石或卵石，用机械拌制混凝土，坍落度不大于60mm，混凝土浇筑应由桩顶向桩尖方向连续浇筑，不得中断，并用振捣器仔细捣实，以防止另一端的砂浆积聚过多。接桩的接头处要平整，使上下桩能互相贴合对准。浇筑完毕应护盖洒水养护不少于7d，如用蒸汽养护，在蒸养后，尚应适当自然养护，达到设计强度等级

后方可使用。制桩时，应按规定要求做好灌筑日期、混凝土强度等级、外观检查、质量鉴定记录，以供验收时查用。当桩的混凝土强度达到设计强度的 70%时方可起吊，达到 100%方可运输和打桩。吊点应设在设计规定的位置，如无吊环且设计又无规定，应按照起吊弯矩最小的原则确定绑扎位置，如图 3.5 所示。如提前起吊，必须作强度和抗裂度验算。桩在起吊和搬运时，必须平稳，不得损坏。

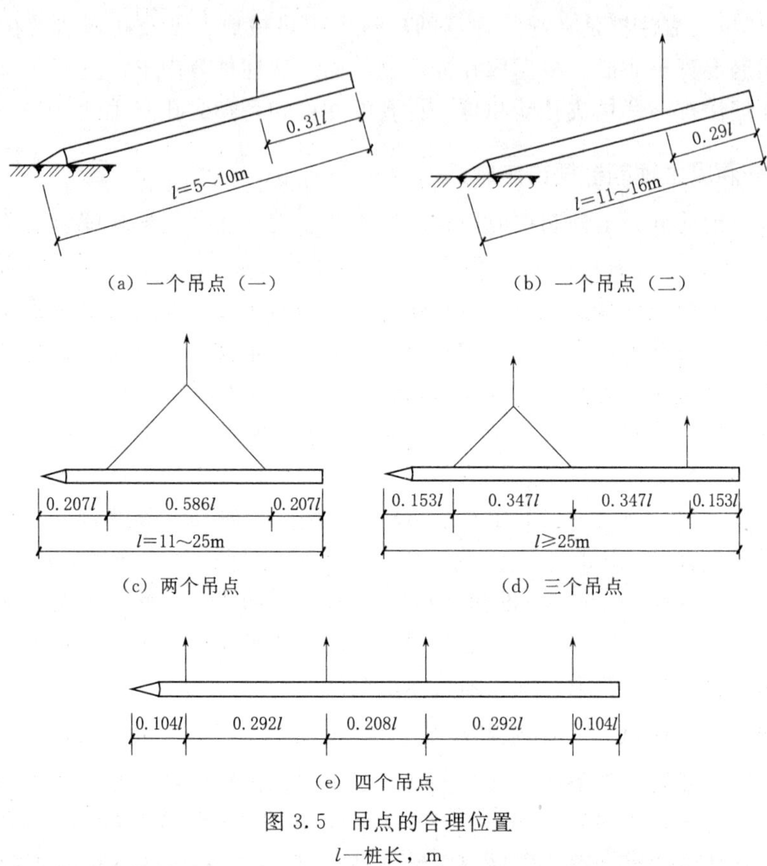

图 3.5　吊点的合理位置

l—桩长，m

打桩前桩应运到现场或桩架处，宜随打随运，以避免二次搬运。桩运输时的强度应达到设计强度标准值的 100%，长桩可采用平板拖车、平台挂车或汽车后挂小炮车运输，短桩也可采用载重汽车运输。现场运距较近时，也可采用轻轨平板车运输。装载时桩支承应按设计吊钩位置或接近设计吊钩位置叠放平稳并垫实，支承或绑扎牢固，以防运输中晃动或滑动。长桩采用挂车或炮车运输时，桩不宜设活动支座，行车应平稳，掌握好行驶速度，防止任何碰撞和冲击，严禁在现场以直接拖拉桩体方式代替装车运输。

桩堆放时，地面必须平整、坚实，下放垫木，垫木间距应与吊点间距相同，各层垫木应位于同一垂直线上，堆放层数不宜超过 4 层。不同规格的桩应分别堆放，运到打桩位置堆放时，应布置在范围内，并考虑到起重方向，避免空中转向。

3.6.1.2　打桩设备

打桩设备包括桩锤、桩架和动力装置。

1. 桩锤

桩锤是对桩施加冲击，把桩打入土中的主要机具。桩锤主要有落锤、汽锤、柴油锤和液压锤等，目前应用最多的为柴油锤。

落锤为一个铸铁块，重 0.5～2.0t，构造简单，使用方便，能调整落距，但锤击速度慢，贯入能力低，效率不高且对桩的损伤较大。

汽锤以蒸汽或压缩空气为动力进行锤击。汽锤根据工作情况可分为单动汽锤与双动汽锤。单动汽锤重 1～15t，双动汽锤重 1～7t，当蒸汽或压缩空气进入汽缸内活塞上部空间时，由于活塞杆不动，迫使汽缸上升，当它达到一定高度，停止供气同时排出缸内气体使汽缸下落击桩。这种桩锤落距短，打桩速度及冲击力大，效率较高，不仅适用于一般打桩工程，而且还可用于打斜桩、水下打桩和拔桩。

柴油锤按其构造可分为筒式、活塞式和导杆式三种，重 0.3～10t。它利用燃油爆炸，推动活塞往复运动进行锤击打桩。汽缸落下击桩同时汽缸中空气压缩，温度骤增，喷嘴喷油，柴油在汽缸内自行燃烧爆发，使汽缸上抛，落下时又击桩并进入下一循环。柴油锤本身附有桩架、动力等设备，不需外部能源，机架轻便，打桩迅速，常用以打设木桩、钢板桩和长度在 12m 以内的钢筋混凝土桩。但柴油锤不适合在硬土和松软土中打桩，并且由于其噪声大、有振动、污染空气等，在城市施工中受到一定的限制。

液压锤的冲击缸体通过液压油提升与降落，冲击缸体下部充满氮气。当冲击缸体下落时，首先是冲击头对桩施加压力，接着是通过压缩的氮气对桩施加压力，使冲击缸体对桩施加压力的过程延长，因此，每一击能获得更大的贯入度。液压锤不排出任何废气，无噪声，冲击频率高，并适合水下打桩，是理想的冲击式打桩设备，但构造复杂，造价较高。

用锤击法沉桩时，选择桩锤是关键。桩锤的类型应根据施工现场情况、机具设备条件以及工作方式和工作效率等条件来选择，然后再决定锤重。桩锤应有足够的冲击能，锤重应大于或等于桩重。实践证明，当锤重为桩重的 1.5～2 倍时，能取得良好的效果，但桩锤亦不能过重，过重易将桩打坏，当桩重大于 2t 时，可采用比桩轻的桩锤，但亦不能小于桩重的 75%，这是因为在施工中，宜采用“重锤低击”，即锤的质量大而落距小，这样，桩锤不易产生回跃，不致损坏桩头，且桩易打入土中，效率高；反之，若“轻锤高击”，则桩锤易产生回跃，易损坏桩头，桩难以打入土中，不仅拖延工期，更影响桩基的质量。

桩锤的质量可按照其冲击能计算选择，或按照经验选择。按照冲击能选择的计算式为

$$E \geqslant 25P \tag{3.1}$$

式中 E——锤的一次冲击能，kN·m

P——单桩的设计荷载，kN。

按照冲击能选择时，还应按照桩重进行复核。其计算式为

$$K = M + C \tag{3.2}$$

式中 K——适用系数；

M——锤重，t；

C——桩重，包括送桩、桩帽和桩垫重，t。

不同的桩锤，应满足不同的适用系数要求，对于双动汽锤、柴油锤，$K\leqslant5.0$；对于单动汽锤，$K\leqslant3.5$；对于落锤，$K\leqslant2.0$。

2. 桩架

桩架用于支持桩身和桩锤，在打桩的过程中引导桩的方向使桩不至于偏移。桩架的形式很多，常用的有多功能桩架及履带式桩架两种。多功能桩架（图3.6）由立柱、斜撑、回转工作台、底盘及传动机构组成。这种桩架机动性大、适应性强，在水平方向可作360°回转，立柱可前后倾斜，可适应各种预制桩及灌注桩。施工缺点是机构庞大，组装拆迁较麻烦。履带式桩架以履带式起重机为底盘，增加立柱与斜撑用以打桩。这种桩架性能灵活，移动方便，适合各种预制桩及灌注桩施工。

(a) 桩架（一）

(b) 桩架（二）

图3.6　多功能桩架

3. 动力装置

动力装置取决于所选的桩锤。落锤以电源为动力，需配置电动卷扬机、变压器、电缆等；蒸汽锤以高压饱和蒸汽为驱动力，需配置蒸汽锅炉、蒸汽绞盘等；气锤以压缩空气为动力源，需配置空气压缩机、内燃机等；柴油锤以柴油为能源，桩锤本身有燃烧室，不需外部动力设备。

3.6.1.3　打桩施工

打桩前应做好各项准备工作：清除妨碍施工的地上和地下的障碍物，编制相应的施工组织设计，搞好打桩施工的技术准备，平整施工场地，定位放线，检查桩的质量，设置供电、供水系统，安设打桩机。打桩场地建筑物（或构筑物）有防震要求时，应采取必要的防护措施等。

桩基轴线的定位点应设置在不受打桩影响处，打桩地区附近需设置不少于 2 个水准点。在施工过程中可据此检查桩位的偏差以及桩的入土深度。打桩时应注意以下问题：

1. 打桩顺序

打桩顺序一般分为逐排打、自中间向两个方向对称打、自中间向四周打（图 3.7）。

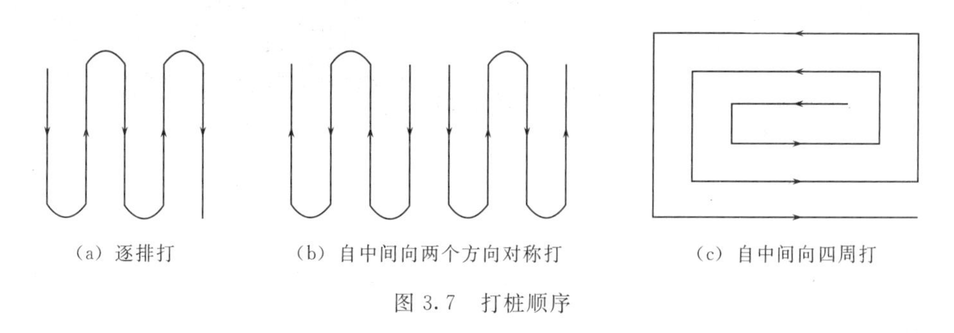

(a) 逐排打　　(b) 自中间向两个方向对称打　　(c) 自中间向四周打

图 3.7　打桩顺序

打桩顺序直接影响打桩速度和桩基质量。因此，应结合地基土壤的挤压情况、桩距的大小、桩机的性能、工程特点及工期要求等，经综合考虑后予以确定，以确保桩基质量，减少桩机的移动和转向，加快打桩速度。逐排打，桩机系单向移动，桩的就位与起吊均很方便，故打桩效率高，但它会使土壤向一个方向挤压，导致土壤挤压不均匀，易引起建筑物的不均匀沉降。但若桩距大于或等于桩的直径或边长的 4 倍，试验证明土壤的挤压与打桩顺序关系不大，这时，采取逐排打仍可保证桩基质量。对于大面积的桩群，则宜采用自中间向两个方向对称打或自中间向四周打，这样均有利于避免因土壤的挤压而使桩产生倾斜或浮桩的现象。

2. 打桩方法

（1）桩插入土中时的垂直度偏差不超过 0.5%，固定桩锤和桩帽，使桩、桩帽、桩锤在同一铅垂线上，确保桩能垂直下沉。

（2）开始沉桩时应起锤轻压并轻击数锤，观察桩身、桩架、桩锤等垂直一致，可转入正常施打。

（3）打桩过程中，若遇贯入度剧变，桩身突然倾斜、产生位移或有严重回弹，桩顶或桩身出现严重裂缝或破碎等异常现象时，应暂停打桩，及时研究处理。

（4）采用送桩法将桩顶标高低于地面的桩送入土中时，桩与送桩杆应在同一轴线上。送桩法施工如图 3.8 所示。

图 3.8　安装送桩杆

（5）对于多节桩的接桩，常用接桩方法有焊接、法兰连接或硫黄胶泥锚接。前两种方法适用于各类土层，后一种适用于软土层。焊接接桩：钢板宜用低碳钢，焊条宜用E43，先四角点焊固定，再对称焊接。法兰连接桩：钢板和螺栓宜用低碳钢并紧固牢靠。硫黄胶泥锚接桩的硫黄胶泥配合比应通过试验确定。其中焊接接桩（图3.9）应用最多。

图3.9 焊接接桩

3.6.2 混凝土灌注桩施工

灌注桩是直接在桩位上就地成孔，然后在孔内浇筑混凝土而成。与预制桩相比，灌注桩不受土层变化的限制，而且不用截桩与接桩，避免了锤击应力。桩的混凝土强度及配筋只要满足设计与使用要求即可，因此，灌注桩具有节约材料，成本低，施工无振动、无挤压、噪声小等优点，但灌注桩施工操作要求严格，完工后混凝土需要一定的养护期，不能立即承受荷载，施工工期较长，在软土地基中易出现颈缩、断裂等质量事故。

根据成孔工艺的不同，灌注桩可分为干作业成孔灌注桩、泥浆护壁成孔灌注桩、爆扩成孔灌注桩和挖孔灌注桩。灌注桩施工工艺近年来发展很快，还出现了套管成孔灌注桩、端夯扩沉管灌注桩、钻孔压浆成桩等一些新工艺。

3.6.2.1 干作业成孔灌注桩

干作业成孔灌注桩适用于地下水位较低、在成孔深度内无地下水的情况，不需护壁可直接取土成孔。目前常用螺旋钻机成孔，亦有用洛阳铲成孔的。

螺旋钻机利用动力旋转钻杆，使钻头的螺旋叶片旋转削土，土块沿螺旋叶片上升排出孔外（图3.10）。在软塑土层含量大时，可用疏纹叶片钻杆，以便较快地钻进。一节钻杆钻入后，应停机接上第二节，继续钻至要求深度，操作时要求钻杆垂直，钻孔过程中如发现钻杆摇晃或难钻进，应立即停车检查。全叶片螺旋钻机成孔直径一般为300～6000mm，钻孔深度为8～12m，在钻进过程中，应随时清理孔口积土，遇有塌孔、缩孔等异常情况，应及时研究解决。

图3.10 螺旋钻机施工

下钢筋笼，浇筑混凝土。钢筋笼应一

次绑扎好，放入孔内后再次测量虚土厚度，混凝土应连续浇筑，每次浇筑高度不得大于1.5m，如为扩底桩，则需于桩底部用扩孔刀片切削扩孔，扩底直径应符合设计要求。孔底虚土厚度：对于以摩擦力为主的桩，不得大于300mm；对于以端承力为主的柱，则不得大于100mm。

3.6.2.2 泥浆护壁成孔灌注桩

泥浆护壁成孔是用泥浆保护孔壁、防止塌孔和排出土渣而成孔，无论地下水位高或低都可适用。

1. 施工准备

施工前应用全站仪准确放出各桩位中心，用骑马桩固定位置，用水准仪测量地面标高，确定钻孔深度。根据地质资料，确定科学合理的钻孔方法和钻孔设备，架设好电力线路，配合适合的变压器。若用柴油机提供动力，则应购置与设备动力相匹配的抽油机和充足的燃油。混凝土拌和设备、钢筋切割焊接设备，以及水泥、砂石料均要在钻孔开始前准备妥当。按照采用的施工方法，做好护筒的埋设工作，并制备好满足要求的泥浆。

2. 钻孔施工

钻孔施工的方法很多，国内常见的主要有正循环法、反循环法、冲击钻法、冲抓锥法等。

各种钻孔施工方法（设备）的适用范围可参考表3.1。

表3.1　各种钻孔施工方法（设备）的适用范围

钻孔施工方法（设备）	适用范围			
	土层	孔径/cm	孔深/m	泥浆作用
机动推钻	黏性土、砂土、粒径小于10cm砾石含量少于30%的碎石土	60～160	30～40	护壁
正循环回转钻法	黏性土、砂土、粒径小于10cm砾石含量少于30%的碎石土	80～200	30～200	浮悬钻渣并护壁
反循环回转钻法	黏性土、砂土、粒径小于钻孔内径的2/3的卵石含量少于20%的碎石土	80～250	泵吸辅助成孔最深40m，气举辅助成孔最深100m	护壁
正循环潜水钻法	黏性土、砂土、粒径小于10cm砂砾石含量小于20%的碎石土	60～150	50	浮悬钻渣并护壁
反循环潜水钻法	黏性土、砂土、粒径小于钻孔内径的2/3的卵石含量少于20%的碎石土	60～150	泵吸辅助成孔最深40m，气举辅助成孔最深100m	护壁
全护筒冲抓和冲击钻法	各类土层	80～200	30～40	不需泥浆
冲抓锥	淤泥、黏性土、砂土、砾石、卵石	60～150	20～40	护壁

续表

钻孔施工方法（设备）	适用范围			
	土层	孔径/cm	孔深/m	泥浆作用
冲击实心锤	各类土层	80～200	50	浮悬钻渣并护壁
冲击管锥	黏性土、砂土、砾石、松散卵石	60～150	50	浮悬钻渣并护壁
冲击振动沉管	软土、黏性土、砂土、砾石、松散卵石	25～50	20	不需泥浆

下面说明回转钻机成孔、冲击钻成孔、旋挖钻机成孔施工工艺。

（1）回转钻机成孔。回转钻机是由动力装置带动钻机回转装置转动，再由其带动装有钻头的钻杆移动，由钻头切削土壤，根据泥浆循环方式的不同，分为正循环回转钻机和反循环回转钻机。正循环回转钻机成孔工艺（图3.11）是向空心钻杆内部通入泥浆或高压水，从钻杆底部喷出，携带钻下的土渣沿孔壁向上流动，由孔口将土渣带出流入泥浆池。反循环回转钻机成孔工艺（图3.12）的泥浆带渣流动的方向与正循环回转钻机成孔的情形相反，反循环工艺的泥浆上流的速度较快，能携带较大的土渣。

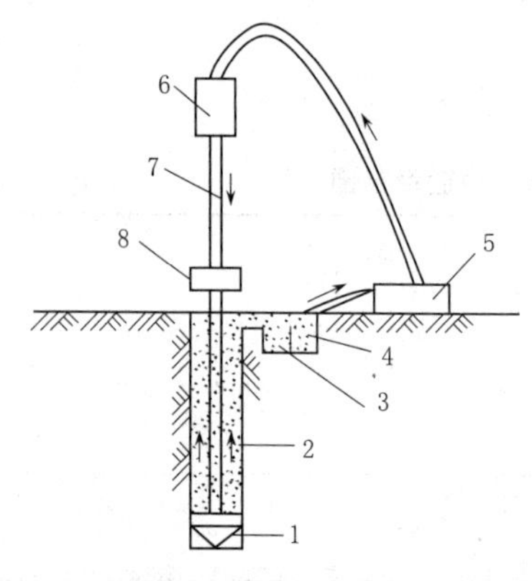

图3.11 正循环回转钻机成孔工艺原理图

1—钻头；2—泥浆循环方向；3—沉淀池；4—泥浆池；5—泥浆泵；6—水龙头；7—钻杆；8—钻机回转装置

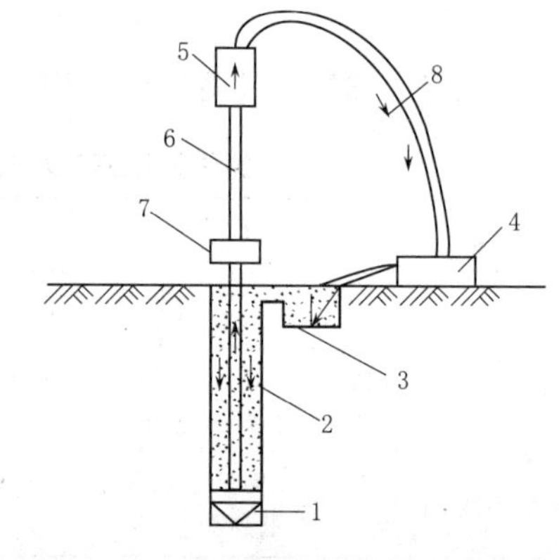

图3.12 反循环回转钻机成孔工艺原理图

1—钻头；2—新泥浆流；3—沉淀池；4—砂石浆；5—水龙头；6—钻杆；7—钻机回转装置；8—混合液流向

回转钻机是地质部门使用的常规地质钻机，可用于各种地质条件、孔径（300～2500mm）和深度（10～20m）成孔，护壁效果好，成孔质量可靠，施工无振动、无挤压，机具设备简单、操作方便、费用较低，现已成为国内最常用的成桩方法之一，但其成孔速度慢、效率低、用水量大、泥浆排放量大、污染环境、扩孔率较难控制。

在杂填土或松软土层中钻孔时，应在桩位处埋设钢护筒，以起定位、保护孔口、维持水头等作用。护筒宜采用钢板卷制，具有坚固、耐用、不变形、不漏水、装卸方便、能重复使用等特点。护筒内径应比钻头直径大10cm，埋入土中深度不宜小于1.0m。在护筒顶部应开设1～2个溢浆口，在钻孔过程中，应保持护筒内泥浆水位高于地下水位。在黏土中钻孔，可采用清水钻进，自造泥浆护壁；在砂土中钻孔，则应注入制备泥浆钻进，注入的泥浆密度控制在 1.1g/cm^3 左右，排出泥浆的密度宜为 1.2～1.4g/cm^3，达到要求的深度后，测量沉渣厚度，进行清孔。以原土造浆的钻孔，清孔可用射水法，同时钻具只转不进，待泥浆相对密度降到 1.1g/cm^3 左右即认为清孔合格；注入制备泥浆的钻孔，采用换浆法清孔，至换出泥浆的相对密度小于 1.15 时方为合格。清孔后，应尽快吊放钢筋笼并水下灌注混凝土，灌注混凝土至桩顶时，混凝土的高度应适当超过桩顶设计标高，以保证在凿除浮浆层后，桩顶标高和质量符合设计要求。施工后的灌注桩应保证没有缩颈、夹渣、夹层、断桩等严重的质量问题，其平面位置及垂直度也都需要满足规范的规定。

(2) 冲击钻成孔。冲击钻主要用于岩土层中成孔。成孔时将冲锥式钻头提升到一高度后以自由下落的冲击力来破碎岩层，然后用掏渣筒来掏取孔内的渣浆。

(3) 旋挖钻机成孔。旋挖钻机成孔首先是通过底部带有活门的桶式钻头回转破碎岩土，并直接将其装入钻斗内，然后再由钻机提升装置和伸缩钻杆将钻斗提出孔外卸土，这样循环往复，不断地取土卸土，直至钻至设计深度。旋挖钻机如图 3.13 所示。

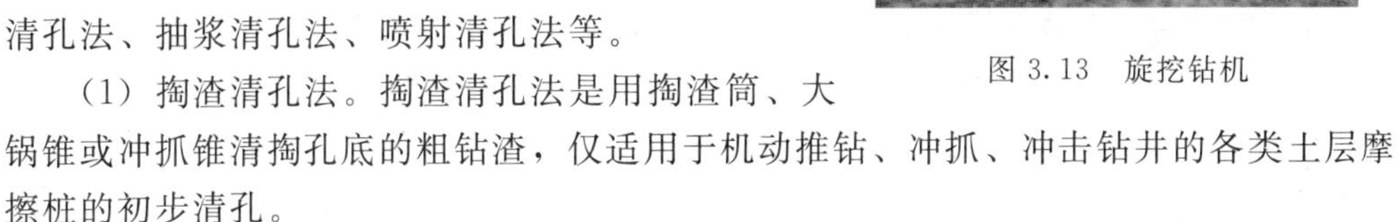

图 3.13 旋挖钻机

3. 清孔

清孔的目的是除去孔底沉淀的钻渣和泥浆，以保证钢筋混凝土质量。钻孔深度达到设计高程后，应对孔径、孔深和孔的倾斜度进行检验，符合要求后方可清孔。常用的清孔方法有掏渣清孔法、换浆清孔法、抽浆清孔法、喷射清孔法等。

(1) 掏渣清孔法。掏渣清孔法是用掏渣筒、大锅锥或冲抓锥清掏孔底的粗钻渣，仅适用于机动推钻、冲抓、冲击钻井的各类土层摩擦桩的初步清孔。

(2) 换浆清孔法。换浆清孔法适用于正循环钻孔的摩擦桩。钻孔完成之后，提升钻锥至距孔底 10～20cm，继续循环，以相对密度较低（1.1～1.2）的泥浆压入，把钻孔内的悬浮钻渣和相对密度较大的泥浆换出。

(3) 抽浆清孔法。此法清孔效果较好，适用于各种方法钻孔的柱桩和摩擦桩，一般用反循环钻机、空气吸泥机或真空吸泥泵等进行。

(4) 喷射清孔法。此法只宜配合其他清孔方法使用，是在灌注混凝土前对孔底进行高压射水或射风数分钟，使剩余少量沉淀物漂浮后，立即灌注水下混凝土。

不论采用何种清孔方法，在清孔排渣时，必须保持孔内水头，防止塌孔。不得采用加深钻孔深度的方式代替清孔。

4. 吊装钢筋骨架及导管

(1) 钢筋骨架。钢筋骨架由主筋、箍筋、加强筋、定位筋四个部分组成，其构造应满足设计要求，经检查合格后，用起重机吊起垂直放入孔内，相邻节端应焊接牢固，定位准确。下到设计位置后，应在顶部采取相应措施反压并固定其位置，防止在混凝土灌注过程中产生上浮。安装钢筋骨架时，应采取有效的定位措施，减小钢筋骨架中心与桩中心的偏位，使钢筋骨架的混凝土保护层满足要求。

(2) 导管。导管是灌注水下混凝土的重要工具，一般选用刚性导管。刚性导管用钢管制成，内径一般为25～35cm，每节长4～5m，用端头法兰盘螺栓连接，接头处要做好防漏水的措施。导管使用前应进行必要的水密、承压和接头抗拉等试验。吊装前应进行试拼，接口连接应严密、牢固。吊装时，导管应位于井口中央，并在混凝土灌注前进行升降试验。

5. 水下混凝土灌注

目前水下混凝土灌注主要采用直升导管法施工，灌注混凝土前，应先探测孔底泥浆沉淀厚度，如果大于规定值，要再次清孔，但应注意孔壁的稳定，防止塌孔。

水下混凝土灌注应符合下列规定：

(1) 水下混凝土的灌注时间不得超过首批混凝土的初凝时间。

(2) 混凝土运至灌注地点时，应检查其均匀性和坍落度等参数，不符合要求时不得使用。

(3) 首批混凝土灌注的数量应能满足导管首次埋置深度1.0m以上的需要。

(4) 首批混凝土入孔后，混凝土应连续灌注，不得中断。

(5) 灌注过程中，应保持孔内的水头高度。导管的埋置深度宜控制在2～6m，并应随时测探桩内混凝土面的位置，及时调整导管埋深；在确保能将导管顺利提升的前提下，方可根据现场的实际情况适当放宽导管的埋深，但最大埋深应不超过9m，应将桩孔内溢出的水或泥浆引流到适当地点处理，不得随意排放。

(6) 灌注时应采取措施防止钢筋骨架上浮，当灌注的混凝土顶面距钢筋骨架底部以下1m左右时，宜降低灌注速度；混凝土顶面上升到骨架底部4m以上时，宜提升导管，使其底口高于骨架底部2m以上后再恢复正常灌注速度。

(7) 对于变截面桩，应在灌注过程中采取措施，保证变截面处水下混凝土灌注密实。

(8) 采用全护筒钻机施工的桩在灌注水下混凝土时，护筒应随导管的提升逐步上拔，上拔过程中除应保证导管的埋置深度外，同时应使护筒底口始终保持在混凝土面以下，施工时应边灌注、边排水，并应保持护筒内的水位稳定。

(9) 混凝土灌注至桩顶部位时，应采取措施保持导管内的混凝土压力，避免桩顶泥浆密度过大而产生泥团或桩顶混凝土不密实、松散等现象，在灌注将近结束时，应核对混凝土的灌入数量，确定所测混凝土的灌注高度是否正确。

(10) 灌注过程中发生故障时，应尽快查明原因，确定合适的方案，进行处理。

3.6.2.3　套管成孔灌注桩

套管成孔灌注桩又称沉管灌注桩，根据使用桩锤和成桩工艺的不同，可分为锤击沉管灌注桩和振动沉管灌注桩。套管成孔灌注桩是指利用锤击打桩法或振动打桩法，将带有钢筋混凝土桩尖或带有活瓣式桩尖（图3.14）的钢套管沉入土中，然后灌注混凝土并拔管而成，若配有钢筋，则在规定标高处应吊放钢筋骨架。图 3.15 所示为沉管灌注桩施工过程示意图。

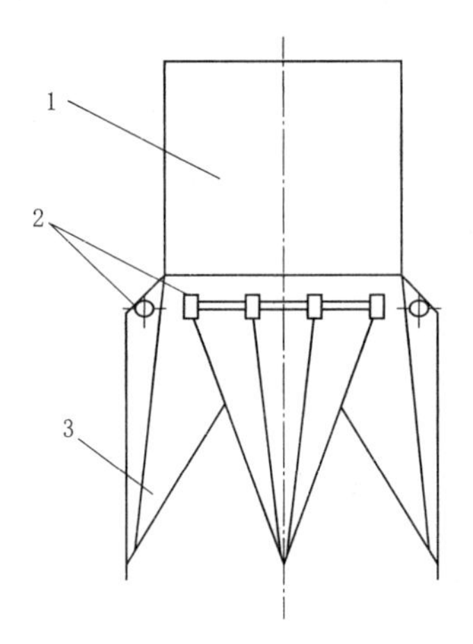

图 3.14 活瓣式桩尖示意图

1—桩管；2—锁轴；3—活瓣

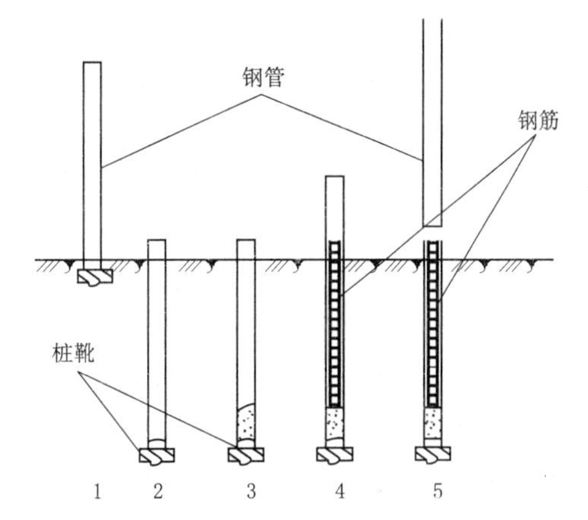

图 3.15 沉管灌注桩施工过程示意图

1—就位；2—沉套管；3—开始灌注混凝土；4—下钢筋骨架，继续浇筑混凝土；5—拔管成型

1. 锤击沉管灌注桩

锤击沉管灌注桩是指用锤击打桩机，将带活瓣桩尖或钢筋混凝土预制桩尖的钢管锤击沉入土中，然后边浇筑混凝土边用卷扬机拔桩管成桩。锤击沉管灌注桩适于黏性土、淤泥、淤泥质土、稍密的砂土及杂填土层，但不能在密实的砂砾石漂石层中使用。

锤击沉管灌注桩施工时，用桩架吊起钢套管，对准预先设在桩位处的预制钢筋混凝土，桩尖套管与桩尖连接处要垫以麻、草绳，以防止地下水渗入管内，然后缓缓放下套管，套入桩尖压进土中，套管上端扣上桩帽，检查套管与桩锤是否在同一垂直线上，套管偏斜小于或等于 0.5%时，即可开始锤击套管。锤击套管时，首先采用低锤轻击方法，防止桩管突然偏移，观察无偏移后正常施打，直至符合设计要求的贯入度或沉入标高，管内若无泥浆或水进入，即可灌注混凝土。套管内混凝土应尽量灌满，确定灌满混凝土后才可以拔管，拔管要均匀，第一次拔管高度控制在能容纳第二次所需的混凝土灌注量为限，不宜拔管过高。拔管时应保持连续密锤低击，并控制拔出速度：对于一般土层，以不大于 1m/min 为宜；在软弱土层及软硬土层交界处，应控制在 0.8m/min 以内。拔管时还要经常探测混凝土落下的扩散情况，管内的混凝土应保持略高于地面，直到全管拔出为止。桩的中心距在 5 倍桩管外径以内或小于 2m 时，均应跳打，中间空出的须待邻桩混凝土强度达到设计强度的 50%以后，方可施打。

为了提高桩的质量和承载力，常采用复打扩大灌注桩。其施工顺序为：在第一次灌注桩施工完毕，拔出套管后，清除管外壁上的污泥和桩孔周围地面的浮土，立即在原桩位再预埋桩尖或合好活瓣第二次复打沉套管，使未凝固的混凝土向四周挤压扩大桩径，然后再浇筑第二次混凝土。施工时要注意：前后两次沉管的轴线应重合，复打施工必须在第一次灌注的混凝土初凝之前进行，锤击灌注桩宜用于黏性土、淤泥质土、砂土和人工填土地基。

2. 振动沉管灌注桩

振动沉管灌注桩采用激振器或振动冲击锤沉管成桩。常用振动沉管灌注桩的管径为377mm和426mm。振动沉管灌注桩适用于黏性土、淤泥、淤泥质土、粉土、湿陷性黄土、稍密及松散的砂土及回填土中，但在坚硬砂土、碎石土及有硬夹层的土层中，易损坏桩尖，不宜采用振动的沉管灌注桩。

振动沉管灌注桩可采用单打法、反插法或复打法。

单打法施工时，在沉入土中的套管内灌满混凝土，开启激振器，振动5～10s，开始拔管，边振边拔，每拔0.5～1m停拔振动5～10s，如此反复，直到套管全部拔出。在一般土层内拔管速度宜为1.2～1.5m/min；在较软弱土层中，拔管速度不得大于1.0m/min。反插法施工时，在套管内灌满混凝土后，先振动再开始拔管，每次拔管高度为0.5～1.0m，向下反插深度为0.3～0.5m，如此反复进行，并始终保持振动，直到套管全部拔出地面。反插法能使桩的截面增大，从而提高桩的承载力，宜在较差的软土地基上应用。

复打法要求与锤击灌注桩相同。

振动沉管灌注桩的适用范围除与锤击沉管灌注桩相同外，还适用于稍密及中密的碎石土地基。

3. 套管成孔灌注桩易产生的质量问题及处理

套管成孔灌注桩易发生断桩、缩颈桩、吊脚桩及桩尖进水或进泥等质量问题。施工中应加强检查并及时处理。

（1）断桩。断桩一般常见于地面下1～3m的软硬层交接处，其裂痕呈水平或略倾斜，一般都贯通整个截面。其原因主要有：桩距过小，受邻桩施打时土的挤压所产生的水平横向推力和隆起上拔力的影响，软硬土层间传递的水平力大小不同，对桩产生剪应力，桩身混凝土终凝不久、强度低，承受不了外力的影响。避免断桩的措施有：桩的中心距宜大于3.5倍桩径。考虑打桩顺序及桩架行走路线时，应注意减少对新打桩的影响，采用跳打法或控制时间法以减少对邻桩的影响。断桩检查：在2～3m深度内可用木槌敲击桩头侧面，同时用脚踏在桩头上，如桩已断，会感到浮振；亦可用动测法，由波形曲线和频波曲线图形判断断桩的质量与完整程度。断桩一经发现，应将断桩段拔出，将孔清理干净后，略增大面积或加上铁箍连接，再重新灌注混凝土补做桩身。

（2）缩颈桩。缩颈桩又称瓶颈桩，浇筑混凝土后的桩身局部直径小于设计尺寸，截面面积不符合要求，其原因是：在含水量大的黏性土中沉管时，土体受强烈扰动和挤压，产生很高的孔隙水压力，桩管拔出后，这种水压力便作用到新灌注的混凝土桩上，使桩身发生不同程度的缩颈现象；拔管过快、混凝土量少或和易性差，使混凝土出管时扩散差等。施工中应经常测定混凝落下情况，发现问题及时纠正，缩颈桩一般可用复打法处理。

(3) 吊脚桩。吊脚桩即桩底部混凝土隔空，或混凝土中混进泥砂而形成松软层桩，其原因为桩尖强度不够，沉管时被破坏，水或泥砂进入桩管，或活瓣未及时打开。处理办法：将桩管拔出，纠正桩尖或将砂回填桩孔后重新沉管。

(4) 桩尖进水或进泥。桩尖进水或进泥常发生在地下水位高或饱和淤泥或粉砂土层中，其原因是套管活瓣闭合不严、预制桩尖被打坏或活瓣变形致使水或泥砂进入桩管内。处理方法：拔出桩管，清除泥砂，整修桩尖活瓣，用砂回填后重打，地下水位高时，可待桩管沉至地下水位时，先灌入 0.5m 厚的水泥砂浆作封底，再灌 1m 高混凝土增压，然后再继续沉管。

3.6.3 混凝土灌注桩的质量检测

混凝土灌注桩的质量检测包括灌注桩成孔施工的允许偏差和钢筋笼制作、安装的质量。钻孔桩施工完成后，应对桩位、孔深、孔径、孔的倾斜度、孔底沉淀厚度、桩身的完整性进行检查，详见表 3.2。

表 3.2　钻孔灌注桩实测项目

<table>
<tr><th>序号</th><th colspan="3">检查项目</th><th>规定值或允许偏差</th><th>检查方法及频率</th></tr>
<tr><td>1△</td><td colspan="3">混凝土强度/MPa</td><td>在合格标准内</td><td></td></tr>
<tr><td rowspan="3">2</td><td rowspan="3">桩位/mm</td><td colspan="2">群桩</td><td>≤100</td><td rowspan="3">全站仪：每桩测中心坐标</td></tr>
<tr><td rowspan="2">排架桩</td><td>允许</td><td>≤50</td></tr>
<tr><td>极值</td><td>≤100</td></tr>
<tr><td>3</td><td colspan="3">孔深 H/mm</td><td>≥设计值</td><td>测绳：每桩测量</td></tr>
<tr><td>4</td><td colspan="3">孔径 D/mm</td><td>≥设计值</td><td>探孔器或超声波成孔检测仪：每桩测量</td></tr>
<tr><td>5</td><td colspan="3">钻孔倾斜度/mm</td><td>≤1%H，且≤500</td><td>钻杆垂线法或超声波成孔检测仪：每桩测量</td></tr>
<tr><td>6</td><td colspan="3">沉淀厚度/mm</td><td>满足设计要求</td><td>沉淀盒或测渣仪：每桩测量</td></tr>
<tr><td>7△</td><td colspan="3">桩身完整性</td><td>满足设计要求；设计未要求时，每桩不低于Ⅱ类</td><td>满足设计要求；设计未要求时，采用低应变反射波法或超声波法：每桩检测</td></tr>
</table>

注　△表示该项目为关键项目。

(1) 钢筋笼的材质、尺寸应符合设计要求，制作允许偏差应符合表 3.3 的规定。

表 3.3　钢筋笼制作允许偏差

项　　目	允许偏差/mm	检查方法	项　　目	允许偏差/mm	检查方法
主筋间距	±10	尺量	钢筋笼直径	±10	尺量
箍筋间距	±20	尺量	钢筋笼长度	±100	尺量

(2) 分段制作的钢筋笼，其接头宜采用焊接或机械式接头（钢筋直径大于 20mm），并应遵守《钢筋机械连接技术规程》(JGJ 107—2016)、《钢筋焊接及验收规程》(JGJ 18—2012) 和《混凝土结构工程施工质量验收规范》(GB 50204—2015) 的规定。

(3) 加劲箍筋宜设在主筋外侧，当因施工工艺有特殊要求时也可置于内侧。

（4）导管接头处外径应比钢筋笼的内径小 100mm 以上。

（5）搬运和吊装钢筋笼时，应防止其变形，安放应对准孔位，避免碰撞孔壁和自由落下，就位后应立即固定。

3.6.4　桩基检测

3.6.4.1　基桩低应变动力检测

桩身完整性检测是用小锤锤击桩顶产生沿桩顶向下传播的一维应力波，这种应力波在传播过程中遇到诸如桩截面裂缝、接桩不良、断裂、离析、缩径等缺陷时，将表现为波阻抗的变化，从而使得应力波在该截面产生反射，反射的信息传播到桩顶便与桩顶的时域信号叠加，并通过安装在桩顶的速度传感器被仪器接收，桩顶接收到的时域信号还包括桩侧土阻力的增加（表现为波阻抗增大）或减小（表现为波阻抗减小）而引起的叠加信息。因此，可以根据时域曲线扫射信号的位置来判断桩缺陷的深度。根据反射信号的相位变化来判断缺陷的性质，根据反射信号的幅值用时域拟合曲线方法来确定桩缺陷的深度。

现场测试过程中，先把传感器固定在桩顶某一平整处，传感器用专用电缆线与主机相连，用小锤锤击桩顶，反映桩土体系振动特性的实测曲线经检测仪信号采集器主机采样后显示在其屏幕上，由专业工程师针对实测曲线，运用滤波、指数放大、频谱分析等数据处理技术进行现场初步分析处理，并存储在信号采集器主机内以便室内分析之用。

通过对实测时域曲线上有关桩底反射、质点振幅、波形状况及桩身缺陷反射等特征参量的分析，结合频域曲线上频率特征，可将桩划分为以下四类：

（1）Ⅰ类桩：桩身完整。

（2）Ⅱ类桩：桩身有轻微缺陷、不会影响桩身结构承载力的正常发挥。

（3）Ⅲ类桩：桩身有明显缺陷、对桩身结构承载力有影响。

（4）Ⅳ类桩：桩身存在严重缺陷。

根据现场检测结果研究桩土体系有阻尼振动特性及弹性波沿桩身传播产生反射等物理现象，结合工程地质资料及工程经验，对桩身的完整性做出评价，并指出存在缺陷的性质和部位，提供桩基的设定波速及反射波形图。

进行低应变动力检测时，试验现场应保持平静，振动、噪声等应符合检测要求。委托方应提供桩位布置图、地质勘探报告、桩基施工记录等技术资料。现场检测时现场不得有重型机械、汽车、拖拉机、打桩机或其他非不可抗拒因素造成的较强振动；测试过程中若与现场其他施工工序、项目等交叉，应请建设方、监理方统一协调。

3.6.4.2　单桩竖向抗压静载试验

单桩竖向抗压静载试验是一种原位测试方法。其基本原理是将竖向荷载均匀地传至建筑物基桩上，通过实测单桩在不同荷载作用下的桩顶沉降得到静载试验的 $Q-S$ 曲线及 $S-\lg t$ 等辅助曲线，其中 Q 为钻孔桩的荷载，S 为桩顶下沉量，然后根据曲线推求单桩竖向抗压承载力特征值等参数。

1. 试验准备

试验仪器设备由加载设备、荷载与沉降量测仪表、重物横梁反力系统等组成。千斤顶应平放于试桩中心。试验前应仔细检查千斤顶、油泵工作是否正常，油路是否漏油。荷载用标定合格的0.4级精密压力表测量，试桩沉降采用大量程百分表测量，百分表应安装固定在相对不动的基准梁上，百分表的安装应使表轴线平行于被测位移的方向，不得倾斜，沉降测定平面距桩顶距离不小于0.5倍桩径。固定和支承百分表的夹具和基准梁在构造上应确保不受气温影响而发生竖向变位。试验加载方式采用慢速维持荷载法（逐级加载，每级荷载达到相对稳定后加下一级荷载，然后逐级卸载到零）。

2. 现场试验规定和要求

（1）开始试验的时间：预制桩在砂土中入土7d以上；如为黏性土，应视土的强度恢复情况而定，一般不得少于15d；对于饱和黏性土不得少于25d。

（2）慢速维持荷载法按下列规定进行加载、卸载和沉降观测。

1）荷载分级。每级荷载值为预估单桩极限承载力的1/15～1/10。

2）测读桩沉降量的间隔时间。每级加载后隔5min、10min、15min各测读一次，以后每隔15min读一次，累计1h后每隔半小时读一次。

3）稳定标准。在每级荷载作用下桩的沉降量在每小时内小于0.1mm。

4）终止加载条件。当出现下列情况之一就应终止加载：①某级荷载作用下，桩顶沉降量大于前一级荷载作用下沉降量的5倍，且桩顶总沉降量超过40mm；②某级荷载作用下，桩顶沉降量大于前一级荷载作用下沉降量的2倍，且24h未达到稳定条件。

5）卸载观测的规定。每级卸载值为加载值的2倍，卸载后隔15min测读一次。读两次后隔30min再读一次即可卸下一级荷载。全部卸载后隔3～4h再读一次。

通过单桩竖向承载力静载试验确定竖向抗压极限承载力标准值，作为评价工程桩承载力是否满足设计要求的依据。

3. 注意事项

进行单桩竖向承载力静载试验时，在试验设备、仪器仪表的运输过程中应确保其不损伤以保证现场测试数据的准确无误。现场吊装安置加载设备时应采取必要的安全措施，保证设备的安放位置正确和人员安全。反力架的安装和焊接要牢固可靠。对于不符合要求的反力装置，不能进行正式试验加载工作。反力钢梁在试验中严禁超载，以免发生人员伤亡和仪器损坏。试验现场必须搭起能防雨、遮阳的临时帐篷或设施，以保护仪器设备。高压油泵等仪器设备应按照就近、方便、安全的原则安放。测试现场所接电源必须符合临时架设电源线路的要求，禁止乱扯电源、电线，防止漏电、触电等事故发生。

课后习题

资源3.1
课后习题
参考答案

1. 试述钢筋混凝土预制桩的制作、起吊、运输、堆放等环节的主要工艺要求。
2. 试分析打桩顺序、土壤挤压与桩距的关系。

3. 端承桩和摩擦桩的质量控制以什么为主？
4. 什么是沉管灌注桩的复打法？起什么作用？
5. 套管成孔灌注桩施工中常遇到哪些质量问题？如何处理？
6. 沉桩方式有哪几种？分别适用于哪种情况？

第4章 钢筋混凝土结构工程

【项目案例引入】

××项目××楼，框架结构。

钢筋施工概况：本工程钢筋使用HPB300、HRB335、HRB400钢筋。框架柱、框支柱、暗柱钢筋直径$d \geqslant 16$mm时，采用电渣压力焊连接，水平向钢筋采用单面搭接焊施工。钢筋集中码放，分类堆放在枕木上，有良好的排水措施。钢筋进场时需要检验及验收出厂质量证明和试验报告单。进场后，同炉号、同牌号、同规格、同交货状态、同冶炼方法的钢筋不大于60t为一批；钢筋接长采用电渣压力焊连接。柱、板、梁、楼梯钢筋绑扎钢筋笼后浇筑混凝土。

本工程为框架结构，柱及梁、板模板采用清水混凝土模板。梁模板由木胶板加工拼装，60mm×90mm木方背楞，工艺流程：搭设双排脚手架→安装、固定梁底模→安装、固定梁侧模→模板的校正及加固。板模板采用大块竹胶合板拼接，钢管搭设满堂脚手架。楼梯底板采用竹胶板铺设，木顶撑，主龙骨为60mm×90mm方木@500，次龙骨为60mm×90mm方木@400，竹胶板从楼梯两端向中部铺设，拼缝处用胶带纸粘贴。

混凝土工程中，同一施工段混凝土浇筑，先浇筑柱，后浇筑梁、板。柱采用分层浇筑，浇筑方向以方便施工为原则，现场确定浇筑方向。梁的混凝土采用分层斜坡浇筑，首层厚度约500mm，以上每层浇筑高度约1000mm。梁、板混凝土同时浇筑，随浇随振捣，随刮随抹平。用插入式振捣棒振捣密实，刮杠刮平，在混凝土初凝前用木抹子抹平，在终凝前再进行二次抹压，保证混凝土表面平整并防止在混凝土表面出现水泥膜和裂缝。混凝土振捣既不能漏振，也不能过振。混凝土浇筑过程中的振捣，各个部位责任到人，并对各个部位作振捣记录。混凝土表面处理，振捣密实后根据结构500线挂线，然后用3m刮杠刮平，待混凝土沉实后使用木抹子抹压拍实，终凝前进行二次抹压，并使用塑料刷子对表面拉毛，条纹均匀。采用浇水方式养护。浇水养护时间不少于7d。

资源4.1 钢筋与混凝土黏结作用

钢筋和混凝土是两种不同性质的材料，之所以能共同工作，主要是由于混凝土硬化后紧紧握裹钢筋，钢筋受混凝土保护而不致锈蚀，同时钢筋与混凝土的线膨胀系数（钢筋为0.000012/℃，混凝土为0.000010～0.000014/℃）又相接近，当外界温度变化时，不会因胀缩不均破坏两者之间的黏结。

钢筋混凝土结构工程是指按设计要求，将钢筋和混凝土两种材料借助模板浇筑制作而成各种形状和大小的构件或结构的过程。

钢筋混凝土结构工程包括钢筋工程、模板工程和混凝土工程，三个工种工程在施工过程中必须密切配合，统筹安排，合理组织，以确保施工质量。钢筋混凝土结构工程施工工艺流程如图 4.1 所示。

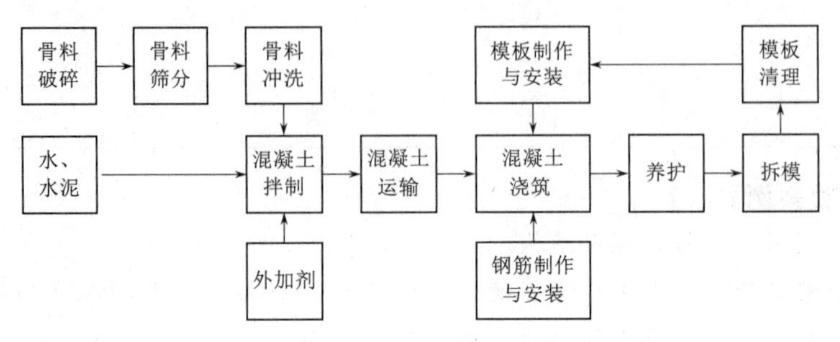

图 4.1　钢筋混凝土结构工程施工工艺流程图

钢筋混凝土结构工程具有耐久性、耐火性、整体性、可塑性好，节约钢材，可就地取材等优点，在工程建设中应用极为广泛。但钢筋混凝土结构工程也存在自重大、抗裂性差、现场浇捣受季节气候条件的限制、补强修复比较困难等缺点。随着科学技术的发展，钢筋混凝土结构工程朝着提高寿命、保证质量、加快速度和降低造价的方向发展，混凝土的应用领域也在不断扩大。

4.1　钢　筋　工　程

钢筋工程是钢筋混凝土结构施工的重要分项工程之一，是钢筋混凝土结构施工的关键工程。但是钢筋工程属于隐蔽工程，当混凝土浇筑后，就无法检查钢筋的施工质量。所以，从钢筋原材料的进场验收、存储到一系列的钢筋加工和连接，直至最后的绑扎安装，都必须进行严格的质量控制，才能确保整个结构的质量。随着无损检测的发展，对于钢筋的间距、直径和锈蚀情况，可以不破坏混凝土，在混凝土表面直接检测，就像体检 CT 扫描一样，所以钢筋的隐蔽性也不再隐蔽。

钢筋工程的施工工艺流程为：钢筋进场验收→钢筋下料、加工→钢筋绑扎安装→钢筋隐蔽验收。

4.1.1　钢筋的分类与进场

4.1.1.1　钢筋的分类

1. 按轧制外形分

（1）光圆钢筋。HPB300 级钢筋均轧制为光面圆形截面，主要形式有盘圆和直条两种。通常直径 6～10mm 的钢筋盘圆供应；直径大于 12mm 的钢筋轧成 6～12m 直条供应。

（2）带肋钢筋。根据《钢筋混凝土用钢 第 2 部分：热轧带肋钢筋》（GB 1499.2—2024），带肋钢筋按屈服强度值分为 400 级、500 级、600 级，牌号一般为 HRB400、

HRB500、HRB600，表面轧制成月牙螺纹，如图 4.2 所示。钢筋表面刻有不同的纹路，以增强钢筋与混凝土的黏结力，主要用作墩柱、梁等构件中的受力筋。

钢筋牌号中，H（hot rolled）表示“热轧”，P（plain）表示“光圆”，R（ribbed）表示“带肋”，B（bars）表示“钢筋”，E 表示抗震（earthquake），F 表示细（fine）。

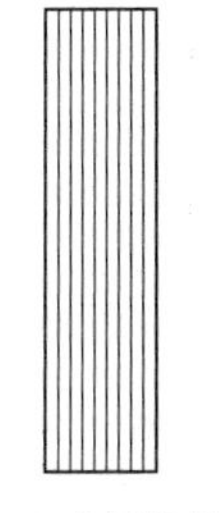
(a) 光圆钢筋

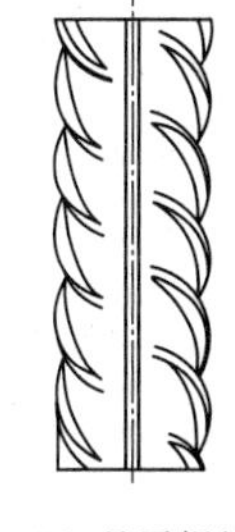
(b) 月牙螺纹

图 4.2 钢筋外形示意图

钢筋表面扎上牌号标志、生产企业序号（顺序轧制 GB/T 2260 规定的行政区划代码前 2 位许可证后 3 位数字）和公称直径毫米数字。准许轧上经注册的厂名或商标代替行政区划代码前 2 位。钢筋牌号标志以阿拉伯数字或阿拉伯数字加英文字母表示，HRB400、HRB500、HRB600 分别以 4、5、6 表示，HRBF400、HRBF500 分别以 C4、C5 表示，HRB400E、HRB500E 分别以 4E、5E 表示，HRBF400E、HRBF500E 分别以 C4E、C5E 表示。厂名以汉语拼音字头表示。公称直径毫米数以阿拉伯数字表示。

2. 按钢筋在构件中的作用分

（1）受力筋：是指构件中根据计算确定的主要钢筋，如受拉筋、弯起筋、受压筋等。

（2）构造钢筋：是指构件中根据构造要求设置的钢筋，包括分布筋、箍筋、架立筋、横筋、腰筋等。

3. 按直径大小分

钢筋按直径大小分为钢丝（直径 3～5mm）、细钢筋（直径 6～10mm）、粗钢筋（直径大于 22mm）。

4. 按生产工艺分

钢筋按生产工艺分为热轧钢筋、冷加工钢筋（冷轧带肋钢筋、冷轧扭钢筋、冷拉钢筋、冷拔钢丝）、碳素钢丝、刻痕钢丝、钢绞线和热处理钢筋等。目前，我国钢筋混凝土结构工程常用的普通钢筋按生产工艺分为热轧钢筋和冷加工钢筋两类。

资源 4.2 热轧钢筋及钢筋生产工艺

4.1.1.2 钢筋的质量检验

钢筋应具有出厂质量证明书和试验报告单，进场时除应检查其外观和标志外，尚应按不同的钢种、等级、牌号、规定及生产厂家分批抽取试样进行力学性能检验，检验试验方法应符号现行国家标准的规定。钢筋经进场检验合格后方可使用。

无论结构大小，使用的钢筋均应具有规范所规定的出厂质量证明书，无出厂质量证明书的钢筋不得使用。检验钢筋时，首先要检查钢筋的牌号及质量证明书；其次要做外观检查，从每批钢筋中抽取 5%，其表面不得有裂纹、创伤和叠层，钢筋表面的凸块不得超过横肋的高度，缺陷的深度和高度不得大于所在部位的允许值和偏差值。

资源 4.3 钢筋的性能

钢筋分批检验时，可对同一牌号、同一炉罐号、同一规格的钢筋进行组批，每批不宜大于 60t，超过 60t 的部分，每增加 40t（或者不足 40t 的余数）应增加一个拉伸和一个弯曲试验试样。在截取试件时应除去钢筋两端 100～500mm，如果一项试验结果不符合要求，则从同一批中另取双倍数量的试样做各项试验。如仍有一个试样不合格则该批钢筋为不合格。热轧钢筋在加工过程中发生脆断、焊接性能不良或机械性能显著不正常等现象，应进行化学成分分析和其他专项检验。

4.1.1.3　钢筋的存储

钢筋存放时钢筋必须用方木支垫离地30cm，并用棚布遮盖，防止锈蚀。而且钢筋应尽快运往工地安装使用，不宜长期存放。

4.1.2　钢筋下料长度与配料

4.1.2.1　钢筋下料长度

钢筋下料长度不是图纸上尺寸的简单累加，因为图纸上的尺寸没有考虑钢筋直径，也没有考虑钢筋长度的测量方法，所以需要考虑钢筋的量度差值，计算钢筋的下料长度。

1. 钢筋长度

施工图（钢筋图）中所指的钢筋长度是钢筋外缘至外缘之间的长度，即外包尺寸。

2. 混凝土保护层厚度

混凝土保护层厚度是指受力钢筋外缘至混凝土表面的距离，其作用是保护钢筋在混凝土中不被锈蚀。

3. 钢筋弯曲量度差值

钢筋端部的弯钩作用即钢筋端部的锚固。弯钩作用增加钢筋与混凝土的机械咬合力，提高锚固能力，避免锚固破坏。

（1）钢筋弯折的弯弧内直径应符合下列规定：

1）对于光圆钢筋，不应小于钢筋直径的2.5倍。

2）对于335MPa级、400MPa级带肋钢筋，不应小于钢筋直径的4倍。

3）对于500MPa级带肋钢筋，当直径为28mm以下时，不应小于钢筋直径的6倍；当直径为28mm及以上时，不应小于钢筋直径的7倍。

4）箍筋弯折处尚不应小于纵向受力钢筋的直径。

（2）纵向受力钢筋的弯折后平直段长度应符合设计要求。光圆钢筋末端做180°弯钩时，弯钩的平直段长度不应小于钢筋直径的3倍。

（3）箍筋、拉筋的末端应按设计要求做弯钩，并应符合下列规定：

1）对于一般结构构件，箍筋弯钩的弯折角度不应小于90°，弯折后平直段长度不应小于箍筋直径的5倍；对于有抗震设防要求或有专门设计要求的结构构件，箍筋弯钩的弯折角度不应小于135°，弯折后平直段长度不应小于箍筋直径的10倍。

2）圆形箍筋的搭接长度不应小于其受拉锚固长度，且两末端弯钩的弯折角度不应小于135°；弯折后平直段长度，对于一般结构构件，不应小于箍筋直径的5倍，对于有抗震设防要求的结构构件，不应小于箍筋直径的10倍和75mm二者中的较大值。

3）梁、柱复合箍筋中的单肢箍筋两端弯钩的弯折角度均不应小于135°，弯折后平直段长度应符合本条第1）款对箍筋的有关规定。

4. 量度差值计算

钢筋有弯曲时，在弯曲处的内侧发生收缩，而外皮却出现延伸，中心线则保持原有尺寸。

钢筋长度的度量方法指测量外包尺寸。因此钢筋弯曲以后，存在一个量度差值，在计算下料长度时必须加以扣除。这个量度差值在每个弯钩处都存在，虽然数值不大（几毫米到几厘米），但是钢筋弯钩数量越多，节省的钢筋工程量就越多，所以在施工过程中必须考虑这个量度差值。

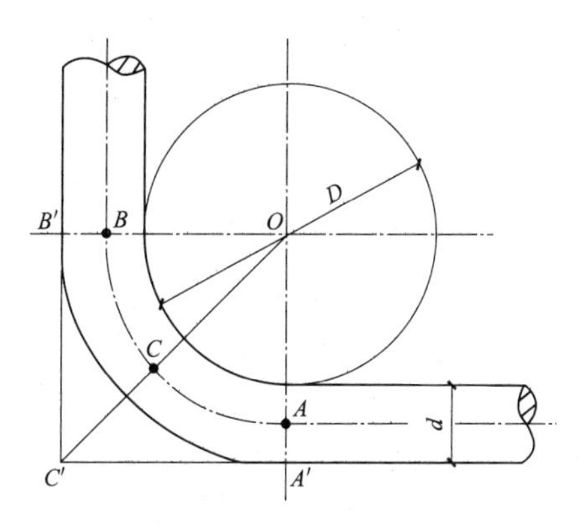

图 4.3　90°弯折量度差值图

以弯起钢筋弯折 90°的情况为例介绍弯折量度差值，由图 4.3 可知，量度差值发生在弯曲部位。

弯起钢筋弯折处的弯曲直径 D（根据钢筋直径选取弯曲直径 D）不宜小于钢筋直径 d 的 5 倍。将 $D=5d$ 代入式（4.1），得到 90°弯折量度差值：

$$2\left(\frac{D}{2}+d\right)-\frac{\pi}{4}(D+d)\approx 2.5d \tag{4.1}$$

同理可计算出不同弯折角度时的量度差值。为简便下料计算，可分别取其近似值，如表 4.1 所列。

资源 4.4 量度差值推导过程和钢筋末端弯钩增加长度

表 4.1　　钢筋弯曲量度差值

弯曲角度	30°	45°	60°	90°	135°
量度差值	$0.35d$	$0.5d$	$0.85d$	$2.5d$	$3.0d$

5. 末端弯钩增加长度

弯钩形式最常用的有半圆弯钩（钢筋末端 180°弯钩）、直弯钩（钢筋末端 90°弯钩）和斜弯钩（钢筋末端小于 90°弯钩）。

当弯折 180°（图 4.4）时，若 $D=2.5d$，平直段长度 $CF=3d$，则弯钩部分的中心线（含平直段）长为

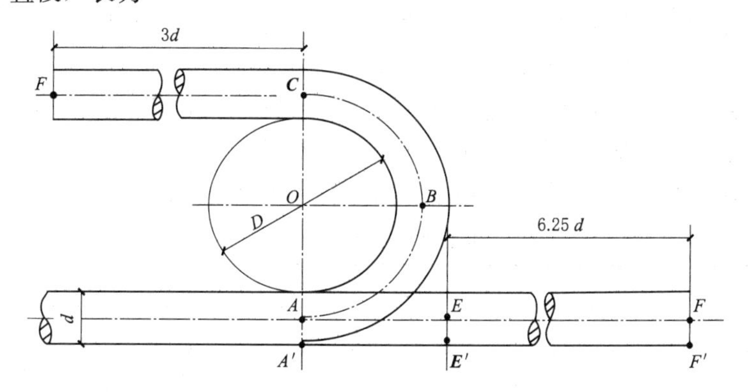

图 4.4　钢筋 180°弯钩增加长度

$$AF=\frac{\pi}{2}(2.5d+d)+3d=8.5d \tag{4.2}$$

因钢筋外包尺寸量至 E 点，所以弯钩增加长度为

$$EF = AF - AE = AF - \left(\frac{D}{2} + d\right)$$

$$= 8.5d - (1.25d + d) = 6.25d \qquad (4.3)$$

光圆钢筋的弯钩增加长度，按弯心直径为 $2.5d$、平直部分为 $3d$ 计算得出。半圆弯钩增加长度为 $6.25d$，直弯钩增加长度为 $3.5d$，斜弯钩增加长度为 $4.9d$。

6. 箍筋弯钩增加值

箍筋的弯钩形式如图 4.5 所示。有抗震或抗扭要求的结构应按图 4.5（a）加工箍筋，一般结构可按图 4.5（b）、（c）加工箍筋。

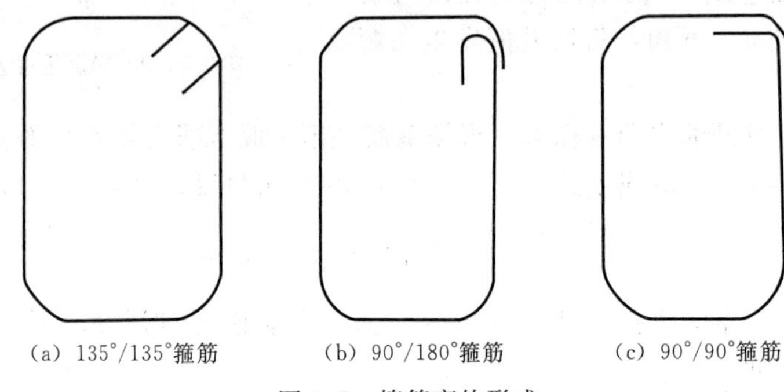

图 4.5　箍筋弯钩形式

箍筋弯后的平直部分长度，对于一般结构，不宜小于箍筋直径的 5 倍；对于有抗震要求的结构，不应小于箍筋直径的 10 倍和 75mm 二者中的较大值。

表 4.2　　箍筋弯钩增加值

箍筋形式	135°/135°	90°/180°	90°/90°
箍筋弯钩增加值	$14d$（$24d$）	$14d$（$24d$）	$11d$（$21d$）

注　表中括号内数据为有抗震要求时的。

箍筋下料长度应比其外包尺寸大，在计算中也要增加一定的箍筋弯钩增加值。箍筋弯钩增加值如表 4.2 所列。

7. 钢箍下料长度调整值

箍筋用 HPB300 光圆钢筋或冷拔低碳钢丝制作时，其末端需做弯钩。有抗震要求和受扭的结构，应做 135°弯钩；无抗震要求的结构，可做 90°或 180°弯钩。箍筋下料长度可用量取外包尺寸或量取内包尺寸两种计算方法。为简化计算，一般将箍筋弯钩增加值和弯折量度差值合并成一项箍筋调整值，如表 4.3 所列。计算时先按外包或内包尺寸计算出箍筋的周长，再加上箍筋调整值即为箍筋下料长度。

表 4.3　　箍筋下料长度调整值　　单位：mm

箍筋量度方法	箍筋直径			
	4～5	6	8	10～12
量取外包尺寸	40	50	60	70
量取内包尺寸	80	100	120	150～170

8. 钢筋下料长度的计算

钢筋下料是根据需要将钢筋切断成一定长度的直线段，指钢筋的中心线长度。钢

筋下料长度按下列方法进行计算：

钢筋下料长度＝直线长度＋弯钩增加长度－量度差值

箍筋下料长度＝外包尺寸－量度差值＋弯钩增加长度（箍筋弯钩增加值）＝箍筋外包（或内包）周长＋箍筋外包（或内包）调整值

【例 4.1】 如图 4.6 所示，试计算钢筋的下料长度。

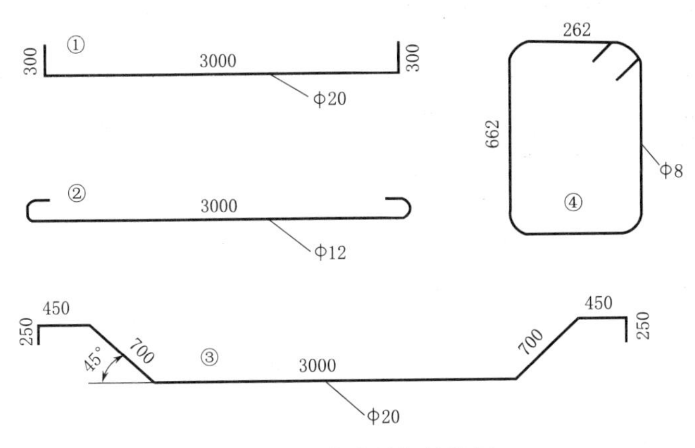

图 4.6 某简支梁钢筋简图

解：根据公式可得：

①号钢筋的下料长度为：2×300＋3000－2×2.5×20＝3500（mm）。

②号钢筋的下料长度为：3000＋2×6.25×12＝3150（mm）。

③号钢筋的下料长度为：2×(250＋450＋700)＋3000－2×2.5×20－4×0.5×20＝5660(mm)。

④号钢筋的下料长度为:2×(262＋662)＋60＝1908（mm）。

4.1.2.2 钢筋配料

钢筋的配料是指识读工程图纸、计算钢筋下料长度和编制配料单。钢筋配料是钢筋加工中的一项重要工作，合理地配料能使钢筋得到最大限度的利用，并使钢筋的安装和绑扎工作简单化。

1. 归整相同规格和材质的钢筋

下料长度计算完毕后，将相同规格和材质的钢筋进行归整和组合，同时根据现有钢筋的长度和能够及时采购到的钢筋的长度进行合理组合加工。

2. 合理利用钢筋的接头位置

对于有接头的配料，在满足构件中接头的对焊或搭接长度，接头错开的前提下，必须根据钢筋原材料的长度来考虑接头的布置。要充分考虑原材料被截下来的一段的合理使用，如果能够使一根钢筋正好分成几段下料长度的钢筋，则是最佳方案。

3. 钢筋配料应注意的事项

配料计算时，要考虑钢筋的形状和尺寸，在满足设计要求的前提下，要有利于加工安装；配料时，要考虑施工需要的附加钢筋，如板双层钢筋中保证上层钢筋位置的撑脚、墩墙双层钢筋中固定钢筋间距的撑铁、柱钢筋骨架增加四面斜撑等。

资源 4.5
钢筋下料
计算例题

根据钢筋下料长度计算结果和配料选择，汇总编制钢筋配料单。在钢筋配料单中必须反映出工程部位，构件名称，钢筋编号、简图及尺寸、直径、钢号、数量、下料长度、重量等。列入加工计划的配料单，对每一编号的钢筋制作一块料牌（图 4.7）作为钢筋加工的依据，并在安装中作为区别各工程部位、构件和各种编号钢筋的标志。钢筋配料单和料牌应严格校核，必须准确无误，以免返工浪费。

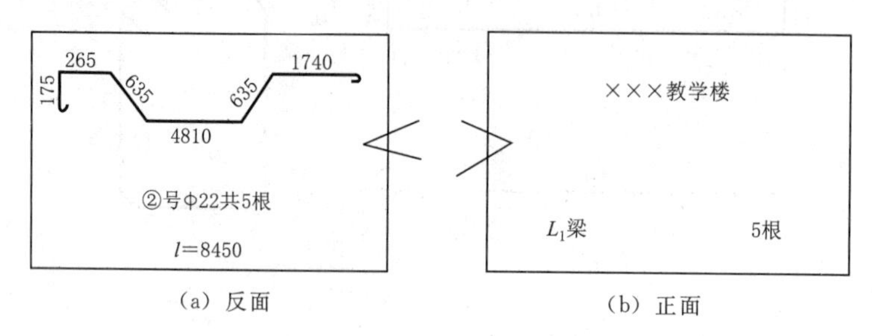

(a) 反面　　(b) 正面

图 4.7　钢筋料牌

4.1.3　钢筋的代换

钢筋的级别、钢号和直径应按设计要求采用，若施工中缺乏设计图中所要求的钢筋，在征得设计单位的同意并办理设计变更文件后，可以进行代换。但代换时必须充分了解设计意图和代换钢材的性能，严格遵守规范的各项规定。

(1) 钢筋代换方法。钢筋代换的方法有三种。

1) 当结构构件是按照强度控制时，可按强度等同原则代换，称为“等强代换”，即

$$n_2 \geqslant \frac{n_1 d_1^2 f_{y1}}{d_2^2 f_{y2}} \tag{4.4}$$

式中　d_1、n_1 和 f_{y1}——原设计钢筋的直径、根数和设计强度；

d_2、n_2 和 f_{y2}——拟代换钢筋的直径、根数和设计强度。

2) 当构件按最小配筋率控制时，可按钢筋面积相等的原则代换，称“等面积代换”，即

$$A_{s1} = A_{s2} \tag{4.5}$$

式中　A_{s1}——原设计钢筋的计算面积；

A_{s2}——拟代换钢筋的计算面积。

3) 当结构构件按裂缝宽度或挠度控制时，钢筋的代换需进行裂缝宽度或挠度验算。钢筋代换后，有时由于受力钢筋直径加大或根数增多，而需要增加排数，则构件截面的有效高度减小，截面强度降低，此时需复核截面强度。对于矩形截面的受弯构件，可根据弯矩相等，按下式复核截面强度：

$$N_2\left(h_{02} - \frac{N_2}{2\alpha_1 f_c b}\right) \geqslant N_1\left(h_{01} - \frac{N_1}{2\alpha_1 f_c b}\right) \tag{4.6}$$

式中 N_1——原设计钢筋拉力；

N_2——代换钢筋拉力；

h_{01}、h_{02}——代换前后钢筋的合力点至构件截面受压边缘的距离（即构件截面的有效高度）；

f_c——混凝土的轴心抗压强度设计值；

b——构件截面宽度；

α_1——系数，当混凝土强度等级不超过C50时，取为1.0；当混凝土强度等级为C80时，取为0.94，其间按线性内插法确定。

【例4.2】 某构件原设计用7根Φ10钢筋HPB300，现拟用Φ12钢筋HRB400代换，试计算代换后的钢筋根数。

解： 因钢筋强度和直径均不相同，应按下式进行计算：

$$n_2 \geqslant \frac{n_1 d_1^2 f_{y1}}{d_2^2 f_{y2}} = \frac{7 \times 1^2 \times 300}{1.2^2 \times 400} = 3.6$$

故取 $n_2=4$ 根，即用4根Φ12的HRB400钢筋代换。

（2）钢筋代换注意事项。

1）不同种类钢筋代换，应按钢筋受拉承载力设计值相等的原则进行。

2）必要时应进行抗裂、裂缝宽度或挠度验算。

3）代换后，钢筋间距、锚固长度、钢筋直径、根数等应符合《混凝土结构设计标准（2024年版）》（GB/T 50010—2010）中的要求。

4）对于重要受力构件，不宜用HPB300级代换HRB400级钢筋。

5）梁的纵向受力钢筋与弯起钢筋应分别进行代换。

6）对于偏心受力构件，应按受力（受拉或受压）分别代换。

7）对于有抗震要求的框架，不宜用强度等级高的钢筋代替设计中的钢筋。

8）预制构件的吊环必须采用未经冷拉的HPB300级钢筋制作，严禁以其他钢筋代换。

4.1.4 钢筋的加工

钢筋加工是根据钢筋配料单，使钢筋成型的施工过程，主要包括四道工序：钢筋除锈→钢筋调直（直径3～12mm钢筋）→钢筋切断→钢筋弯曲成型。当钢筋接头采用直螺纹或圆锥螺纹连接时，还要增加钢筋端头镦粗和螺纹加工工序。

1. 除锈

钢筋除锈是指把油渍、漆污和用锤敲击时能剥落的浮皮（俗称老锈）、铁锈等在使用前清除干净。在焊接前，焊点处的水锈应清除干净。

钢筋的除锈一般有两种方式：一是在钢筋冷拉或钢丝调直过程中除锈，对大量钢筋的除锈较为经济省力；二是用机械方法除锈，如采用电动除锈机除锈，对钢筋的局部除锈较为方便。此外，还可采用手工除锈（用钢丝刷、沙盘）、喷砂和酸洗除锈等。

2. 调直

盘卷钢筋必须调直后才能用于钢筋混凝土结构工程。调直指利用钢筋调直机、数控钢筋调直切断机或卷扬机拉直设备等把盘条钢筋拉直的施工过程。

调直方法有调直机矫直、直线冷拉调直、反复拐弯延长调直和冷拔调直。调直机矫直钢筋无延伸，后面三种方法均能使钢筋有较大延伸（注意不能拉成瘦身钢筋）。目前项目多采用全自动钢筋调直切断机，见图 4.8，该机器采用微电脑控制，自动调直，自动切断，操作简便，占地小，拆装方便。

图 4.8　全自动钢筋调直切断机

盘卷钢筋调直后应进行力学性能和重量偏差检验，其强度应符合国家现行有关标准的规定，其断后伸长率、重量偏差应符合规范规定。力学性能和重量偏差检验应符合下列规定：

（1）应先对 3 个试件进行重量偏差检验，再取其中 2 个试件进行力学性能检验。

（2）重量偏差应按下式计算：

$$\Delta = \frac{W_d - W_0}{W_0} \times 100\% \tag{4.7}$$

式中　Δ——重量偏差，%；

W_d——3 个调直钢筋试件的实际重量之和，kg；

W_0——钢筋理论重量，kg，取每米理论重量（单位为 kg/m）与 3 个调直钢筋试件长度之和（单位为 m）的乘积。

（3）检验重量偏差时，试件切口应平滑并与长度方向垂直，其长度不应小于 500mm；长度和重量的量测精度分别不应低于 1mm 和 1g。采用无延伸功能的机械设备调直的钢筋可不进行检验。

3. 切断

利用切断机、手动液压切断器、砂轮切割机等设备对钢筋进行切断。切断时应注意以下方面：

（1）将同规格钢筋根据不同长度长短搭配。用 Excel 计算钢筋配料，根据长度和数量统筹安排钢筋配料单。用绘图软件将钢筋配料单中钢筋各种长度在整根钢筋长度上进行搭配，使剩余钢筋废料头最短。一般应先断长料，后断短料，减少短头，减少损耗。

（2）断料时应避免用短尺量长料，防止在量料中产生累计误差。为此，宜在工作台上标出尺寸刻度线并设置控制断料尺寸用的挡板。

(3) 在切断过程中，如发现钢筋有劈裂、缩头或严重的弯头等必须切除；如发现钢筋的硬度与该钢种有较大的出入，应及时向有关人员反映，查明情况。

(4) 钢筋的断口应平齐，不得有马蹄形或起弯等现象。

4. 弯曲成型

弯曲成型是利用钢筋弯曲机、手工弯曲工具（适用于细钢筋）等按设计要求的角度对钢筋进行弯曲的施工过程。

4.1.5 钢筋的连接

受钢筋长度的影响或出于钢筋下料经济性的考虑，钢筋之间需采取绑扎连接、机械连接和焊接等方式进行连接，钢筋的接头宜设置在受力较小处。同一纵向受力钢筋不宜设置两个或两个以上接头。接头末端至钢筋弯起点的距离不应小于钢筋直径的10倍。

4.1.5.1 绑扎连接

钢筋的接长、钢筋骨架或钢筋网的成型应优先采用焊接或机械连接，如不能采用焊接（如缺乏电焊机或焊机功率不够）或骨架过大过重不便于运输安装，可采用绑扎的方法。钢筋绑扎一般采用20～22号铁丝，绑扎时应注意钢筋位置是否准确，绑扎是否牢固，搭接长度及绑扎点位置是否符合规范要求。板和墙的钢筋网，除靠近外围两行钢筋的相交点全部扎牢外，中间部分的相交点可相隔交错扎牢，但必须保证受力钢筋不产生位移。双向受力的钢筋须全部扎牢；梁和柱的箍筋，除设计有特殊要求时，应与受力钢筋垂直设置。箍筋弯钩叠合处，应沿受力钢筋方向错开设置；柱中的竖向钢筋搭接时，角部钢筋的弯钩应与模板成45°（多边形柱为模板内角的平分角，圆形柱应与模板切线垂直）；弯钩与模板的角度最小不得小于15°。

当受力钢筋采用机械连接接头或焊接接头时，设置在同一构件内的接头宜相互错开。同一构件中相邻纵向受力钢筋的绑扎搭接接头宜相互错开。

4.1.5.2 机械连接

钢筋机械连接有挤压连接、锥螺纹连接和直螺纹连接。

1. 挤压连接

钢筋挤压连接是把两根待接钢筋的端头先插入一个优质的钢套筒内，然后用挤压连接设备沿径向或轴向挤压钢套筒，使之产生塑性变形，依靠变形后的钢套筒与被连接钢筋纵、横肋产生的机械咬合作用实现钢筋的连接，如图4.9所示。

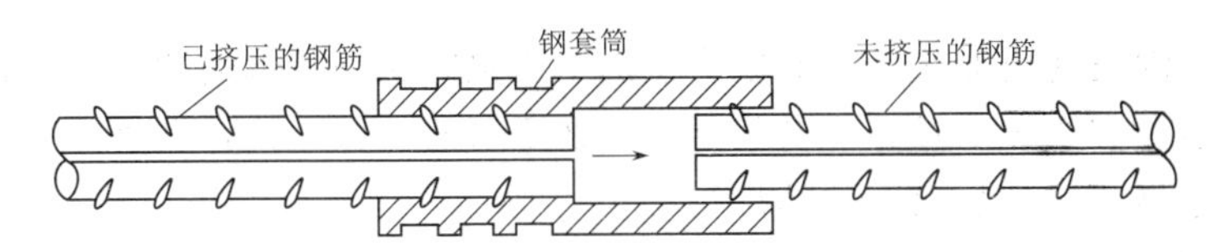

图4.9 钢筋径向挤压连接原理图

挤压连接的优点是接头强度高、质量稳定可靠、安全、无明火，且不受气候影响，适应性强，可用于垂直、水平、倾斜、高空、水下等钢筋的连接，还特别适用于不可焊钢筋、特种钢筋的连接，近年来推广应用迅速。挤压连接的主要缺点是设备移动不变，连接速度较慢。

挤压连接的主要设备有超高压泵、半挤压机、挤压机、压模、手扳葫芦、划线尺、量规等。

2. 锥螺纹连接

锥螺纹连接是将所连钢筋的对接端头，在钢筋套丝机上加工成与套筒匹配的锥螺纹，然后将用扭力扳手按一定力矩值将套筒（带锥形内丝）拧在一根钢筋上，将另一根钢筋拧在套筒上，这样就把两根钢筋连接起来了。

3. 直螺纹连接

直螺纹连接（图4.10）是近年来开发的一种新的螺纹连接方式。它先把钢筋端部镦粗，然后再切削直螺纹，最后用套筒实行钢筋对接。由于镦粗段钢筋切削后的净截面仍大于钢筋原截面，即螺纹不削弱钢筋截面，从而确保接头强度大于母材强度。

4.1.5.3　焊接

资源4.6
钢筋焊接
方法

钢筋常用的焊接方法有闪光对焊、电弧焊、电渣压力焊、埋弧压力焊、电阻点焊和气压焊。

图4.10　钢筋直螺纹连接

1. 闪光对焊

钢筋对焊应采用闪光对焊，具有成本低、质量好、工效高及适用范围广等特点。但是人工操作对焊机进行钢筋焊接时，在固定的专业预制场或钢筋加工厂内对直径大于或等于22mm的钢筋进行连接作业不得使用钢筋闪光对焊工艺。

2. 电弧焊

电弧焊是利用电弧焊机使焊条与焊件之间产生高温电弧，熔化焊条和高温电弧范围内的焊件金属，凝固后形成焊缝或焊接接头。使用电弧焊连接钢筋有三种焊接形式，即搭接焊、帮条焊和坡口焊。搭接接头适用于焊接直径10～40mm的HPB300、HRB335级别钢筋。帮条接头适用于焊接直径10～40mm的各级热轧钢筋。坡口接头适用于在现场焊接装配整体式构件接头中直径18～40mm的各级热轧钢筋。

3. 电渣压力焊

电渣压力焊是利用电流通过渣池产生的电阻热将钢筋端部熔化，然后施加压力使钢筋焊接。这种方法比电弧焊容易掌握，工效高且成本低，工作条件也好，多用于现浇钢筋混凝土结构构件竖向钢筋的焊接接长。

4. 埋弧压力焊

埋弧压力焊主要用于钢筋与钢板的丁字接头焊接。这种焊接方法工艺简单，比电弧焊工效高，不用焊条，质量好，具有焊后钢板变化小，焊接点抗拉强度高等特点。

5. 电阻点焊

电阻点焊主要用于钢筋的交叉连接，焊接钢筋网片、钢筋骨架等。

6. 气压焊

钢筋气压焊是利用乙炔、氧气混合气体燃烧的高温火焰加热焊接钢筋的接合部，不待钢筋熔融使其高温下加压接合。

4.1.6 钢筋安装

1. 绑扎搭接长度

钢筋绑扎连接是利用混凝土的黏结锚固作用传递钢筋的应力，因此，必须满足搭接长度的要求。可以参考《混凝土结构施工图平面整体表示方法制图规则和构造详图（现绕混凝土框架、剪力墙、梁、板）》（22G101-1）。同一区段内纵向受拉钢筋绑扎搭接接头长度要求见图 4.11，同一区段内纵向受拉钢筋机械连接、焊接接头长度要求见图 4.12。

资源 4.7 钢筋安装位置的允许偏差和检验方法

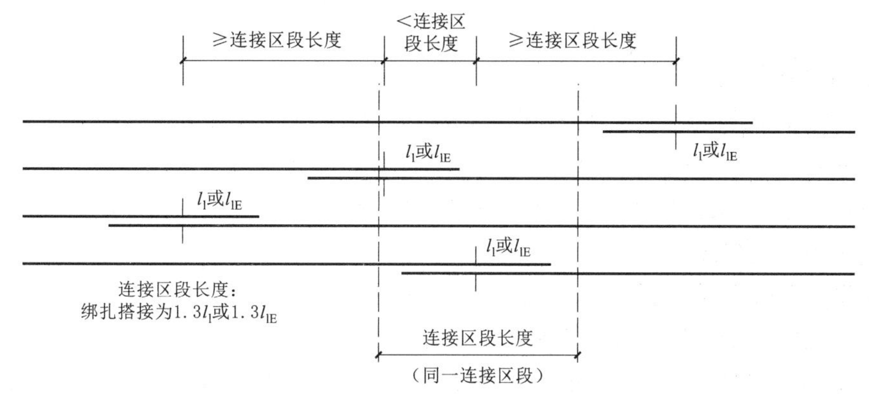

图 4.11 同一区段内纵向受拉钢筋绑扎搭接接头

l_l —纵向钢筋搭接长度；l_{lE} —纵向钢筋抗震搭接长度

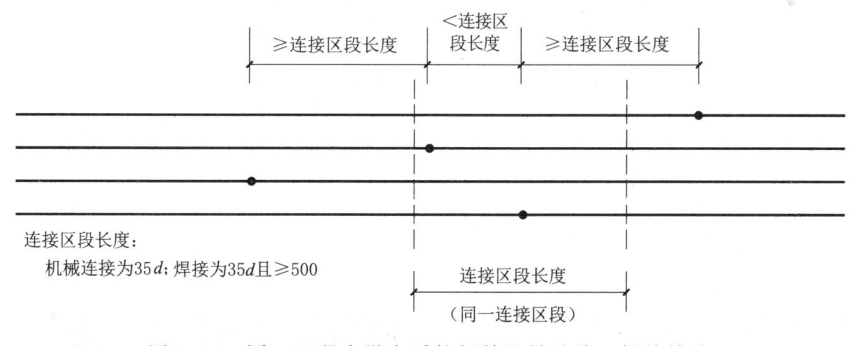

图 4.12 同一区段内纵向受拉钢筋机械连接、焊接接头

2. 搭接位置

钢筋的绑扎搭接接头位置应相互错开（图 4.13）。在 1.3 倍搭接长度范围内，纵向钢筋搭接接头面积百分率为：梁、板类构件，不宜大于 25%；柱类不宜大于 50%。当纵向受拉钢筋搭接接头面积百分率大于上述数值时，其搭接长度应乘以 1.15～1.35 的系数。

3. 钢筋净距

为了能够顺利浇筑混凝土，绑扎搭接接头处钢筋的净距 s 不应小于钢筋直径 d，且不应小于25mm，如图4.13所示。

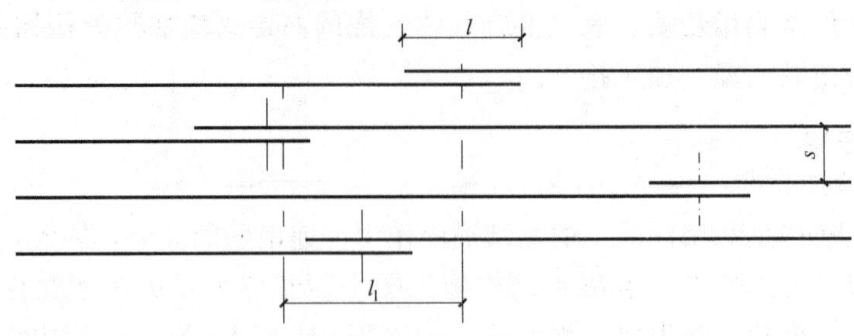

图4.13　钢筋绑扎搭接位置错开及净距示意图

注：图中所示 l 区段内有接头的钢筋面积按两根计；钢筋的接头面积百分率为2/4×100%=50%；l 为连接区段长度；$l_1=1.3l$

4. 箍筋的安装

箍筋的弯钩或焊点应均匀错开设置，起步筋距构件边缘宜为50mm。受拉搭接区段的箍筋间距不应大于搭接钢筋较小直径的5倍，且不应大于100mm；受压搭接区段不应大于搭接钢筋的10倍，且不应大于200mm。

5. 保护层厚度的控制

钢筋的混凝土保护层厚度是保证结构构件寿命的关键。

为保证保护层厚度，常将塑料垫块、塑料卡环、预制混凝土垫块或水泥砂浆垫块（图4.14）等定位件垫在钢筋与模板之间，其设置间距一般不大于1m，采用梅花

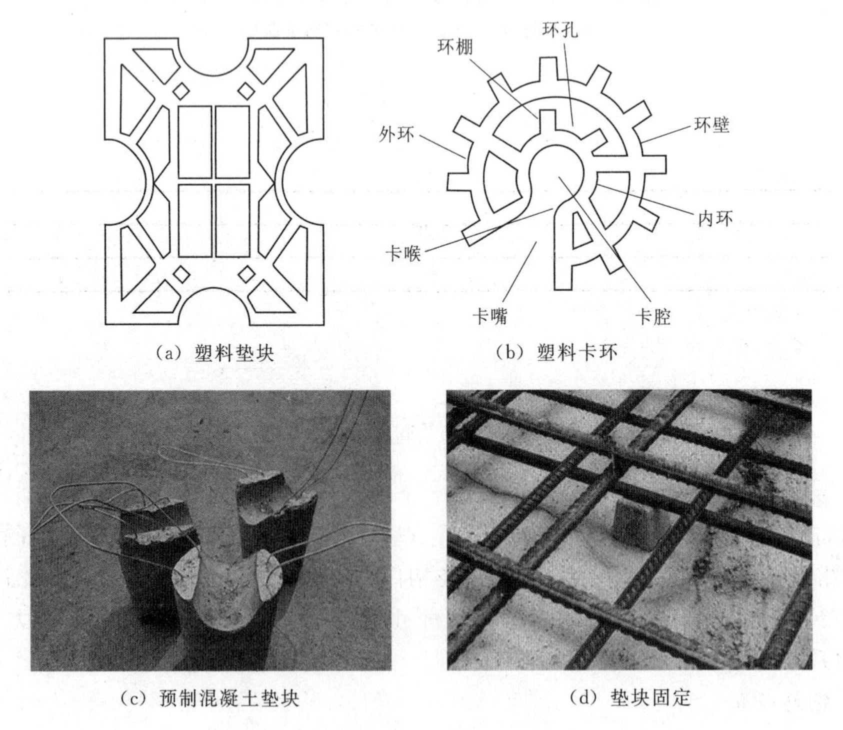

(a) 塑料垫块　(b) 塑料卡环

(c) 预制混凝土垫块　(d) 垫块固定

图4.14　控制保护层厚度的定位件

形布置。目前现场禁止使用利用简易工艺，如将大理石砸成小碎块工艺、现场拌制砂浆浇筑大块砂浆条后切割成小块工艺，制作的钢筋保护层垫块。为防止垫块窜动，需用细钢丝与钢筋扎牢，上下钢筋网片之间的间隔尺寸可用钢筋马凳或钢支架来控制。

4.1.7 钢筋的验收

钢筋工程属于隐蔽工程。钢筋安装完成之后，在浇筑混凝土之前，施工单位应会同监理或建设单位、设计单位对钢筋及预埋件进行检查验收并做隐蔽工程记录。

钢筋隐蔽工程验收前，应提供钢筋出厂合格证与检验报告及进场复验报告、钢筋焊接接头和机械连接接头力学性能试验报告。

资源 4.8 钢筋工程质量通病

验收时，应对照图纸检查钢筋的级别、直径、根数和间距是否正确，对负弯矩筋固定状况应特别注意，防止施工时将其踩倒。并注意检查钢筋接头位置及搭接长度、端头锚固长度是否满足要求，是否有变形、松脱和开焊的现象，保护层是否符合要求，钢筋表面有无油污，隔离剂是否有玷污钢筋的现象，预埋件位置及数量是否正确，钢筋安装位置的允许偏差是否符合要求。验收合格后，有关各方应在验收书上签字，以备查考。

4.2 模 板 工 程

混凝土结构的模板工程是混凝土结构施工的重要措施项目。现浇框架、剪力结构模板使用量按建筑面积每平方米约为 2.5m² 和 5m²，造价、用工量、工期分别占混凝土结构工程总造价、总用工量、总工期的 25%、35%、50%～60%。

4.2.1 模板的作用、要求和施工工艺

模板是使新拌混凝土在浇筑过程中保持设计要求的位置、尺寸和几何形状，使之硬化成为钢筋混凝土结构或构件的模型。模板系统包括模板板块和支撑系统两大部分，此外，尚需适量的紧固连接件。模板结构对钢筋混凝土工程的施工质量、施工安全和工程成本有着重要的影响。因此模板结构必须符合下列要求：

（1）保证工程结构和构件各部分形状、尺寸和相互位置准确。

（2）具有足够的强度、刚度和稳定性，能可靠地承受施工过程中产生的荷载。

（3）构造简单、装拆方便，便于钢筋的绑扎与安装。

（4）接缝严密不漏浆。

（5）因地制宜，就地取材，周转次数多，损耗少，成本低。

模板工程的施工包括模板的选材、选型、设计、制作、安装、拆除和修整等过程。

4.2.2 模板的分类

（1）按其所用的材料，分为木模板、钢模板、钢木模板、钢竹模板、胶合板模板、塑料模板、铝合金模板等。

（2）按其形式不同分为整体式模板、定型模板、工具式模板、滑升模板、台模等。

(3) 按施工方法，模板分为拆移式模板、活动式模板和永久性模板。拆移式模板由预制配件组成，现场组装，拆模后稍加清理和修理再周转使用，常用的木模板和组合钢模板以及大型的工具式定型模板，如大模板、台模、隧道模等皆属拆移式模板。活动式模板是指按结构的形状制作成工具式模板，组装后随工程的进展而进行垂直或水平移动，直至工程结束才拆除，如滑升模板、提升模板、移动式模板等。永久性模板又称一次消耗模板，即在现浇混凝土结构浇筑后不再拆除，有的模板与现浇结构叠合成共同受力构件，如保温结构一体化板、外墙免拆一体化保温模板。

(4) 按其结构的类型不同分为基础模板、柱模板、楼板模板、墙模板、壳模板和烟囱模板、桥梁墩台模板等。

4.2.3 模板的安装与质量要求

4.2.3.1 一般现浇建筑构件的模板安装

1. 基础模板

基础一般高度小，但体积较大。当土质良好时，阶梯形基础最下一级可不用侧模而在原槽浇筑。安装基础模板时，应严格控制好基础平面的轴线和模板上口的标高。无论是墙下条形基础还是柱下独立基础，必须弹好线后再支模。

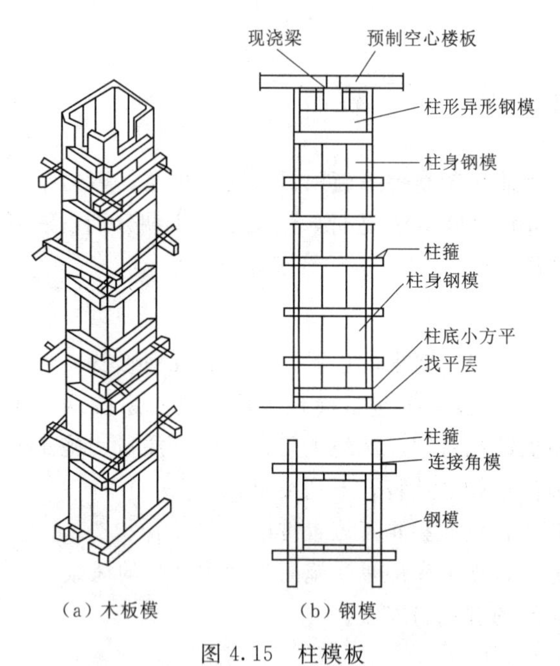

图 4.15 柱模板

2. 柱模板

柱子的特点是断面尺寸不大，但高度较大。柱模板安装必须与钢筋骨架的绑扎密切配合，还应考虑浇筑混凝土的方便。

柱模板的安装，主要是解决柱子的垂直和模板的侧向稳定的问题，以防止混凝土振捣时发生涨模现象。所以，支模时必须设置一定数量的柱箍，且越往下越密。柱模板的垂直度用线锤或经纬仪来校正。为了方便浇筑混凝土和清理垃圾，当柱子较高时，可沿柱子高度方向在柱模板上留设混凝土浇筑孔和垃圾清理孔，见图 4.15。

3. 梁模板

梁的特点是跨度大而宽度不大，梁底一般是架空的，故对支撑的牢固和稳定性要求较高。梁模板主要由底模、侧模、夹木及支架系统组成。底模用长条模板加拼条拼成，或用整块板条。

梁模板安装步骤如下：

(1) 在梁模板下方地面上铺垫板，在柱模板缺口处钉衬口档，把梁底板搁置在衬口档上。

(2) 立起靠近柱或墙的顶撑，再将梁长度等分，立中间部分顶撑，顶撑底下打入木楔，并检查调整标高。

(3) 把侧模板放上，两头钉于衬口档上，在侧板底外侧铺钉夹木，再钉上斜撑和水平拉条。

若梁的跨度等于或大于 4m，应使梁底模板中部略起拱，防止混凝土的重力使跨中下挠。如设计无规定，起拱高度宜为全梁长度的 1/1000～3/1000，木模板为 1.5/1000～3/1000，钢模板为 1/1000～2/1000。T 形梁模板如图 4.16 所示。

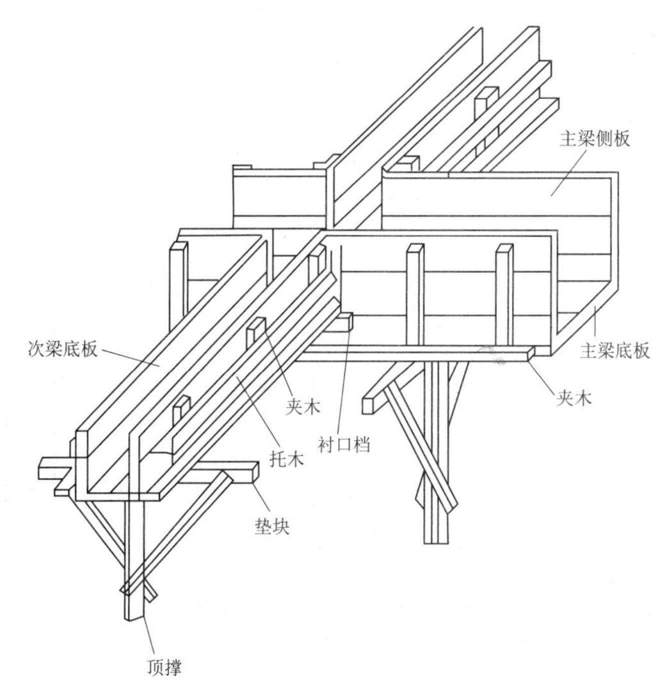

图 4.16 T 形梁模板

4. 现浇楼板模板

楼板的特点是面积大而厚度较小。由于平面面积大且又架空，板模板及支撑系统要保证能承受混凝土自重和施工荷载，保证板不变形、不下垂，见图 4.17 和图 4.18。

5. 墙体模板

墙体模板（墙模）高度大而厚度小。要承受混凝土侧压力，必须加强墙体模板的刚度，并设置足够的支撑，见图 4.19。

墙体模板安装时，要先弹出中心线和两边线，选择一边先装，设支撑，在顶部用线锤吊直，拉线找平后固定支撑；待钢筋绑扎好后，将墙体基础清理干净，再竖立另一边模板。为了保证墙体的厚度，墙板内应加撑头或对拉螺栓。

6. 楼梯模板

楼梯模板的构造与楼板模板相似，不同点是需倾斜、做成踏步状。板式楼梯钢模板如图 4.20 所示。

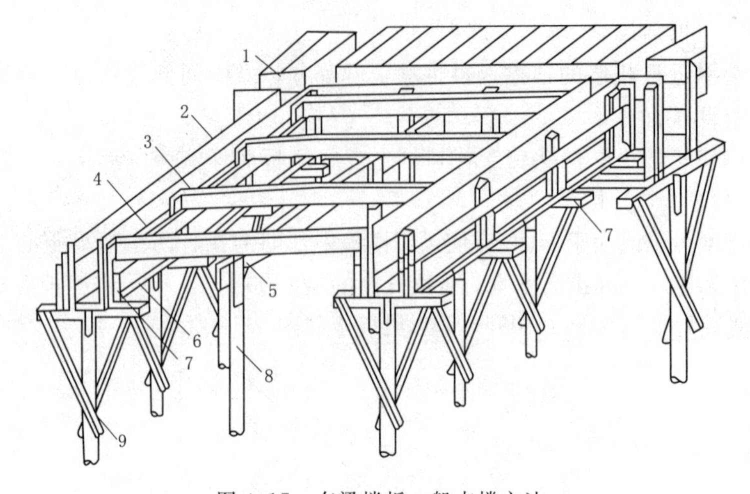

图 4.17　有梁楼板一般支撑方法

1—楼板模板；2—梁侧模板；3—楞木；4—托木；5—杠木；6—夹木；7—短撑木；8—杠木撑；9—顶撑

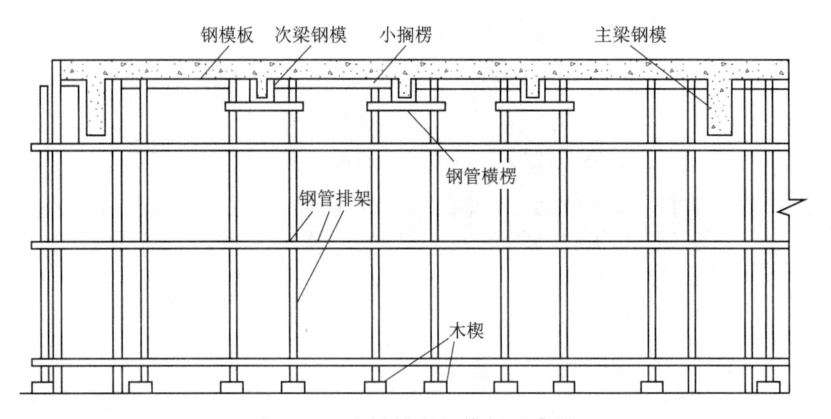

图 4.18　有梁楼板钢模板示意图

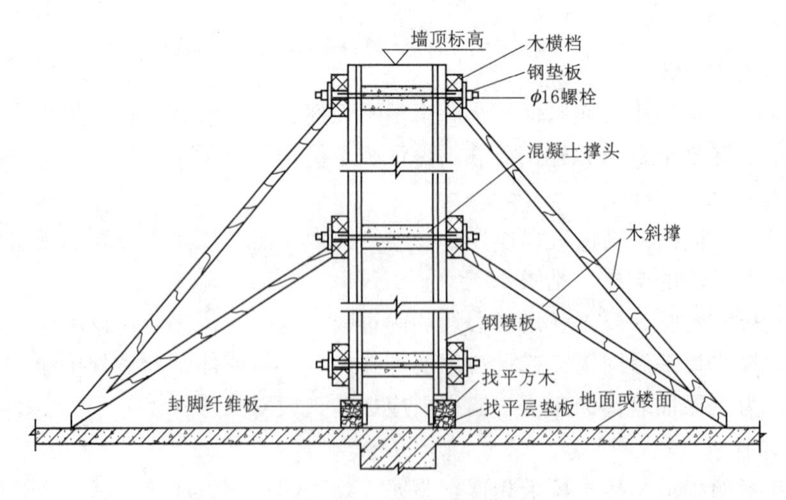

图 4.19　钢模板墙模

图 4.20　板式楼梯钢模板

安装前，应根据设计放样，先安装平台梁及基础模板，再装楼梯斜梁或楼梯底模板，然后安装楼梯外帮侧板。应先在外帮侧板内弹出楼梯底板厚度，用套板画出侧板位置线，钉好固定踏步侧板的挡木，在现场安装侧板。梯步高度要均匀一致，特别要注意每层楼梯的第一个踏步和最后一个踏步的高度，避免出现高低不同的现象，影响用户使用。

7. 雨篷模板

雨篷模板包括雨篷梁与雨篷板两部分，其模板构造和安装与梁及楼板模板相似，见图 4.21。在过梁底下靠洞口两端依墙各立一根琵琶撑，间距超过 1m 时加立琵琶撑，沿雨篷一侧外墙面的梁夹板上立通长托木。同时在雨篷的外沿下立起支柱，上面搁上牵杠，雨篷板的木楞一头搁在牵杠上，另一头搁在过梁侧板外侧的托板上，木楞上面铺雨篷底板，周边立侧模。

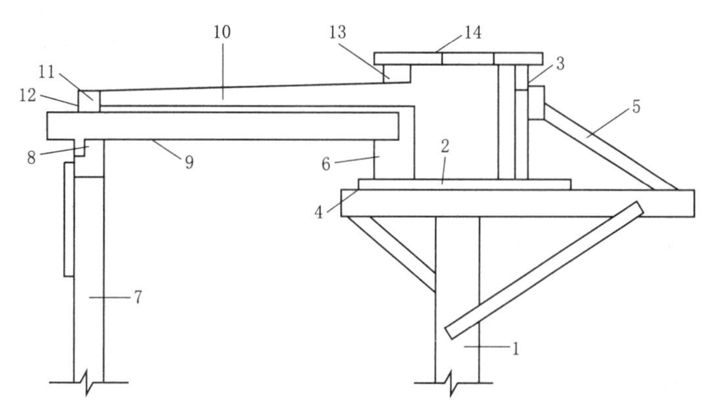

图 4.21　雨篷模板

1—琵琶撑；2—过梁底模；3—过梁侧模；4—夹板；5—斜撑；6—托木；7—牵杠撑；8—牵杠；9—木楞；10—雨篷底板；11—雨篷侧板；12—三角木；13—木条；14—搭头木

4.2.3.2　组合式模板

1. 组合式定型钢模板

组合式定型钢模板（组合钢模）是一种工具式的定型模板，由具有一定模数的若干类型的钢模板、支承件和连接件组成（图 4.22），拼装灵活，可拼出多种尺寸和几何形状，通用性强，适应各类建筑物的梁、柱、板墙、基础等构件的施工需要，也可拼成大模板、隧道模板和台模等。面板包括平面模板、阴角模板、阳角模板、连接角模。连接件（图 4.23）主要有钩头螺栓、L 形插销、U 形卡、紧固螺栓等。为了保证混凝土外观质量，组合钢模尺寸逐渐增大，小尺寸模板将逐渐被淘汰。

资源 4.9
组合钢模
组成与安装

2. 组合式铝合金模板

组合式铝合金模板是新一代的绿色模板技术。它主要由模板系统、支撑系统、紧固系统、附件系统等构成，具有质量轻、刚度大、稳定性好、板面大、精度高、拆装方便、周转次数多、回收价值高、环保等特点。

图 4.22　组合式定型钢模板构造形式

组合式铝合金模板能将墙、顶模或梁、板模拼装为一体，实现一次浇筑，如图 4.24 所示。系统拼装完成后，形成一个整体框架，稳定性好，承载力高。顶模和支撑系统实现了一体化设计，支撑杆件少，且可采用早拆技术，提高模板的周转率。

3. 钢框胶合板模板

钢框胶合板模板由钢框和防水木胶合板或竹胶合板组成（图 4.25）。胶合板平铺在钢框上，用沉头螺栓与钢框连接。通过钢边框上的连接孔，可用连接件纵横连接，组装各种尺寸的模板。它具有组合式定型钢模板的优点，且质量较轻，能多次周转使用，拼装方便，可打钉。

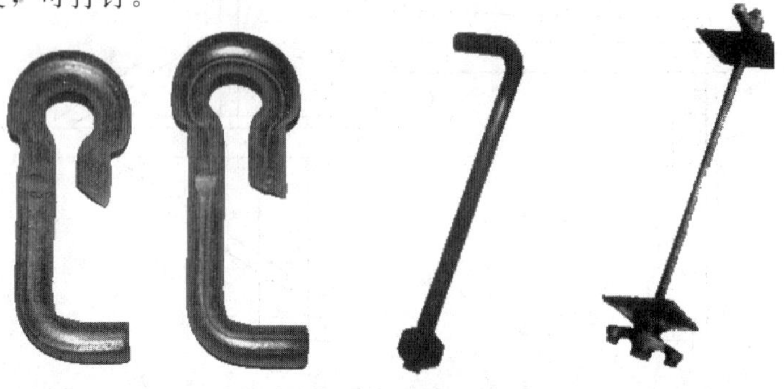

(a) U形卡　　(b) L螺栓　　(c) 对拉螺栓

图 4.23　组合钢模连接件

图 4.24　组合式铝合金模板支设的墙体、楼板模板

图 4.25　钢框胶合板模板组装的墙模

4.2.3.3 工具式模板

资源 4.10
工具式模板
视频演示

1. 大模板

大模板是用于墙体施工的大型工具式模板，如图 4.26 所示，目前在高层住宅建筑施工中应用最为广泛。大模板施工具有速度快、机械化程度高、混凝土表观质量好等优点，但是通用性较差。其装拆需起重机械吊装，在剪力墙和筒体体系的高层建筑施工中用得较多。

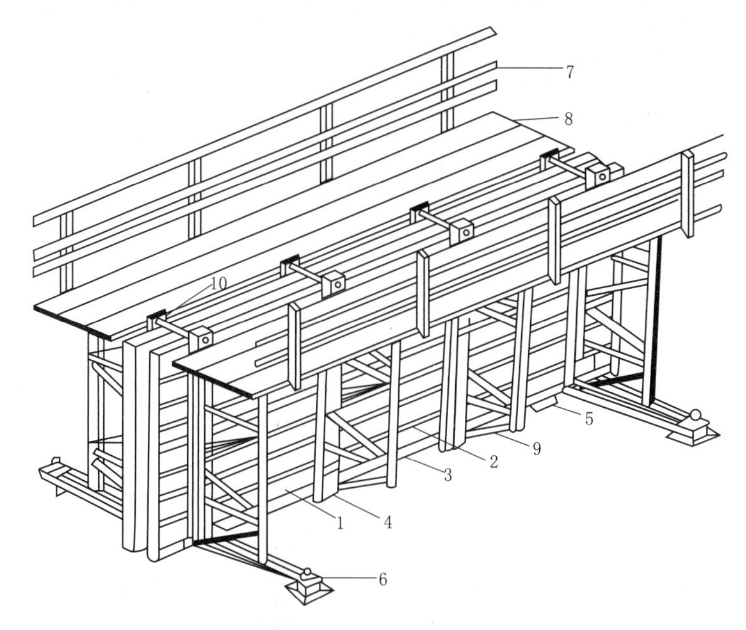

图 4.26 大模板构造示意图

1—面板；2—水平加劲肋；3—支撑桁架；4—竖楞；5、6—调整水平用的螺旋千斤顶；7—栏杆；8—脚手板；9—穿墙螺栓；10—卡具

2. 滑升模板

滑升模板（简称滑模）主要用于现场浇筑钢筋混凝土竖向、高耸的建（构）筑物，如烟囱、筒仓、高桥墩、电视塔、竖井等，施工占地面积小、速度快，可大量节约模板和劳动力，降低工程成本。滑升模板示意图见图 4.27。

（1）滑升模板的特点。在构筑物或建筑物底部，沿其墙、柱、梁等构件的周边组装高 2m 左右的滑升模板，随着分层浇筑混凝土，用液压提升设备使埋入混凝土中的支承杆向上滑升，直到需要浇筑的高度为止。既可节约模板和支撑材料，又能加快施工速度，结构的整体性强。但一次性投资多、耗钢量大，建筑形状和断面要一致。

（2）滑升模板包括模板系统、操作平台系统、液压系统和施工精度控制系统。

3. 爬升模板

爬升模板（简称爬模）是一种适用于现浇钢筋混凝土竖向、高耸建（构）筑物施工的模板工艺，其工艺优于液压滑模，工艺流程见图 4.28。工作原理是以建筑物的钢筋混凝土墙体为支承主体，通过附着于已浇筑完成的钢筋混凝土墙体上的爬升支架或大模板，利用连接爬升支架与模板的爬升设备，使一方固定，另一方相对运动，交替向上爬升，以完成模板的爬升、下降、就位和校正等工作。

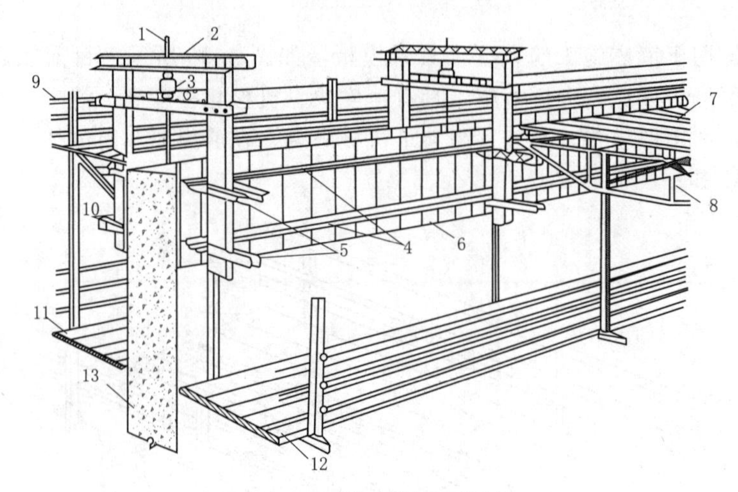

图 4.27　滑升模板示意图

1—支承杆；2—提升架；3—液压千斤顶；4—围圈；5—围圈支托；6—模板；7—操作平台；8—平台桁架；9—栏杆；10—外挑三脚架；11—外脚手架；12—内脚手架；13—混凝土墙体

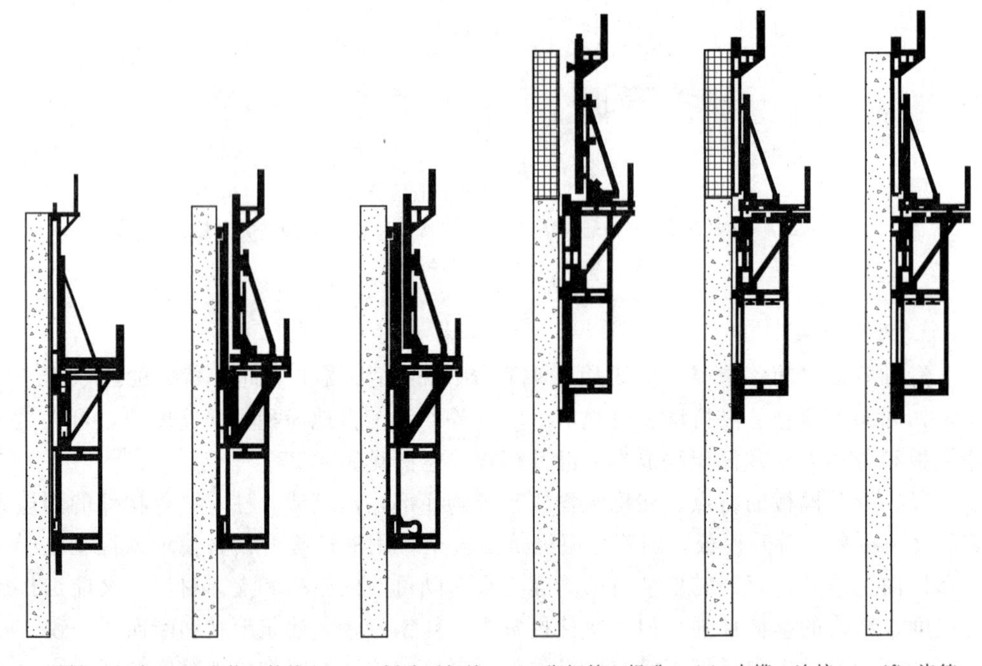

(a) 混凝土达到强度后拆模　(b) 安装埋件挂座液压提升导轨　(c) 拆除下部挂件液压提升支架　(d) 绑钢筋，提升模板，安装预埋件　(e) 支模，连接对拉螺栓　(f) 浇筑混凝土

图 4.28　爬模的爬升工艺流程图

爬模在剪力墙和筒体体系的钢筋混凝土结构高层建筑、桥墩、筒仓、烟囱、冷却塔等的施工中非常有效。爬模能自爬，不需起重运输机械的吊运。

【知识拓展】党的二十大指出我们要坚持以推动高质量发展为主题，把实施扩大内需战略同深化供给侧结构性改革有机结合起来，增强国内大循环内生动力和可靠性，提升国际循环质量和水平，加快建设现代化经济体系，着力提高全要素生产率，着力提升产业链供应链韧性和安全水平，着力推进城乡融合和区域协调发展，推动经济实现质的有效提升和量的合理增长。

资源4.11 筒仓倒塌案例：江西丰城电厂“11·24”致73死事故

混凝土施工过程中要提升安全水平。

4. 台模

台模是一种大型工具式模板，如图4.29所示，主要用于浇筑平板式或带边梁的楼板，一般一个房间一块台模。台模按支撑形式分为支腿式和无支腿式两类，前者有伸缩式支腿和折叠式支腿之分；后者悬架于墙上或柱顶，故也称悬架式。支腿式台模由面板（胶合板或钢板）、支撑框架、檩条等组成。支腿底带有轮子，以便移动，可在滚道上滚动。浇筑后待混凝土达到拆模强度，落下台模台面，将台模推出放在临时挑台上，再用起重机整体吊运至上层其他施工段。也可不用挑台，推出墙面后直接吊运。

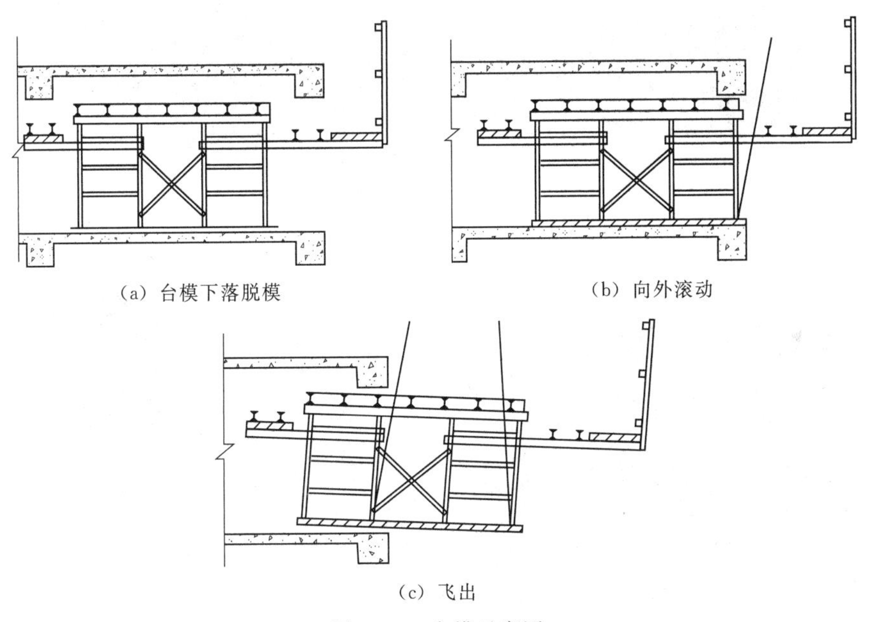

(a) 台模下落脱模　　(b) 向外滚动

(c) 飞出

图4.29　台模示意图

5. 隧道模

隧道模（图4.30、图4.31）是一种组合式定型模板，主要用于现场整体浇筑墙体和楼板的混凝土。因其外形类似隧道（隧道衬砌模板），故得名隧道模。隧道模能将各开间沿水平方向逐段逐间整体浇筑，故整体性好、抗震性能好、施工速度快，但模板的一次性投资大，模板起吊和转运需较大的起重机。

6. 模壳板

模壳板（图4.32）是用于钢筋混凝土密肋楼板的一种工具式模板。密肋楼板由薄板与间距较小的密肋组成，模板的拼装难度大，且不经济。若将塑料或玻璃钢按密肋楼板的规格尺寸加工成需要的模壳，则具有一次成型、多次周转的优点。

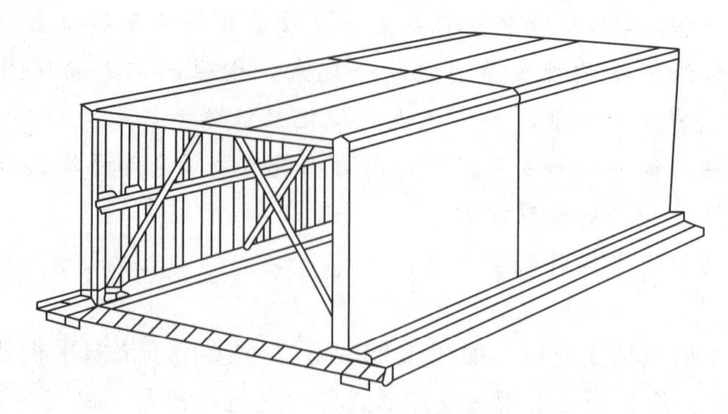

图 4.30　隧道模示意图

(a) 隧道模全景

(b) 隧道模板衬砌台车

图 4.31　隧道模

(a) 模壳板

(b) 密肋楼板模壳板

图 4.32　混凝土模壳板

7. 免拆外墙一体化模板

近年来，由于墙体材料的不断革新和建筑节能发展的要求以及施工技术的不断进步，免拆外墙一体化模板（图 4.33）在国内一些城市得到了广泛应用。免拆模板保温一体板是混凝土建筑完成后，外墙的外侧模板不拆除，作为建筑的保温构造，省去了外墙保温粘贴的施工工序，缩短了工期，降低了工程造价。

4.2.4　模板及其支架设计

定型模板和常用的模板拼板，在其适用范围内一般不需要进行设计或验算。而对于重要结构的模板、特殊形式结构的模板或超出适用范围的一般模板，应该进行设计或验算。模板和支架的设计，包括选型、选材、荷载计算、结构计算、绘制模板图、拟定制作安装和拆除方案。模板及其支架的设计应根据工程结构形式、荷载大小、地基土类别、施工设备和材料供应等条件进行。

图 4.33 免拆外墙一体化模板

4.2.4.1 计算模板及其支架时荷载标准值

1. 模板及其支架自重标准值

模板及其支架的自重标准值应根据模板设计图纸确定。有梁楼板及无梁楼板的自重标准值可按表 4.4 采用。

表 4.4 楼板模板及支架自重标准值 单位：kN/m^2

模板构件的名称	木模板	组合式定型钢模板	钢框胶合板模板	胶合板模板
平板的模板及小楞（无梁楼板模板）	0.3	0.5	0.40	0.35
楼板模板（包括梁的模板）	0.5	0.75	0.60	
楼板模板及其支架（楼层高度 4m 以下）	0.75	1.1	0.95	

2. 新浇筑混凝土自重标准值

普通混凝土自重标准值可采用 $24kN/m^3$，其他混凝土可根据实际重力密度确定。

3. 钢筋自重标准值

钢筋自重标准值应根据设计图纸确定。对于一般梁板结构，每立方米钢筋混凝土的钢筋自重标准值可采用下列数值：楼板，1.1kN；梁，1.5kN。即对于钢筋混凝土梁，自重标准值采用 25.5kN/m；对于钢筋混凝土板，自重标准值采用 25.1kN/m；对于其他混凝土，如轻骨料混凝土，应根据实际的重力密度确定。

4. 新浇混凝土对模板侧面的压力标准值

新浇混凝土对模板产生侧压力的影响因素很多，如与混凝土组成有关的骨料种类、配筋数量、水泥用量、外加剂、坍落度等。此外侧压力还受外界因素如混凝土的浇筑速度、混凝土的温度、振捣方式、模板情况、构件厚度、钢筋直径与间距等影响。混凝土的浇筑速度是一个重要影响因素，最大侧压力一般与其成正比。但当其达到一定速度后，再提高浇筑速度，对最大侧压力的影响不再明显。

当采用内部振动器，且在高度方向浇筑速度在 10m/h 以下、混凝土坍落度不大于 180mm 时，新浇筑的混凝土作用于模板的最大侧压力标准值可按式（4.8）、式（4.9）计算，并取两式中的较小值；当浇筑速度大于 10m/h、混凝土坍落度大于 180mm 时，最大侧压力按式（4.9）计算。

$$F = 0.28\gamma_c t_0 \beta V \tag{4.8}$$

$$F=\gamma_c H \tag{4.9}$$

式中　F——新浇筑混凝土对模板的最大侧压力，kN/m^2；

γ_c——混凝土的重力密度，kN/m^3；

t_0——新浇混凝土的初凝时间，h，可按实测确定；当缺乏试验资料时，可按 200/（T+15）计算，T 为混凝土的温度；

V——混凝土的浇筑速度，m/h；

H——混凝土侧压力计算位置处至新浇混凝土顶面的总高度，m；

β——混凝土坍落度影响修正系数，当坍落度为 50～90mm 时，取 0.85；当坍落度为 90～130mm 时，取 0.9；当坍落度为 130～180mm 时，取 1。

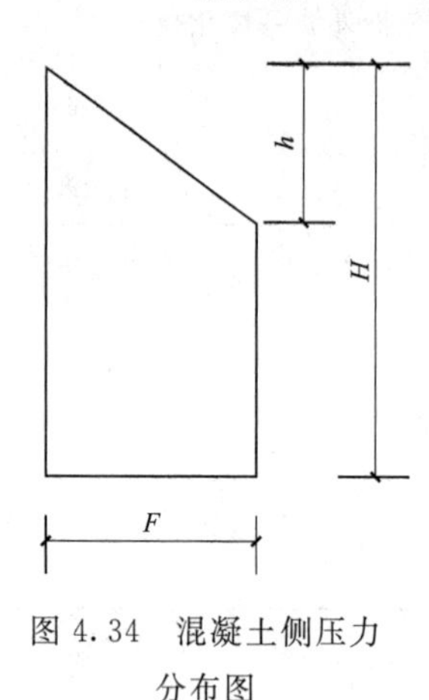

图 4.34　混凝土侧压力分布图

混凝土侧压力的计算分布如图 4.34 所示，其中，h 为有效压头高度，$h=F'/\gamma_c$，单位为 m。考虑倾倒混凝土产生的侧向压力，将式（4.8）和式（4.9）分别乘以 1.2 和 1.4 的分项系数，两者取小值即为 F'。

5. 施工人员及设备荷载标准值

（1）计算模板及其支承模板的小楞时，均布荷载取 $2.5kN/m^2$，另应以集中荷载 2.5kN 再行验算，比较两者所得弯矩值，按其中较大值采用。

（2）计算直接支承小楞结构构件时，均布活荷载取 $1.5kN/m^2$。

（3）计算支架立柱及其他支承结构构件时，均布活荷载取 $1.0kN/m^2$。

大型浇筑设备如上料平台、混凝土输送泵等按实际计算；混凝土堆集料高度超过 100mm 时按实际高度计算；模板单块宽度小于 150mm 时，集中荷载可分布在相邻的两块板上。

6. 振捣混凝土时产生的荷载标准值

水平模板可采用 $2.0kN/m^2$；垂直面模板可采用 $4.0kN/m^2$（作用范围在新浇筑混凝土侧压力的有效压头高度之内）。

7. 倾倒混凝土时产生的荷载标准值

倾倒混凝土时对垂直面模板产生的水平荷载标准值按表 4.5 采用。

表 4.5　倾倒混凝土时产生的水平荷载标准值　　单位：kN/m^2

向模板供料方法	水平荷载	向模板供料方法	水平荷载
通过溜槽、串筒或导管	2	通过容量大于 $0.8m^3$ 的运输器具	6
通过容量小于 $0.2m^3$ 的运输器具	2	泵送混凝土	4
通过容量为 0.2～$0.8m^3$ 的运输器具	4		

注　作用范围在有效压头高度以内。

4.2.4.2　计算模板及其支架的荷载分项系数及荷载效应组合

（1）计算模板及其支架的荷载设计值应采用荷载标准值乘以相应的荷载分项系数

求得，荷载分项系数应按表 4.6 采用。

表 4.6　　　　荷载分项系数表

项次	荷载类别	分项系数	项次	荷载类别	分项系数
1	模板及其支架自重	1.2	5	振捣混凝土时产生的荷载	1.4
2	新浇混凝土自重		6	新浇混凝土对模板侧面的压力	1.2
3	钢筋自重		7	倾倒混凝土时产生的荷载	1.4
4	施工人员及施工设备荷载	1.4			

（2）参与模板及其支架荷载效应组合的各项荷载应符合表 4.7 的规定。

表 4.7　　　　计算模板及其支架荷载效应组合

模板类型	参与组合的荷载	
	计算承载能力	验算刚度
平板和薄壳的模板及其支架	1+2+3+4	1+2+3
梁和拱模板的底板及其支架	1+2+3+5	1+2+3
梁拱柱（边长小于等于 300mm）、墙（厚小于 100mm）的侧面模板	5+6	6
大体积结构柱（边长大于 300mm）、墙（厚大于 100mm）的侧面模板	6+7	6

注　表中的 1～7 对应表 4.6 中的项次。

4.2.5　模板验算

典型的模板支架的传力路线为：荷重→底模→方木→横向水平杆→纵向水平杆→扣件→立杆。底模、方木、横向和纵向水平杆为支撑体系中的受力构件，应对其抗弯强度和挠度进行计算。当验算模板及其支架的刚度时，其大变形不得超过下列允许值：

资源 4.12
梁板柱墙
构件模板
验算思路

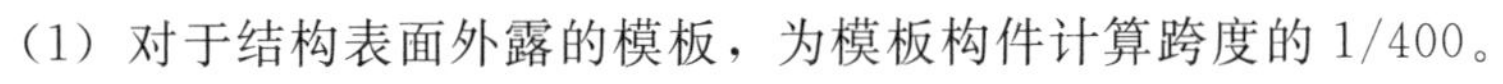

（1）对于结构表面外露的模板，为模板构件计算跨度的 1/400。

（2）对于结构表面隐蔽的模板，为模板构件计算跨度的 1/250。

（3）支架的压缩变形或弹性挠度为相应的结构计算跨度的 1/1000。

支架的立柱或桁架应保持稳定，并用撑拉杆固定。验算模板及其支架在自重和风荷载作用下的抗倾倒稳定性时，应符合相关规定。

4.2.6　模板的拆除

及时拆模可提高模板的周转率，为后续工作创造条件。过早拆模，混凝土因未达到一定强度、过早承受荷载，会产生变形甚至会造成重大的质量事故。

1. 拆模时间

拆模时间主要取决于混凝土的强度，根据现场同条件养护的试块指导强度确定。在拆除非承重模板（侧模）时，混凝土强度要达到 2.5MPa 左右（依据拆模试块强度而定），保证其表面及棱角不因拆除模板而受损后方可拆除，拆除侧模时间参考表见表 4.8；承重模板在与混凝土结构同条件养护的试块达到表 4.9 规定时方可拆除，混凝土强度主要受温度、龄期影响，见图 4.35。

表4.8　　拆除侧模时间参考表

水泥品种	强度等级	混凝土凝固的平均温度/℃					
		5	10	15	20	25	30
		混凝土强度达到2.5MPa所需天数					
普通水泥	≥C20	3	2.5	2	1.5	1	1

表4.9　　现浇结构拆模时的混凝土强度要求

构件类型	构件跨度/m	达到设计的混凝土立方体抗压强度标准值的百分率/%
板	≤2	≥50
	>2,≤8	≥75
	>8	≥100
梁、拱、壳	≤8	≥75
	>8	≥100
悬臂构件		≥100

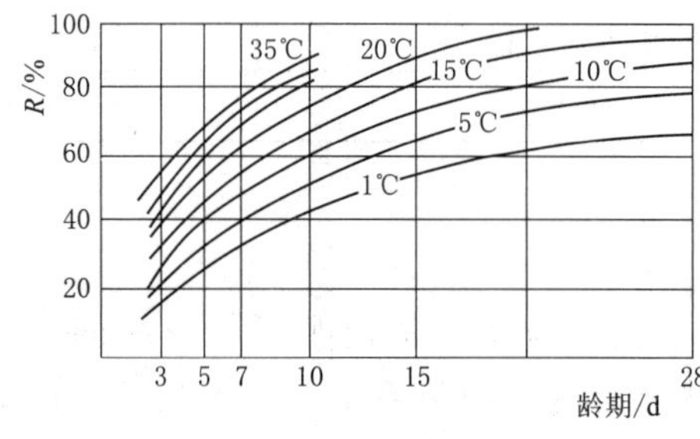

(a) 32.5普通水泥拌制的混凝土

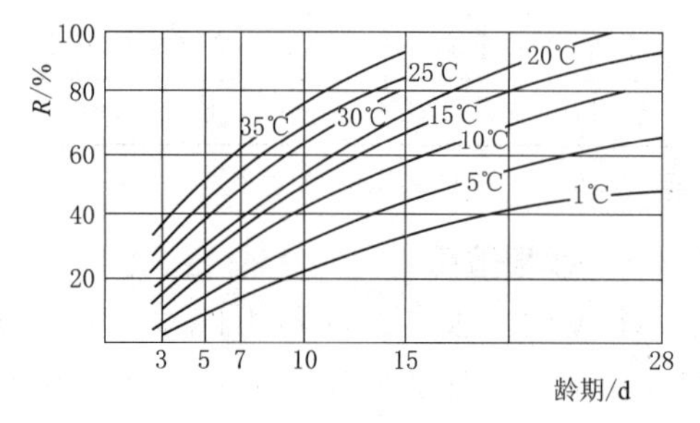

(b) 32.5矿渣水泥拌制的混凝土

图4.35　温度、龄期对混凝土强度的影响参考曲线

R—混凝土强度增长率

2. 拆模顺序

(1) 模板及其支架拆除的顺序及安全措施应按施工技术方案执行。先拆非承重模板，后拆承重模板；先支后拆，后支先拆；先拆侧模、后拆底模。一般是谁安装，谁拆除。

(2) 柱模板拆除顺序如下：拆除拉杆或斜撑→自上而下拆除柱箍→拆除部分竖肋→拆除模板，要从上口向外侧轻击和轻撬，使模板松动，适当加设临时支撑，以防柱子模板倾倒伤人。

(3) 梁、板模板拆除顺序如下：拆除支架部分水平拉杆和剪刀撑→拆除侧模板→下调楼板支柱→使模板下降→分段分片拆除楼板模板→拆除木龙骨及支柱→拆除梁底模板及支撑系统。拆除跨度较大的梁底模板时，应从跨中开始下调支柱顶托螺杆，然后向两端逐根下调；拆除梁底模支柱时，也从跨中向两端作业。

3. 拆除模板时的注意事项

(1) 应先拆除与结构的连接件，使模板与结构分离，再依次拆除模板。

(2) 装拆模板时轻装轻拆，严禁抛掷，并防止碰撞。

(3) 拆下来的模板，要及时运走，进行整理和堆放。

(4) 严格按照拆模顺序进行模板的拆除。对于大型、复杂模板的拆除，事先应制订详细的拆除方案。

(5) 应尽量避免混凝土表面或模板受损，注意做好安全防护工作。

4. 模板的维修

模板拆除后应及时维修并清理表面污物，并派专人对其维修，维修后的模板应涂抹隔离剂后堆放整齐，以便于模板的周转使用。模板紧固连接件如U形卡、L形插销、柱箍、梁托架、桁架、支撑等也应及时收集、维修，统一堆放，以免丢失。

4.3 混凝土工程

混凝土工程的工艺过程包括：配料→搅拌、运输→浇筑、振捣→养护。各个施工过程相互联系和影响，任一施工过程处理不当都会影响混凝土工程的最终质量。

4.3.1 混凝土配合比的确定

混凝土配合比应根据材料的供应情况、设计混凝土强度等级、混凝土施工和易性的要求等因素来确定，并应符合合理使用材料和经济的原则。合理的混凝土配合比应能满足两个基本要求：既要保证混凝土的设计强度，又要满足施工所需要的和易性。

1. 施工配合比的换算

混凝土设计配合比是根据完全干燥的砂、石骨料确定的，但实际使用的砂、石骨料一般都含有一些水分，而且含水量经常随气象条件发生变化。所以，在拌制时应及时测定砂、石骨料的含水率，并将实验室配置的设计配合比换算为骨料在实际含水量情况下的施工配合比。

若混凝土的实验室配合比为水泥：砂：石：水$=1:S:G:W$，而现场测出砂的含水率为W_s，石的含水率为W_g，则换算后的施工配合比为$1:S(1+W_s):G(1+W_g):(W-SW_s-GW_g)$。

【例 4.3】 已知设计配合比为$C:S:G:W=439:566:1202:193$，经测定砂子的含水率为3%，石子的含水率为1%，求每立方米混凝土的材料用量和混凝土施工配合比。

解：每立方米混凝土的材料用量如下：

水泥：$C=439\text{kg}$（不变）

砂子：$S'=S(1+W_s)=566\times(1+3\%)=583\text{kg}$

石子：$G'=G(1+W_g)=1202\times(1+1\%)=1214\text{kg}$

水：$W'=W-SW_s-GW_g=193-(566\times3\%+1202\times1\%)=164\text{kg}$

故施工配合比为$439:583:1214:164$。

2. 施工配料

求出混凝土施工配合比后，还需根据工地现有搅拌机的装料容量进行配制。

【例 4.4】 如［例 4.3］，采用搅拌机的出料容量为400L时，求每搅拌一次（即一盘）混凝土的装料数量。

解：每搅拌一次（即一盘）混凝土的装料数量如下：水泥，439×0.4＝175.6kg（实用 150kg，即三袋水泥）；施工配合比为 439∶583∶1214∶164；砂子，583×150/439＝199.2kg；石子，1214×150/439＝414.8kg；水，164×150/439＝56kg。

如果采用散装（罐装）水泥，混凝土的装料数量如下：水泥，439×0.4＝175.6kg；砂子，583×0.4＝233.2kg；石子，1214×0.4＝485.6kg；水，164×0.4＝65.6kg。

3．严格控制材料称量

施工配合比确定以后，就需对材料进行称量，称量是否准确将直接影响混凝土的强度。为严格控制混凝土的配合比，搅拌混凝土时应根据计算出的各组成材料的一次投料量，采用称量质量方式准确投料。各种原材料每盘称量的偏差：砂石料，±2％；水泥和外加剂，±1％。

各种衡量器应定期校验以保持准确。骨料含水量应经常测定，雨天施工时，应增加测定次数。

4.3.2　混凝土的拌制

混凝土的拌制是将水泥、水、粗细骨料和外加剂等原材料混合在一起，进行均匀拌和的过程。搅拌后的混凝土要求匀质，且达到设计要求的和易性和强度。

4.3.2.1　搅拌机的选择

目前普遍使用的搅拌机根据其搅拌机理可分为自落式搅拌机和强制式搅拌机两大类，如表 4.10 所列。

资源 4.13 强制式和自落式搅拌机对比

表 4.10　　**混凝土搅拌机类型**

自落式			强制式			
鼓筒式	双锥式		立轴式			卧轴式（单轴双轴）
	反转出料	倾翻出料	涡桨式	行星式		
				定盘式	盘转式	

4.3.2.2　搅拌制度

为了获得质量优良的混凝土拌合物，除正确选择搅拌机外，还必须确定搅拌时间、投料顺序和进料容量等。

1．混凝土搅拌时间

搅拌时间是指从原材料全部投入搅拌筒开始搅拌时起，到开始卸料时为止所经历的时间。在一定范围内随搅拌时间的延长混凝土强度有所提高，但搅拌时间过长，不坚硬的粗骨料在大容量搅拌机中会因脱角、破碎等而影响混凝土的强度。加气混凝土也会因搅拌时间过长而使含气量下降。为了保证混凝土的质量，混凝土搅拌的最短时间见表4.11。

表4.11　　混凝土搅拌的最短时间　　单位：s

混凝土坍落度/mm	搅拌机机型	搅拌机出料量/L		
		＜250	250～500	＞500
≤30	强制式	60	90	120
	自落式	90	120	150
＞30	强制式	60	60	90
	自落式	90	90	120

注　1. 当掺有外加剂时，搅拌时间应适当延长。

2. 全轻混凝土、砂轻混凝土搅拌时间应延长60～90s。

3. 高强混凝土应采用强制式搅拌机搅拌，搅拌时间应适当延长。

2. 投料顺序

常用的投料顺序有一次投料法和二次投料法。一次投料法是在上料斗中先装石子，再加水泥和砂。对于自落式搅拌机，要在搅拌筒内先加部分水，投料时砂压住水泥，水泥不致飞扬，且水泥和砂先进入搅拌筒形成水泥砂浆，可缩短包裹石子的时间。对于立轴强制式搅拌机，因出料口在下部，不能先加水，应在投入原料的同时，缓慢均匀分散地加水。

二次投料法经过我国的研究和实践形成了“裹砂石法混凝土搅拌工艺”，它是在造壳混凝土（SEC混凝土）的基础上结合我国的国情研究成功的，分两次加水，两次搅拌。用这种工艺搅拌时，先将全部的石子、砂和70%的拌和水倒入搅拌机，拌和15s使骨料湿润，再倒入全部水泥进行造壳搅拌30s左右，然后加入30%的拌和水再进行糊化搅拌60s左右即完成。与普通搅拌工艺相比，用裹砂石法混凝土搅拌工艺可使混凝土强度提高10%～20%，或节约5%～10%的水泥。

3. 进料容量

进料容量是将搅拌前各种材料的体积累积起来的数量，又称干料容量。进料容量与搅拌机搅拌筒的几何容量有一定比例关系，一般情况下为0.22～0.40。进料容量为出料容量的1.4～1.8倍（通常取1.5倍），如任意超载（进料容量超过10%），就会使材料在搅拌筒内无充分的空间进行拌和，影响混凝土的和易性；装料过少，不能充分发挥搅拌机的效能。

4.3.3　混凝土的运输

混凝土搅拌完毕后应及时将混凝土运输到浇筑地点。其运输方案应根据施工对象的地点、混凝土的工程量、运输距离、道路、气候条件、运输的客观条件及现有设备等综合进行考虑。

1. 运输混凝土的基本要求

（1）保证混凝土的浇筑量。尤其是在不允许留施工缝的情况下，混凝土运输必须保证其浇筑工作能连续进行，为此，应按混凝土最大浇筑量和运距来选择运输机具设备的数量及型号。同时，也要考虑运输机具设备与搅拌机设备的配合，一般运输机具的容积是搅拌机出料容积的倍数。

(2) 混凝土在运输过程中应保持其匀质性，不分层、不离析、不漏浆，运到浇筑地点后应具有规定的坍落度，并保证有充足的时间进行浇筑和振捣。因故停歇过久，混凝土产生初凝时，应做废料处理。

(3) 应选用不漏浆、不吸水的容器运输混凝土，且在使用前用水湿润，以避免吸收混凝土内的水分导致混凝土坍落度过分减小。

(4) 同时运输两种以上强度等级的混凝土时，应在运输设备上设置标志，以免混淆。混凝土运输工具及浇筑地点，必要时应有遮盖或保温设备，以免因日晒、雨淋、受冻而影响混凝土的质量。

(5) 混凝土应以最少的转运次数和最短的时间从搅拌地点运至浇筑现场，在混凝土初凝前浇筑完毕，混凝土从搅拌机中卸出到浇筑完毕的延续时间不宜超过表4.12的规定。

表4.12 混凝土从搅拌机中卸出到浇筑完毕的延续时间

混凝土强度等级	延续时间/min	
	气温小于25℃	气温大于等于25℃
低于及等于C30	120	90
高于C30	90	60

注 1. 对于掺有外加剂或采用快硬水泥拌制的混凝土，其延续时间应按试验确定。
2. 对于轻骨料混凝土，其延续时间应适当缩短。

在运输过程中混凝土坍落度往往会有不同程度的减小，减小的原因主要是运输工具失水漏浆、骨料吸水、夏季高温天气等。为保证混凝土运至施工现场后能顺利浇筑，运输工具应严密不漏浆，运输前用水湿润容器；夏季应采取措施防止水分大量蒸发；雨天则应采取防雨措施。

资源4.14 混凝土运输工具及混凝土泵动画演示

2. 运输工具

混凝土运输分为地面运输、垂直运输和楼面运输三种情况。

地面运输时，短距离多用双轮手推车、机动翻斗车；长距离宜用自卸汽车、混凝土搅拌运输车。垂直运输可采用各种井架、龙门架和塔式起重机作为垂直运输工具。对于浇筑量大、浇筑速度比较稳定的大型设备基础和高层建筑，宜采用混凝土泵，也可采用自升式塔式起重机或爬升式塔式起重机运输。

4.3.4 混凝土的浇筑、振捣

4.3.4.1 混凝土的浇筑

1. 浇筑前的准备工作

(1) 技术交底。混凝土浇筑技术交底内容包括混凝土配合比（挂牌）、计量方法、工程量、施工进度、施工缝留设、浇筑标高、浇筑部位、浇筑顺序、技术措施和操作要求等。

(2) 交接检查。重点检查模板的各种连接件和支撑是否松动，模板接缝是否严密，检查钢筋是否变形和移位，保护层垫块是否垫好，钢筋的保护层垫块是否符合规范要求。

(3) 清理。清理模板内的垃圾、木片、刨花、锯屑、泥土、烟盒、矿泉水瓶和钢筋上的油污等杂物，木模板应浇水加以润湿，但不允许留有积水。

2. 浇筑的一般要求

(1) 防止离析。当混凝土从运输工具中自由倾倒时，由于骨料的重力克服了物料间的黏聚力，大颗粒骨料明显集中于一侧或底部四周，从而与砂浆分离即出现离析，当自由倾倒高度超过 2m 时，这种现象尤其明显，混凝土将严重离析。为保证混凝土的质量，采取相应预防措施，《混凝土结构工程施工规范》(GB 50666—2011) 规定：混凝土自高处倾落的自由高度不应超过 2m；否则，应使用串筒、溜槽或振动溜管等工具协助下落，并应保证混凝土出口的下落方向垂直，串筒的向下垂直输送距离可达 8m。溜槽及串筒外形如图 4.36 所示。

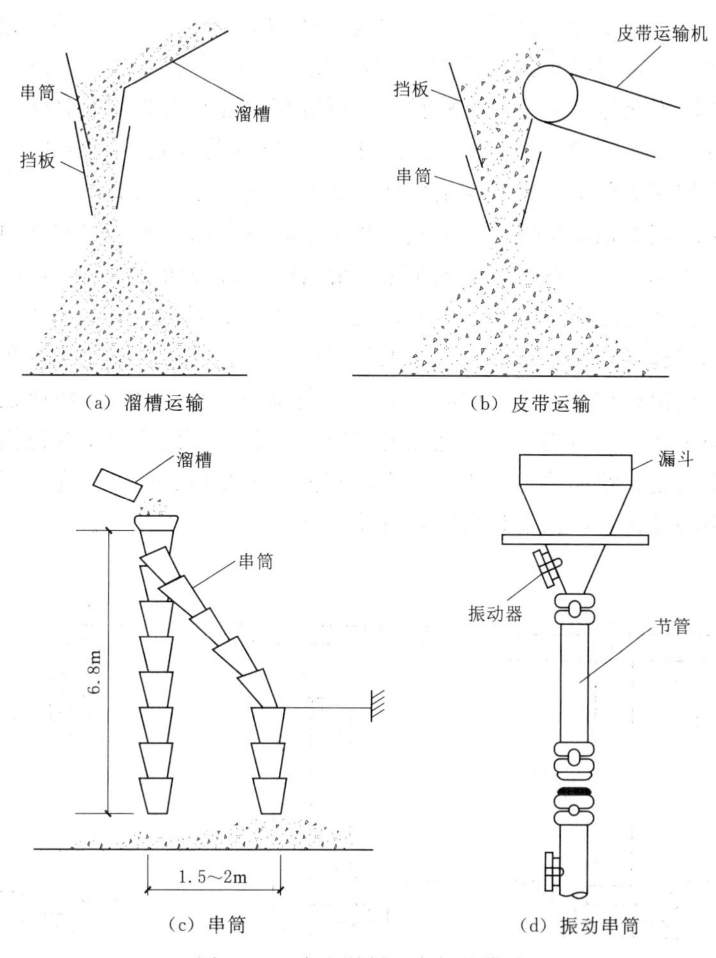

图 4.36 防止混凝土离析的措施

(2) 分层浇筑。为保证捣实质量，混凝土应分层浇筑，每层的厚度见表 4.13。

表 4.13　混凝土浇筑层的厚度

项次	捣实混凝土的方法	浇筑层厚度/mm
1	插入式振动	振动器作用部分长度的 1.25 倍
2	表面振动	200

续表

项次	捣实混凝土的方法		浇筑层厚度/mm
3	人工振捣	在基础或无筋混凝土和配筋较少的结构中	250
		在梁、墙、柱中	200
		在配筋密集的结构中	150
4	轻骨料混凝土振捣	用插入式振动器	300
		表面振动（振动时需加荷）器	200

（3）正确留置施工缝。混凝土施工缝是指因设计或施工技术、施工组织的原因，而出现先后两次浇筑混凝土的分界线（面）。混凝土结构多要求整体浇筑，如因技术或组织上的原因不能连续浇筑，且停顿时间可能超过混凝土的初凝时间，则应事先确定在适当位置留置施工缝。由于混凝土的抗拉强度约为其抗压强度的1/10，因而施工缝是结构中的薄弱环节，宜留在结构剪力较小、施工方便的部位。

柱子施工缝宜留在基础顶面、梁或吊车梁牛腿的下面、吊车梁的顶面、无梁楼盖柱帽的下面（图4.37）。和板连成整体的大断面梁（梁截面高≥1m），梁板分别浇筑时，施工缝应留在板底面以下20～30mm处。当板下有梁托时，施工缝留置在梁托下部。单向板施工缝应留在平行于板短边的任何位置。有主次梁的楼盖宜顺着次梁方向浇筑，施工缝应留在次梁跨度的中间1/3跨度范围内（图4.38）。楼梯施工缝应留在楼梯长度中间1/3长度范围内。墙施工缝可留在门洞口过梁跨中1/3范围内，也可留在纵横墙的交接处。双向受力的楼板、大体积混凝土结构、拱、薄壳、多层框架以及其他结构复杂的结构，应按设计要求留置施工缝。

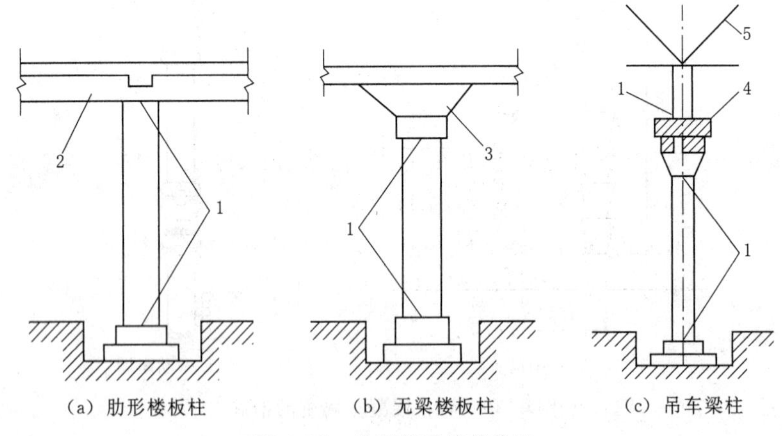

(a) 肋形楼板柱　(b) 无梁楼板柱　(c) 吊车梁柱

图4.37　柱子施工缝的位置

1—施工缝；2—梁；3—柱帽；4—吊车梁；5—屋架

3. 混凝土浇筑方法

（1）多层钢筋混凝土框架结构浇筑。浇筑这种结构首先按结构层划分施工层，按层施工。平面尺寸较大时，每层还应划分施工段，要考虑工序数量、技术要求、结构特点等，尽可能组织分层分段流水施工。

浇筑柱子时，每一个施工段内的柱子应由外向内对称地依次浇筑，不要从一端向另一端推进，以防柱子模板逐渐受推倾斜。开始浇筑柱子时，底部应先浇筑一层厚50～100mm、与所浇筑混凝土内砂浆成分相同的水泥砂浆。浇筑完毕，如柱顶处有较大厚度的砂浆层，则应加以处理。当梁柱连续浇筑时，在柱子浇筑完毕后，应间隔1～1.5h，待混凝土拌合物初步沉实，再浇筑上面的梁板结构。

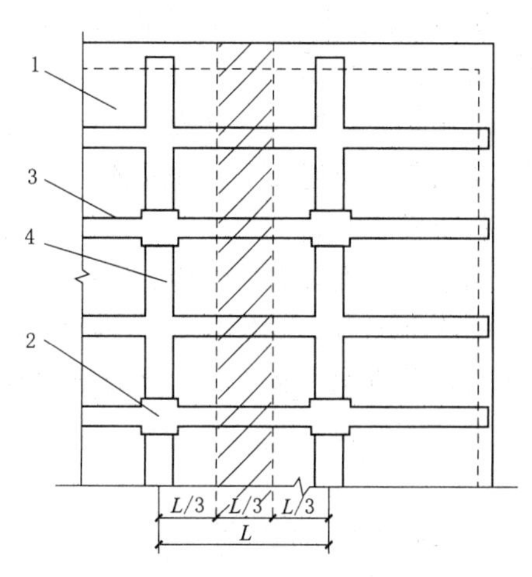

图4.38 有主次梁楼盖的施工缝位置
1—楼板；2—柱；3—次梁；4—主梁

梁和板一般同时浇筑，从一端开始向前推进。只有当梁长≥1m时才允许将梁单独浇筑，此时的施工缝留在楼板板面下20～30mm处。

(2) 大体积混凝土的浇筑。大体积混凝土结构是指三维尺寸大于或等于1m，长、宽较大，施工时水化热引起混凝土内的最高温度与外界温度之差不低于25℃的混凝土结构；一般多为建筑物、构筑物的基础，如高层建筑中常用的整体钢筋混凝土箱形基础、高炉转炉设备基础等。

大体积混凝土结构的施工特点：一是整体性要求较高，往往不允许留设施工缝，一般都要求连续浇筑；二是结构的体量较大，浇筑后的混凝土产生的水化热量大，并聚集在内部不易散发，从而形成混凝土内外较大的温差，引起较大的温差应力。

因此，大体积混凝土施工时，为保证结构的整体性应合理确定混凝土浇筑方案，为保证施工质量应采取有效的技术措施降低混凝土内外温差。

1) 浇筑方案的选择。为了保证混凝土浇筑工作能连续进行，避免留设施工缝，应在下一层混凝土初凝之前将上一层混凝土浇捣完毕。因此，在组织施工时，首先应按下式计算每小时需要浇筑混凝土的数量，即浇筑强度：

$$Q = BLH/(t_1 - t_2) \tag{4.10}$$

式中 Q——每小时混凝土浇筑量，m^3/h；

B、L、H——浇筑层的宽度、长度、厚度，m；

t_1——混凝土初凝时间，h；

t_2——混凝土运输时间，h。

根据混凝土的浇筑量，计算所需要搅拌机、运输机具和振动器的数量，并据此拟定浇筑方案和进行劳动组织。大体积混凝土浇筑方案需根据结构大小、混凝土供应等实际情况决定，一般有全面分层、分段分层和斜面分层三种方案，如图4.39所示。

a. 全面分层。如图4.39 (a) 所示，在整个结构内全面分层浇筑混凝土，要求每一层的混凝土浇筑必须在下层混凝土初凝前完成。此浇筑方案适用于平面尺寸不太大的结构，施工时宜从短边开始，顺着长边方向推进，有时也可从中间开始向两端进行或从两端向中间推进。

b. 分段分层。如采用全面分层浇筑方案，混凝土的浇筑强度太大，施工难以满足要求，则可采用分段分层浇筑方案，如图 4.39（b）所示。它是将结构从平面上分成几个施工段，厚度上分成几个施工层，从底层开始浇筑混凝土，进行一定距离后就回头浇筑第二层混凝土，如此依次浇筑以上各层。施工时要求在第一层第一段末端混凝土初凝前，开始第二段施工，以保证混凝土接触面结合良好。该方案适用于厚度不大而面积或长度较大的结构。

c. 斜面分层。如图 4.39（c）所示，当结构的长度超过厚度的 3 倍时，宜采用斜面分层浇筑方案。施工时，混凝土的振捣需从浇筑层下端开始，逐渐上移，以保证混凝土的施工质量。

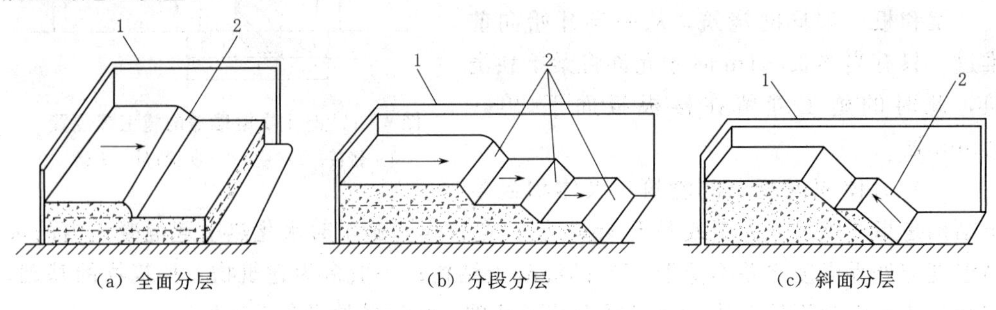

图 4.39　大体积混凝土的浇筑方案

1—模板；2—新浇筑的混凝土

2）混凝土温度裂缝的产生原因。在混凝土凝结硬化过程中，水泥进行水化反应会产生大量的水化热。强度增长初期，产生的水化热越来越多，蓄积在大体积混凝土内部，热量不易散失，致使混凝土内部温度显著升高，而表面散热较快，这样在混凝土内外之间形成温差，混凝土内部产生压应力，而混凝土外部产生拉应力，当温差超过一定程度后，就易拉裂外表混凝土，即在混凝土表面形成裂缝。在混凝土内逐渐散热冷却产生收缩时，由于受到基岩或混凝土垫层的约束，接触处将产生很大的拉应力，一旦拉应力超过混凝土的极限抗拉强度，便在约束接触处产生深层裂缝，甚至形成贯穿裂缝，这将严重破坏结构的整体性，对于混凝土结构的承载能力和安全极为不利，在工程施工中必须避免。

3）预防温度裂缝的措施。温度应力是产生温度裂缝的根本原因，一般将内外温差控制在 25℃以下时不会产生温度裂缝。大体积混凝土施工可采用以下措施来控制内外温差。

a. 宜选用水化热较低的水泥，如矿渣水泥、火山灰质水泥或粉煤灰水泥。

b. 在保证混凝土强度的条件下，尽量减少水泥用量和每立方米混凝土的用水量（如选择合适的砂率及级配等）。

c. 粗骨料宜选用粒径较大的卵石，尽量降低砂石的含泥量，以减少混凝土的收缩量。

d. 尽量降低混凝土的入模温度，规范要求混凝土的浇筑温度不宜超过 28℃，且选择在室外气温较低时进行施工。

e. 必要时可在混凝土内部埋设冷却水管，利用循环水来降低混凝土温度。

f. 为了减少水泥用量，提高混凝土的和易性，在混凝土中掺入适量的矿物掺量，如粉煤灰等，也可采用减水剂。

g. 对表层混凝土做好保温措施，以减少表层混凝土热量的散失，降低内外温差。

h. 尽量延长混凝土的浇筑时间，以便在浇筑过程中尽量多地释放出水化热；可在混凝土中掺加缓凝剂，尽量减薄浇筑层厚度等。

i. 从混凝土表层到内部设置若干个温度观测点，如图 4.40 所示，加强观测，一旦出现温差过大的情况，便于及时处理。

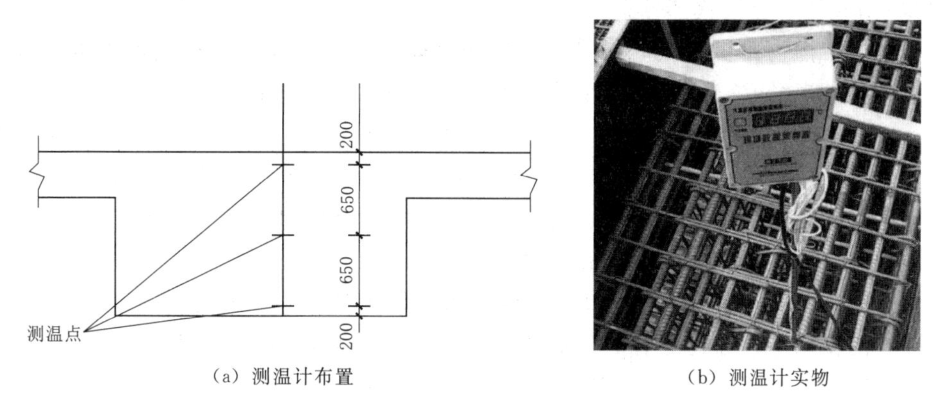

（a）测温计布置　　　（b）测温计实物

图 4.40　大体积混凝土测温

(3) 水下混凝土的浇筑。深基础、沉井、沉箱以及地下连续墙施工等，常需要进行水下混凝土浇筑，一般采用导管法进行施工，如图 4.41 所示。利用导管输送混凝土并使其与环境水或泥浆隔离，依靠管中混凝土自重，挤压导管下部管口周围的混凝土在已浇筑的混凝土内部流动、扩散，边浇筑边提升导管，直至混凝土浇筑完毕。

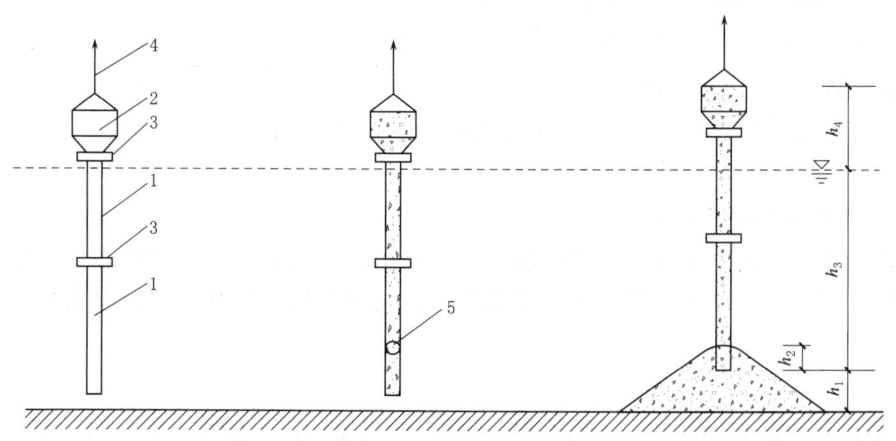

（a）浇筑前导管组成　　（b）注满混凝土主导管　　（c）浇筑过程中

图 4.41　导管法水下浇筑混凝土

1—钢导管；2—漏斗；3—密封接头；4—吊索；5—球塞（用铁丝或钢丝吊位、位于管中心）

导管直径 250～300mm（至少为最大骨料粒径的 5 倍），每节长 3m，用法兰盘连接，顶部有漏斗。浇筑前，导管下口先用球塞堵住，球塞用钢丝吊住。在导管内灌注一定数量的混凝土，将导管插入水下，使其下口距地基面的距离 h 约 300mm，再切断钢丝，混凝土推出球塞沿导管连续向下流出进行浇筑。此时一面浇筑混凝土，一面慢慢提起导管，导管下口必须始终保持在混凝土内有一定埋深，一般不得小于 0.8m，在泥浆下浇筑混凝土时，不得小于 1.0m，但不可太深。

在整个浇筑过程中，一般应避免在水平方向移动导管，直到混凝土顶面达到或高于设计标高时，才可将导管提起，换插到另一浇筑点。一旦发生堵管，如半小时内不能排除，应立即换插备用导管。浇筑完毕，在混凝土凝固后，再清除顶面与水接触的厚约 200mm 的一层松软部分。

当水下结构物面积较大时，可用几根导管同时浇筑。导管的有效作用半径 R 取决于最大扩散半径 R_{max}，而最大扩散半径可用下述经验公式计算：

$$R_{max} = KQ/I \tag{4.11}$$

$$R = 0.85R_{max} \tag{4.12}$$

式中　K——保持流动系数，即维持坍落度为 150mm 时的最小时间，h；

Q——每小时混凝土浇筑量，m^3/h；

I——混凝土面的平均坡度，当导管插入深度为 1～1.5m 时，取 1/7。

导管的作用半径亦与导管的出水高度有关，出水高度应满足下式：

$$P = 0.05h_4 + 0.015h_3 \tag{4.13}$$

式中　P——导管下口处混凝土的超压力，MPa，不得小于表 4.14 中的数值；

h_4——导管出水高度，m；

h_3——导管下口至水面高度，m。

如水下浇筑的混凝土体积较大，将导管法与混凝土泵结合使用可以取得较好的效果。

4.3.4.2　混凝土的振捣

表 4.14　　超压力最小值

导管作用半径/m	4.0	3.5	3.0
超压力值/MPa	0.25	0.15	0.10

混凝土拌合物浇筑之后，需经振捣密实成型才能赋予混凝土制品或结构一定的外形和内部结构。密实成型的好坏直接影响到混凝土结构的强度、抗冻性、抗渗性、耐久性等性能。

1. 混凝土振动密实原理

在振动力作用下混凝土内部的黏聚力和内摩擦力显著减少，骨料在其自重作用下紧密排列，水泥砂浆均匀分布、填充空隙，气泡逸出，混凝土填满了模板并形成密实体积。

2. 主要振动机械

振动机械按其工作方式分为内部振动器、外部振动器、表面振动器和振动台，如图 4.42 所示。

（1）内部振动器。内部振动器又称为插入式振动器，其工作部分是一棒状空心圆柱体，内部装有偏心振子，在电动机带动下高速转动而产生高频振动。行星滚锥式（简称行星式）内部振动器激振结构的工作原理如图 4.43 所示。

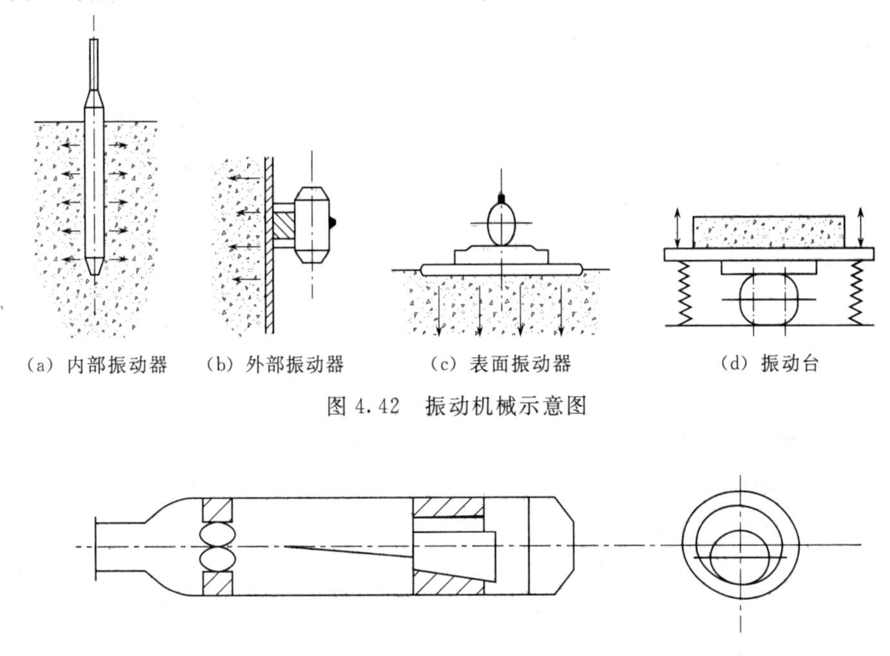

（a）内部振动器　（b）外部振动器　（c）表面振动器　（d）振动台

图 4.42　振动机械示意图

图 4.43　行星滚锥式内部振动器激振结构工作原理示意图

1）插入方向：垂直或 45°斜向插入，如图 4.44 所示。

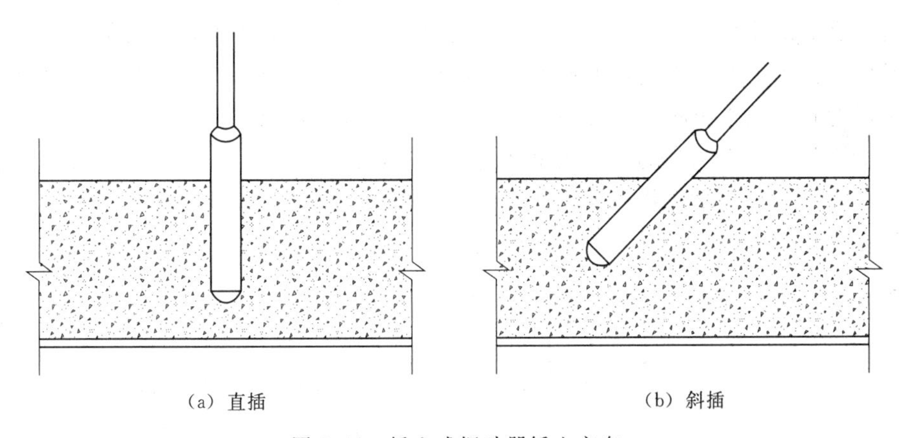

（a）直插　（b）斜插

图 4.44　插入式振动器插入方向

2）振捣原则：振捣时应做到快插慢拔，上下抽动，插入下层 50～100mm，以促使上下层混凝土结合成整体。

3）振捣时间：每点振捣时间 20～30s（观察：初始振捣时，混凝土明显下沉和冒气泡；振实后表面呈现浮浆，无气泡冒出）。

4）移动距离：移动间距不宜大于作用半径的 1.5 倍，每个插入点间呈行列式或交错式排列，如图 4.45 所示，距离模板不大于作用半径的 0.5 倍，应避免漏振和碰模板、钢筋、预埋件等。

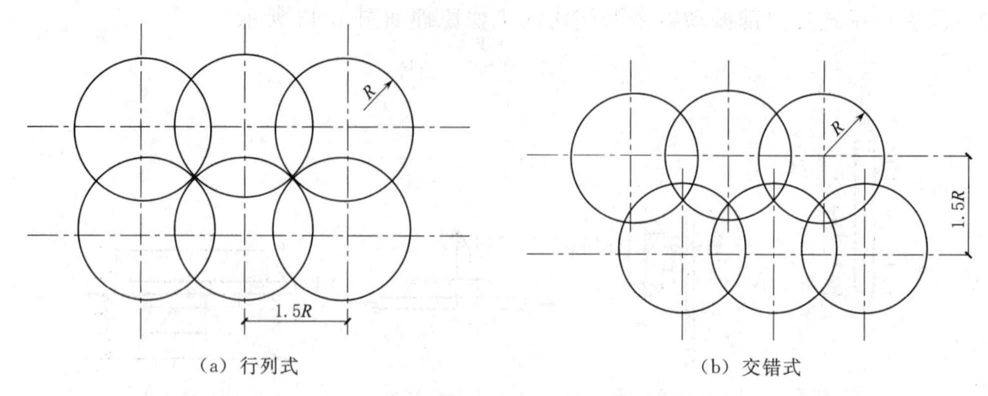

图4.45 插入式振动器的插点排列

(2) 外部振动器。外部振动器又称附着式振动器，通过螺栓或夹钳等固定在模板外部，通过模板将振动力传给混凝土拌合物，模板应有足够的刚度。它适用于振捣断面小且钢筋密的构件。振动器间距为1～1.5m，振动深度约为250mm。

(3) 表面振动器。表面振动器又称平板振动器，由带偏心块的电动机和平板（木板或钢板）等组成，在混凝土表面进行振捣，适用于楼板、地面等薄型构件。

(4) 振动台。振动台是混凝土预制厂中的固定生产设备，用于振实预制构件。

4.3.5 混凝土的养护

混凝土浇筑完毕后在一个相当长的时间内，应保持适当的温度和足够的湿度以保证混凝土良好的硬化条件，这就是混凝土的养护工作。混凝土养护的目的，一是创造有利条件，使水泥充分水化，加速混凝土的硬化；二是防止混凝土成型后因曝晒、风吹、干燥等自然因素影响，出现不正常的收缩、裂缝等现象。

混凝土的养护方法分为自然养护和热养护两类，见表4.15。养护时间取决于当地气温、水泥品种和结构物的重要性。混凝土必须养护至其强度达到1.2N/m^2以上，才允许在上面行人和架设支架、安装模板，但不得冲击混凝土。

表4.15　混凝土的养护

类别	养护方法	说明
自然养护	洒水（喷雾）养护	在混凝土面不断洒水（喷雾），保持其表面湿润
	覆盖浇水养护	在混凝土面覆盖湿麻袋、草袋湿沙、锯末等，不断洒水，保持其表面湿润
	围水养护	四周围成土埂，将水蓄在混凝土表面
	铺膜养护	在混凝土表面铺上薄膜，阻止水分蒸发
	喷膜养护	在混凝土表面喷上薄膜，阻止水分蒸发
	蒸汽养护	利用热蒸汽对混凝土进行湿热养护
热养护	热水（热油）养护	将水或油加热，将构件搁置在其上养护
	电热养护	对模板加热或微波加热养护
	太阳能养护	利用各种罩、窑、集热箱等封闭装置对构件进行养护

课 后 习 题

资源 4.15
课后习题
参考答案

一、简答题

1. 电弧焊接头有哪几种形式？如何选用？
2. 如何计算钢筋下料长度及编制钢筋配料单？
3. 简述钢筋加工工序和绑扎、安装要求。对钢筋绑扎接头有何规定？
4. 钢筋工程检查验收包括哪几方面？应注意哪些问题？
5. 简述模板的作用。对模板及其支架的基本要求有哪些？
6. 模板有哪些类型？各有何特点？适用范围怎样？
7. 基础、柱、梁、楼板结构的模板构造及安装要求有哪些？
8. 混凝土工程施工包括哪几个施工过程？
9. 混凝土施工配合比怎样根据实验室配合比求得？施工配料怎样计算？
10. 混凝土搅拌参数指什么？各有何影响？
11. 什么是一次投料法、二次投料法？各有何特点？
12. 二次投料混凝土强度为什么会提高？
13. 混凝土运输有哪些要求？有哪些运输工具机械？各适用于何种情况？
14. 混凝土浇筑前对模板钢筋应做哪些检查？
15. 混凝土浇筑基本要求有哪些？怎样防止离析？
16. 什么是施工缝？留设位置怎样？继续浇筑混凝土时对施工缝有何要求？如何处理？
17. 大体积混凝土施工特点有哪些？如何确定浇筑方案？其温度裂缝有几种类型？
18. 预防大体积混凝土开裂有哪些措施？
19. 什么是混凝土的自然养护？自然养护有哪些方法？具体做法怎样？

二、计算题

1. 某梁配筋图如图 4.46 所示。已知梁截面 250mm×600mm，混凝土保护层厚度为 25mm，箍筋弯 135°弯钩。求：①②③④号钢筋的单根下料长度。

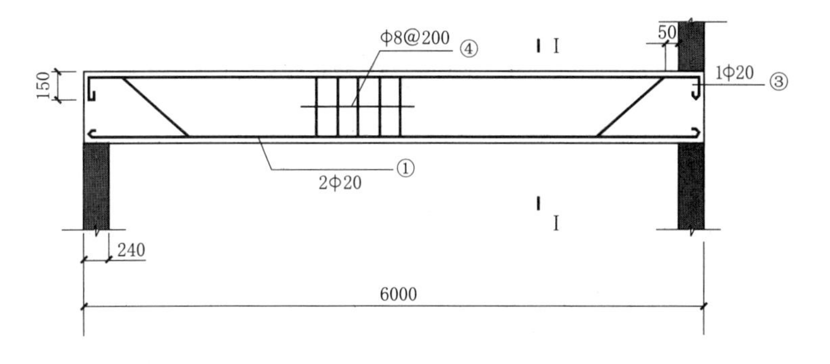

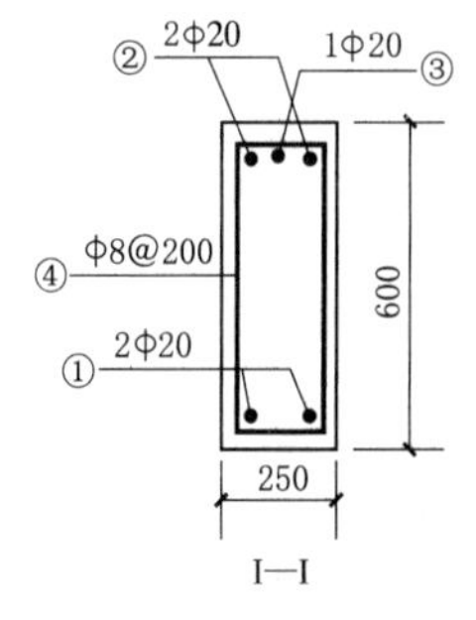

图 4.46　某梁配筋

2. 某工程混凝土实验室配合比为 1∶2.3∶4.27，水灰比为 $W/C=0.6$，每立方米混凝土水泥用量为 300kg，现场砂、石含水率分别为 3%、1%，求：①施工配合比；②每立方米混凝土各种材料的用量；③若采用 400L 搅拌机，搅拌一次的材料用量。

第5章

预应力混凝土结构工程

【项目案例引入】

上海某体育中心工程位于浦东黄浦江南延伸段的优越地段，包括综合体育馆、游泳馆、室外跳水池、新闻中心及停车场、公交站点等相关配套设施。项目总用地面积达 34.75 万 m^2。其中主要在两个区域应用预应力技术进行结构设计：

（1）综合体育馆一层，北侧训练馆屋顶，建筑完成面标高为 11m，其最大跨度为 41m，共 8 榀。

（2）游泳馆三层，陆上训练房楼面，建筑完成面标高为 13.4m，其最大跨度为 31.3m，共 10 榀。

与一般项目相比，由于该大跨度混凝土结构屋面兼具跨度超大、荷载超重的特点，因此现代预应力技术的应用体现出极大优势，实现了普通混凝土结构无法完成的设计任务。根据各工况计算结果，最终确定了部分预应力施工的顺序：结构混凝土浇筑→张拉预应力→张拉灌浆→拆除大跨梁支承→封闭后浇带→施工建筑面层。

预应力混凝土是在结构构件承受荷载之前，对受拉混凝土施加预压应力。一般是在混凝土结构或构件受拉区域，通过对预应力筋进行张拉、锚固、放松，借助钢筋的弹性回缩，使受拉区混凝土事先获得预压应力，以减少或抵消外荷载所产生的拉应力。预应力混凝土与普通钢筋混凝土相比较，可以更有效地利用高强钢材，提高使用荷载下结构的抗裂度和刚度，减小结构构件的截面尺寸，自重轻、质量好、材料省、耐久性好。虽然预应力混凝土施工要增添专用设备，技术含量高、操作要求严，相应的工程成本高，但在跨度较大的结构中，或在一定范围内代替钢结构使用时，其综合经济效益较好。

预应力混凝土按预应力的大小可分为全预应力混凝土和部分预应力混凝土；按施加应力方式可分为先张法预应力混凝土、后张法预应力混凝土和自应力混凝土；按预应力筋的黏结状态可分为有黏结预应力混凝土和无黏结预应力混凝土；按施工方法又可分为预制预应力混凝土、现浇预应力混凝土和叠合预应力混凝土等。

预应力混凝土除广泛用于生产屋架、吊车梁、空心板等大中小型预应力混凝土构件外，现已把预应力技术成功地用于多高层建筑、大型桥梁、电视塔、筒仓、水池、大跨度薄壳、水工结构、海洋工程、核电站等工程结构中。另外，预应力技术还可用于结构加固、旧房改造、土坡支护等。预应力混凝土在现代结构中具有广阔的应用和发展前景。本章主要以目前常用的预应力施工工艺为主线，分别叙述先张法施工、后张法施工和无黏结预应力混凝土施工的基本知识。

5.1 先张法施工

资源5.1
先张法

先张法是在台座或模板上先张拉预应力筋并用夹具临时固定，再浇筑混凝土，待混凝土达到一定强度后，放张预应力筋，通过预应力筋与混凝土的黏结力使混凝土产生预压应力的施工方法。先张法一般仅适用于生产中小型预制构件，多在固定的预制厂生产，也可在施工现场生产。

5.1.1 台座

台座是先张法施工中主要的设备之一，它必须有足够的强度、刚度和稳定性，以免因台座的变形、倾覆和滑移而引起预应力值的损失。

台座按构造形式不同可分为墩式台座和槽式台座两类。

1. 墩式台座

墩式台座由承力台墩、台面与横梁三部分组成，其长度宜为50～150m，见图5.1。目前常用的是台墩与台面共同受力的墩式台座。

台面一般是在夯实的碎石垫层上浇筑一层厚度为60～100mm的混凝土而成。台面伸缩缝可根据当地温差和经验设置，一般每隔10m左右设置一道，也可采用预应力混凝土滑动台面，不留伸缩缝。预应力滑动台面是在原有的混凝土台面或新浇筑的混凝土基层上刷隔离剂，张拉预应力筋、浇筑混凝土面层，待混凝土达到放张强度后切断预应力筋，台面就发生滑动。这种台面使用效果良好。

台座的宽度主要取决于构件的布筋宽度、张拉与浇筑混凝土是否方便，一般不大于2m。在台座的端部应留出张拉操作用地和通道，两侧要有构件运输和堆放的场地。台座的强度应根据构件张拉力的大小确定，可按台座每米宽的承载力为200～500kN设计台座。台座的两端设置有固定预应力筋的横梁，一般用型钢制作，设计时，除应要求横梁在张拉力的作用下有一定的强度外，尚应特别注意变形，以减少预应力损失。

2. 槽式台座

槽式台座由钢筋混凝土压杆、上下横梁及台面组成，见图5.2。台座的长度一般不大于76m，宽度随构件外形及制作方式而定，一般不小于1m，承载力可达1000kN以上。为便于混凝土浇筑和蒸汽养护，槽式台座多低于地面。在施工现场还可利用已预制好的柱、桩等构件装配成简易槽式台座。

5.1.2 张拉机具和夹具

先张法生产的构件中，常采用的预应力筋有钢丝和钢筋两种。张拉预应力钢丝时，一般直接采用卷扬机或电动螺杆张拉机。张拉预应力钢筋时，在槽式台座中常采用四横梁式成组张拉装置，用千斤顶张拉。

夹具是先张法预应力混凝土构件施工时为保持预应力筋拉力并将其固定在张拉台座上的临时锚固装置。预应力筋张拉后用锚固夹具直接锚固于横梁上。要求锚固夹具工作可靠、加工方便、成本低，并能多次周转使用。预应力钢丝常采用圆锥齿板式锚固夹具锚固，预应力钢筋常采用螺丝端杆锚固。

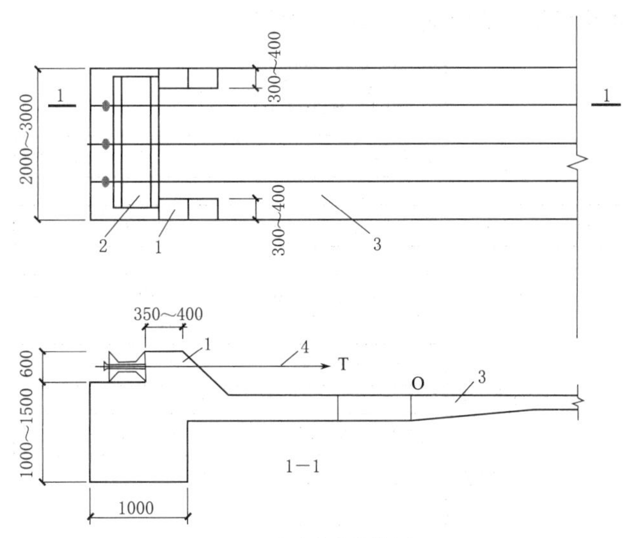

(a) 墩式台座结构图

(b) 墩式台座实物

图 5.1 墩式台座

1—承力台墩；2—横梁；3—混凝土台面；4—预应力筋

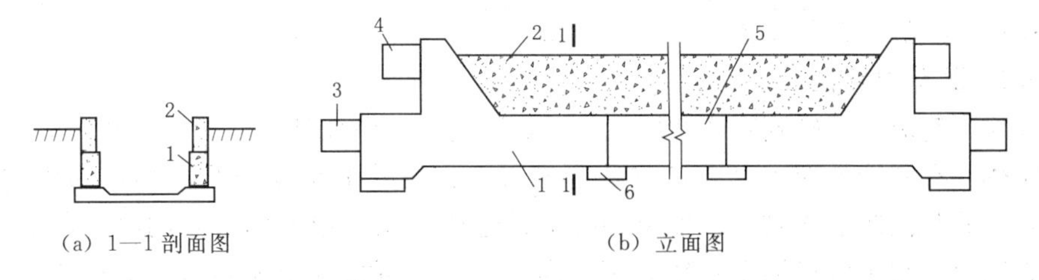

(a) 1—1 剖面图　　(b) 立面图

图 5.2 槽式台座

1—压杆；2—砖墙；3—下横梁；4—上横梁；5—传力柱；6—柱垫

资源 5.2 先张法预应力混凝土施工

5.1.3 先张法施工工艺

用先张法在台座上生产预应力混凝土构件时，其工艺流程一般如图 5.3 所示。

预应力混凝土先张法工艺的特点是：预应力筋在浇筑混凝土前张拉，预应力的传递主要依靠预应力筋与混凝土之间的黏结力。为了获得质量良好的构件，在整个生产过程中，除确保混凝土质量以外，还必须确保预应力筋与混凝土之间的良好黏结，使预应力混凝土构件获得符合设计要求的预应力值。

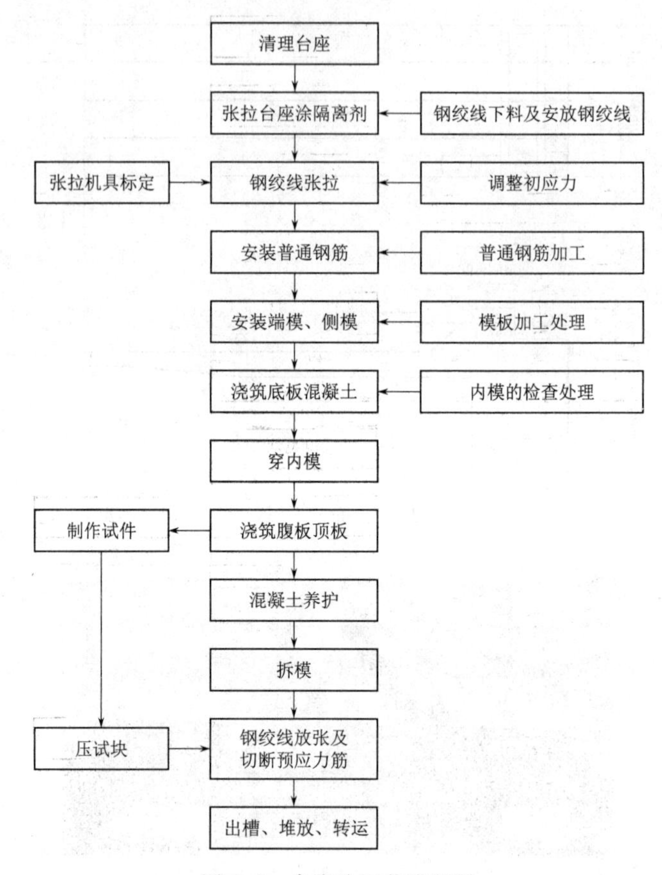

图5.3　先张法工艺流程图

碳素钢丝强度很高，但表面光滑，与混凝土间黏结力较差，必要时可采取刻痕和压波措施，以提高钢丝与混凝土的黏结力。

5.1.3.1　预应力筋铺设

预应力筋应采用砂轮锯或切断机切断，不得采用电弧切割。为便于脱模，长线台座（胎模）在铺放预应力筋前应先刷隔离剂，但应采取措施防止隔离剂污损预应力筋，影响其与混凝土的黏结。如果预应力筋遭受污染，应使用适宜的溶剂清洗干净。预应力钢丝宜用牵引车铺设。如遇钢丝需要接长，可借助于钢丝拼接器用20～22号铁丝密排绑扎。

5.1.3.2　预应力筋张拉及预应力值校核

预应力筋的张拉应根据设计要求，采用合适的张拉方法、张拉顺序和张拉程序进行，并应有可靠的质量和安全保证措施。

预应力筋的张拉可采用单根张拉或多根同时张拉，当预应力筋数量不多、张拉设备拉力有限时常采用单根张拉。当预应力筋数量较多且密集布筋、张拉设备拉力较大时，则可采用多根同时张拉。在确定预应力筋张拉顺序时，应考虑尽可能减少台座的倾覆力矩和偏心力，先张拉靠近台座截面重心处的预应力筋。

预应力筋的张拉控制应力应符合设计要求，但不宜超过表5.1中的控制应力限值。对于要求提高构件在施工阶段的抗裂性能而在使用阶段受压区设置的预应力筋，或当要求部分抵消由应力松弛、摩擦、钢筋分批张拉以及预应力筋与张拉台座之间的温差等引起的应力损失时，可提高 $0.05f_{ptk}$ 或 $0.05f_{pyk}$。施工中预应力筋需要超张拉时，其最大张拉控制应力应符合表5.1的规定。

表5.1　　张拉控制应力限值和超张拉最大张拉控制应力

钢筋种类	张拉控制应力限值		超张拉最大张拉控制应力
	先张法	后张法	
消除应力钢丝、钢绞线	$0.75f_{ptk}$	$0.75f_{ptk}$	$0.80f_{ptk}$
冷轧带肋钢筋	$0.70f_{ptk}$	—	$0.75f_{ptk}$
精轧螺纹钢筋	—	$0.85f_{pyk}$	$0.95f_{pyk}$

注　f_{ptk} 指根据极限抗拉强度确定的强度标准值；f_{pyk} 指根据屈服强度确定的强度标准值。

由于预应力钢丝张拉工作量大，宜采用一次张拉程序：$0 \rightarrow (1.03 \sim 1.05)\sigma_{con}$（锚固）。其中，$\sigma_{con}$ 系预应力筋的张拉控制应力；超张拉系数1.03～1.05是考虑弹簧测力计的误差、温度影响、台座横梁或定位板刚度不足、台座长度不符合设计取值、工人操作影响等。

采用低松弛钢绞线时，可采用一次张拉程序：单根张拉，0→锚固；整体张拉，0→初应力调整值→锚固。

多根预应力筋同时张拉时，应预先调整初应力，使其相互之间的应力一致。预应力筋张拉锚固后实际建立的预应力值与工程设计规定检验值的允许偏差为±5%。预应力钢丝张拉时，伸长值不作校核。钢丝张拉锚固后，应采用钢丝内力测定仪检查钢丝的预应力值，其偏差应符合上述要求。预应力钢丝内力的检测，一般在张拉锚固1h后进行，此时，锚固损失已经完成。钢绞线预应力筋的张拉力，一般采用伸长值校核。张拉时预应力的实际伸长值与设计计算理论伸长值的相对允许偏差为±6%。

预应力筋张拉时，张拉机具与预应力筋应在一条直线上，同时在台面上每隔一定距离放一根圆钢筋头或相当于混凝土保护层厚度的其他垫块，以防预应力筋因自重而下垂。张拉过程中应避免预应力筋断裂或滑脱，先张法预应力构件在浇筑混凝土前发生断裂或滑脱的预应力筋必须予以更换。预应力筋张拉锚固后，对设计位置的偏差不得大于5mm，且不得大于构件截面最短边长的4%。张拉过程中，应按规范要求填写预应力张拉记录表，以便检查。

资源5.3 先张法预应力混凝土受弯构件各阶段的应力分析

施工中应注意安全。台座两端应有防护措施，张拉时，正对钢筋两端禁止站人，也不准进入台座。敲击锚具的锥塞或楔块时，不应用力过猛，以免损伤预应力筋而断裂伤人，但又要锚固可靠。冬期张拉预应力筋时，其温度不宜低于－15℃，且应考虑预应力筋容易脆断的特点。

5.1.3.3 预应力筋的放张

预应力筋的放张过程是预应力值的建立过程，是先张法构件能否获得良好质量的重要环节，应根据放张要求，确定适宜的放张方法、放张顺序及相应的技术措施。

1. 放张要求

预应力筋放张时，混凝土强度应符合设计要求。当设计无具体要求时，不应低于设计强度等级的75%。放张过早，由于混凝土强度不足，产生较大的混凝土弹性回缩或滑丝而引起较大的预应力损失。

2. 放张方法

放张过程中，应使预应力构件自由压缩。放张工作应缓慢进行，避免过大的冲击与偏心。当预应力筋为钢丝时，若钢丝数量不多，可采用剪切、锯割或氧-乙炔焰预热熔断的方法进行放张。放张时，应从靠近生产线中间处剪（熔）断钢丝，这样比靠近台座一端剪（熔）断时回弹要小，且有利于脱模。钢丝数量较多时，所有钢丝应同时放张，不允许采用逐根放张的方法，否则，最后的几根钢丝将可能由于承受过大的应力而突然断裂，导致构件应力传递长度骤增，或使构件端部开裂。放张可采用放张横梁来实现，横梁可用千斤顶或预先设置在横梁支点处的放张装置（砂箱或楔块等）来放张。采用湿热养护的预应力混凝土构件宜热态放张，不宜降温后放张。

3. 放张顺序

预应力筋的放张顺序应符合设计要求；当设计无特殊要求时，应遵循下列规定：

（1）对于承受轴心预压力的构件（如压杆、桩等），所有预应力筋应同时放张。

（2）对于承受偏心预压力的构件，应先同时放张预压力较小区域的预应力筋，再同时放张预压力较大区域的预应力筋。

（3）当不能按上述规定放张时，应分阶段、对称、相互交错地放张，以防止在放张过程中，构件产生弯曲、裂纹及预应力筋断裂等现象。

（4）放张后预应力筋的切断顺序，宜由放张端开始，逐次切向另一端。

5.2 后张法施工

资源5.4
后张法

后张法是在混凝土达到一定强度的构件或结构中，张拉预应力筋并用锚具永久固定，使混凝土产生预压应力的施工方法。后张法预应力施工，不需要台座设备，灵活性大，广泛用于施工现场生产大型预制预应力混凝土构件和现场浇筑预应力混凝土结构。

后张法预应力施工，又可以分为有黏结预应力施工和无黏结预应力施工两类。

资源5.5
后张法预应力混凝土

后张法预应力施工的特点是直接在构件或结构上张拉预应力筋，混凝土在张拉过程中受到预压力而完成弹性压缩，因此，混凝土的弹性压缩不直接影响预应力筋有效预应力值的建立。

后张法除可作为一种预加应力的工艺方法外，还可以作为一种预制构件的拼装手段。大型构件（如拼装式大跨度屋架）可以预制成小型块体，运至施工现场后，通过预加应力的手段拼装成整体；或各种构件安装就位后，通过预加应力手段，拼装成整体预应力结构。后张法预应力的传递主要依靠预应力筋两端的锚具，锚具作为预应力筋的组成部分，永远留置在构件上，不能重复使用。因此，后张法预应力施工需要耗用的钢材较多，锚具加工要求高，费用昂贵。另外，后张法工艺本身要预留孔道、穿筋、张拉、灌浆等，故施工工艺比较复杂，造价成本高。

5.2.1 预应力筋及锚具

锚具是后张法预应力混凝土构件中或结构中为保持预应力筋的拉力并将其传递到混凝土上所用的永久性锚固装置。后张法张拉用的夹具又称工具锚，是将千斤顶（或其他张拉设备）的张拉力传递到预应力筋上的装置。连接器是在预应力施工中将预应力从一根预应力筋传递到另一根预应力筋上的装置。在后张法施工中，预应力筋锚固体系包括锚具、锚垫板、螺旋筋等。

目前我国后张法预应力施工中采用的预应力钢材主要有钢绞线、钢丝和精轧螺纹钢筋等，下面分别叙述其制作和配套使用的锚具。

5.2.1.1 钢绞线预应力筋及锚具

钢绞线预应力筋是由多根钢丝在绞线机上成螺旋形绞合，并经消除应力回火处理而成的。钢绞线的整根承载力大，柔韧性好，施工方便。钢绞线按捻制结构不同可分为 1×2 钢绞线、1×3 钢绞线和 1×7 钢绞线等。

1. 锚具

钢绞线锚具可分为单孔和多孔。单孔夹片锚具由锚环和夹片组成，当预应力筋受力（张拉后回缩力）时，由于夹片内孔有齿咬合预应力筋，而带动（不得产生滑移）夹片进入锚环锥孔内。夹片的种类很多，按片数可分为三片式和二片式。预应力筋锚固时夹片自动跟进，不需要顶压。

多孔夹片锚具由多孔锚板、锚垫板（也称铁喇叭管、锚座）、螺旋筋等组成。这种锚具是在一块多孔的锚板上，利用每一个锥形孔装一副夹片，夹持一根钢绞线。其优点是任何一根钢绞线锚固失效，都不会引起整体锚固失效。多孔夹片锚具在后张法有黏结预应力混凝土结构中应用最广，国内生产厂家及品牌较多，如 QM、OVM、HVM、VLM 等。

钢绞线固定端锚具有挤压锚具、压花锚具等。挤压锚具是在钢绞线端部安装异形钢丝衬圈和挤压套，利用专用挤压机挤过模孔后，使其产生塑性变形而握紧钢绞线，形成可靠的锚固。挤压锚具可埋在混凝土结构内，也可安装在结构之外，对有黏结钢绞线预应力筋和无黏结钢绞线预应力筋都适用，应用范围较广。压花锚具是利用专用压花机将钢绞线端头压成梨形散花头的一种握裹式工锚具，仅适用于固定端空间较大且有足够黏结长度的情况，但成本较低。

资源 5.6
JM12 锚具

2. 钢绞线预应力筋的制作

钢绞线的质量大、盘卷小、弹力大，为了防止在下料过程中钢绞线紊乱并弹出伤人，事先应制作一个简易的铁笼。下料时，将钢绞线盘卷装在铁笼内，从盘卷中逐步抽出，较为安全。

预应力筋的下料长度应计算确定，并应采用砂轮锯或切断机等机械方法切断。钢绞线编束宜用 20 号铁丝绑扎，间距 2～3m。编束时应先将钢绞线理顺，并尽量使各根钢绞线松紧一致。如钢绞线单根穿入孔道，则不编束。

采用夹片锚具，用穿心式千斤顶在构件上张拉时，钢绞线束的下料长度 L 按图5.4计算。

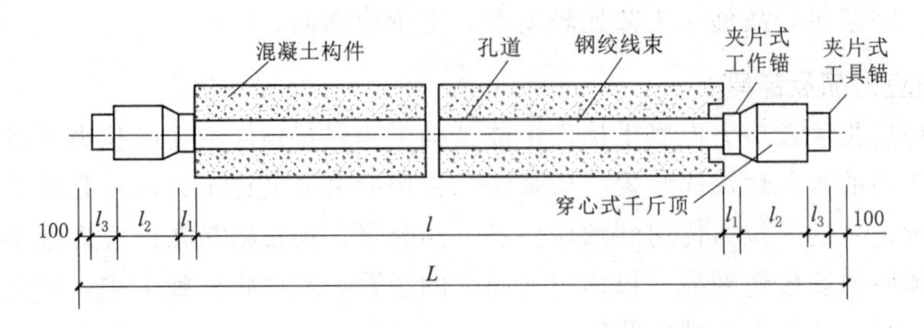

图5.4 采用夹片锚具时钢绞线束下料长度计算示意图

两端张拉：

$$L = l + 2(l_1 + l_2 + l_3 + 100) \tag{5.1}$$

式中 l——构件的孔道长度；

l_1——夹片式工作锚厚度；

l_2——穿心式千斤顶长度；

l_3——夹片式工具锚厚度。

一端张拉：

$$L = l + 2(l_1 + 100) + l_2 + l_3 \tag{5.2}$$

5.2.1.2 钢丝束预应力筋及锚具

用作预应力筋的钢丝为碳素钢丝，品种有冷拉钢丝、消除应力钢丝、刻痕钢丝、低松弛钢丝和镀锌钢丝等。锚塞表面加工成螺纹状小齿，以保证钢丝与锚塞的啮合。

1. 锚具

钢丝束预应力筋的常用锚具有钢质锥形锚具、镦头锚具和锥形螺杆锚具。

(1) 钢质锥形锚具（又称弗氏锚）由锚环和锚塞组成，适用于锚固 $6 \sim 30\phi^{P}5$ 和 $12 \sim 24\phi^{P}7$ 钢丝束。

(2) 镦头锚具是利用钢丝本身的镦头而锚固钢丝的一种锚具，可以锚固任意根数的 $\phi^{P}5$ 和 $\phi^{P}7$ 钢丝束，张拉时，需配置工具式螺杆。这种锚具加工简单，锚固性能好，张拉操作方便，成本较低，适用性广，但对钢丝下料的等长要求较严。镦头锚具有张拉端和固定端两种形式。

2. 钢丝束预应力筋的制作

钢丝束预应力筋的制作一般需经过下料、编束和组装锚具等工作。消除应力钢丝放开后是直的，可直接下料。采用镦头锚具时，钢丝的等长要求较严。为了达到这一要求，钢丝下料可用钢管限位法或用牵引索在拉紧状态下进行。当钢丝束采用钢质锥形锚具时，预应力钢丝的下料长度计算基本上与钢绞线预应力筋相同。采用镦头锚具，用拉杆式或穿心式千斤顶在构件上张拉时，钢丝束预应力筋的下料长度 L 按图5.5计算。

$$L = l + 2(a + \delta) - K(H - H_1) - \Delta L - C \tag{5.3}$$

式中 l——孔道长度，按实际确定；

a——锚环底部厚度或锚板厚度；

δ——钢丝镦头留量（取钢丝直径的2倍）；

K——系数，一端张拉时取0.5，两端张拉时取1.0；

H——锚环高度；

H_1——螺母高度；

ΔL——钢丝束张拉伸长值；

C——张拉时构件混凝土的弹性压缩值。

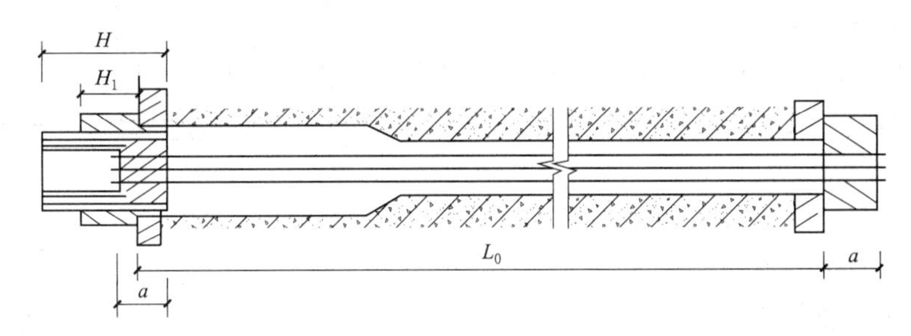

图5.5 采用镦头锚具时下料长度计算示意图

为保证钢丝束两端钢丝的排列顺序一致，穿束和张拉时不致紊乱，每束钢丝都必须进行编束。编束方法因锚具不同而异。

5.2.1.3 精轧螺纹钢筋及锚具

精轧螺纹钢筋是一种用热轧方法在整根钢筋表面上轧出不带纵肋而横肋为不连续的梯形螺纹的直条钢筋。该钢筋在任意截面处都能拧上带内螺纹的连接器进行接长或拧上特制的螺母进行锚固，无需冷拉和焊接，施工方便，主要用于房屋、桥梁与构筑物等直线筋。

精轧螺纹钢筋锚具是利用与该钢筋螺纹匹配的特制螺母锚固的一种支承式锚具。精轧螺纹钢筋锚具包括螺母与垫板。

5.2.2 张拉机具和设备

预应力筋的张拉工作必须配置有成套的张拉机具设备。后张法预应力施工所用的张拉设备由液压千斤顶、高压油泵和外接油管等组成。张拉设备应装有测力仪器，以准确测量预应力值。张拉设备应由专人使用和保管，并定期维护和校验。

5.2.2.1 千斤顶

资源5.7 千斤顶工作过程

预应力液压千斤顶按机型不同可以分为拉杆式千斤顶、穿心式千斤顶、锥锚式千斤顶等几种。其中，拉杆式千斤顶是利用单活塞杆张拉预应力筋的单作用千斤顶，只能张拉吨位不大（≤600kN）的支承式锚具，多年来已逐步被多功能的穿心式千斤顶代替。

穿心式千斤顶是一种具有穿心孔，利用双液缸张拉预应力筋和顶压锚具的双作用千斤顶。这种千斤顶适应性强，既可张拉需要顶压的锚具，配上撑脚与拉杆后，也可用于张拉螺杆锚具和镦头锚具。穿心式千斤顶的张拉力一般有180kN、200kN、600kN、1200kN、1500kN和3000kN等。该系列产品有YC120D、YC60、YC120等。

穿心式千斤顶适用于张拉各种形式的预应力筋，是目前我国预应力张拉施工中应用最广泛的一种张拉机具。

锥锚式千斤顶是一种具有张拉、顶锚和退楔功能的三作用千斤顶，仅用于带钢质锥形锚具的钢丝束。

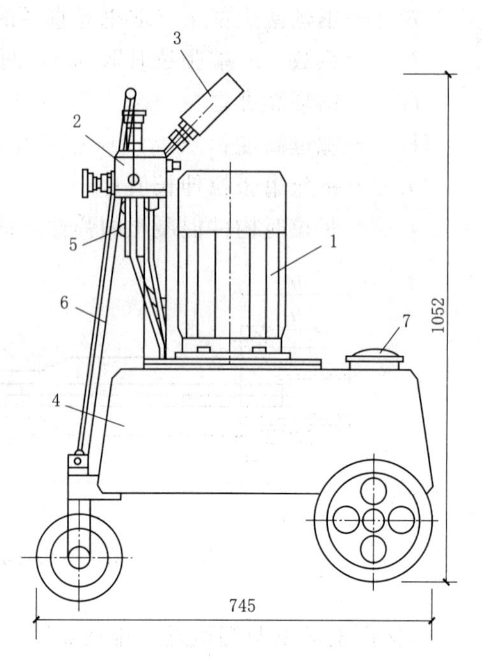

图5.6 ZB4/500型高压油泵
1—电动机及泵体；2—控制阀；3—压力表；
4—油箱小车；5—电气开关；
6—拉手；7—加油口

5.2.2.2 高压油泵

高压油泵主要与各类千斤顶配套使用，提供高压的油液。高压油泵的类型比较多，性能不一。图5.6为ZB4/500型高压油泵，它由泵体、控制阀、压力表、油箱小车和管路等部件组成。

5.2.2.3 千斤顶校验

用千斤顶张拉预应力筋时，张拉力的大小主要由油泵上的压力表读数来表达。压力表所指示的读数，表示千斤顶主缸活塞单位面积上的压力值。理论上，将压力表读数乘以活塞面积，即可求得张拉力的大小。设预应力筋的张拉力为 N，千斤顶的活塞面积为 F，则理论上的压力表读数 P 可用下式计算：

$$P=\frac{N}{F} \tag{5.4}$$

式中 P——压力表读数；

N——张拉力；

F——活塞面积。

但是，实际张拉力往往比式（5.4）的计算值小，其主要原因是一部分力被活塞与油缸之间的摩阻力所抵消，而摩阻力的大小又与许多因素有关，具体数值很难通过计算确定。因此，施工中常采用张拉设备（尤其是千斤顶和压力表）配套校验的方法，直接测定千斤顶的实际张拉力与压力表读数之间的关系，制成表格或绘制 P 与 N 的关系曲线（图5.7）或回归成线性方程，供施工中使用。压力表的精度不宜低于1.5级，校验张拉设

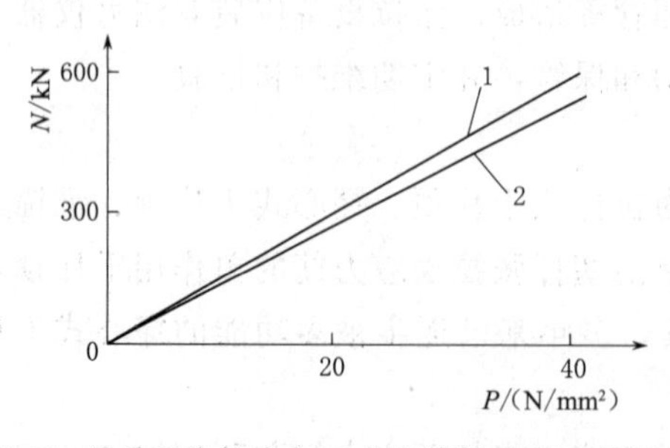

图5.7 千斤顶张拉力与压力表读数的关系曲线
1—千斤顶被动工作；2—千斤顶主动工作

备的试验机或测力计精度不得低于±2%，张拉设备的校验期限不应超过半年，如在使用过程中，张拉设备出现反常现象或千斤顶检修以后，应重新校验。千斤顶与压力表配套校验可用标准测力计（如测力环、水银标准箱、传感器等）和试验机（如万能试验机、长柱压力机等）进行。其中以试验机校验方法较为普遍。

在现行《混凝土结构工程施工质量验收规范》（GB 50204—2015）中，强调校验千斤顶时，其活塞的运行方向应与实际张拉工作状态一致。其主要原因是张拉预应力筋时，千斤顶内部存在着摩阻力。实测数据说明，千斤顶顶压力机校验时（此工作状态与实际张拉时活塞运行方向一致），活塞与缸体之间的摩阻力小且为一个常数。当千斤顶被压力机加压时（此工作状态与实际张拉时活塞运行方向相反），活塞与缸体之间的摩阻力大且为一个变数，并随张拉力增大而增大，这说明千斤顶的活塞正反运行的内摩阻力是不相等的。因此，为了正确反映实际张拉工作状态，在校验时必须采用千斤顶顶压力机时的压力表读数，作为实际张拉时的张拉力值，按此绘制 $P-N$ 关系曲线，供实际张拉时使用。

5.2.3　后张法施工工艺

图 5.8 为后张法有黏结预应力施工工艺流程。下面主要介绍孔道留设、穿筋、预应力筋张拉、孔道灌浆等内容。

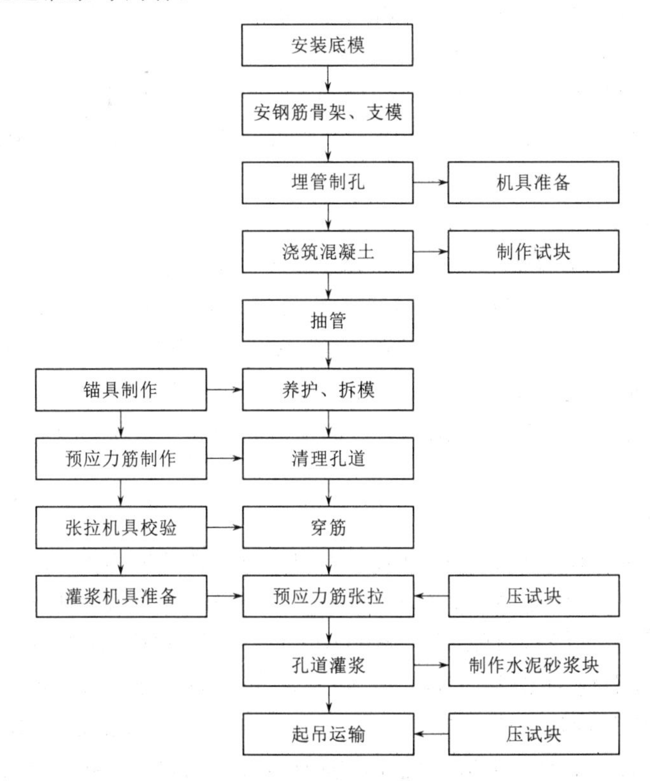

图 5.8　后张法有黏结预应力施工工艺流程

5.2.3.1　孔道留设

孔道留设是后张法有黏结预应力施工中的关键工作之一。预留孔道的规格、数量、位置和形状应符合设计要求；预留孔道的定位应牢固，浇筑混凝土时不应出现位移和变形；孔道应平顺，端部的预埋锚垫板应垂直于孔道中心线。

1. 预埋波纹管留孔

预埋波纹管成孔时，波纹管直接埋在构件或结构中不再取出，这种方法特别适用于留设曲线孔道。按材料不同，波纹管分为金属波纹管和塑料波纹管。

金属波纹管又称螺旋管，是用冷轧钢带或镀锌钢带在卷管机上压波后螺旋咬合而成；按照截面形状可分为圆形和扁形两种，按照钢带表面状况可分为镀锌和不镀锌两种。预应力混凝土用金属波纹管应满足径向刚度、抗渗漏、外观等要求。

金属波纹管的连接，采用大一号的同型波纹管。接头管的长度可取其直径的3倍，且不宜小于200mm。两端旋入长度宜相等，其两端用密封胶带或塑料热缩管封裹。

金属波纹管在施工过程中容易破损漏浆，目前提倡使用塑料波纹管。塑料波纹管用于预应力筋孔道，具有以下优点：

（1）提高预应力筋的防腐保护，可防止氯离子侵入而产生的电腐蚀。

（2）不导电，可防止杂散电流腐蚀。

（3）密封性好，保护预应力筋不生锈。

（4）强度高，刚度大，不怕踩压，不易被振动棒凿破。

（5）减小张拉过程中的孔道摩擦损失。

（6）提高了预应力筋的耐疲劳能力。

安装时，塑料波纹管的钢筋支托间距不大于1.0m。塑料波纹管接长采用塑料焊接机热熔焊接或高密度聚乙烯塑料套管。塑料波纹管与锚垫板连接，采用高密度聚乙烯套管。

2. 钢管抽芯法

钢管抽芯法是制作后张法预应力混凝土构件时，在预应力筋位置预先埋设钢管，待混凝土初凝后再将钢管旋转抽出的留孔方法。为防止在浇筑混凝土时钢管产生位移，每隔1.0m用钢筋井字架固定牢靠。钢管接头处可用长度为300～400mm的铁皮套管连接。在混凝土浇筑后，每隔一定时间慢慢同向转动钢管，使之不与混凝土黏结；待混凝土初凝后、终凝前抽出钢管，即形成孔道。钢管抽芯法仅适用于留设直线孔道。

3. 胶管抽芯法

胶管抽芯法是制作后张法预应力混凝土构件时，在预应力筋的位置处预先埋设胶管，待混凝土结硬后再将胶管抽出的留孔方法。采用5～7层帆布胶管。为防止在浇筑混凝土时胶管产生位移，直线段每隔600mm用钢筋井字架固定牢靠，曲线段应适当加密。胶管两端应有密封装置。在浇筑混凝土前，胶管内充入压力为0.6～0.8MPa的压缩空气或压力水，管径增大约3mm，待浇筑的混凝土初凝后，放出压缩空气或压力水，管径缩小，混凝土脱开，随即用人工或者专用拔管机拔出胶管。胶管抽芯法适用于留设直线与曲线孔道。

在预应力筋孔道两端，应设置灌浆孔和排气孔。灌浆孔可设置在锚垫板上或利用灌浆管引至构件外，其间距对抽芯成型孔道不宜大于12m，孔径应能保证浆液畅通，一般不宜小于 20mm，曲线孔道的曲线波峰部位应设置排气兼泌水管，必要时可在最低点设置排水孔，泌水管伸出构件顶面的高度不宜小于 0.5m。

5.2.3.2 穿筋

预应力筋穿入孔道简称穿筋，根据穿筋与浇筑混凝土之间的先后关系，可分为先穿筋和后穿筋两种。

先穿筋即在浇筑混凝土之前穿筋。此法穿筋省力，但穿筋占用工期，预应力筋的自重引起的波纹管摆动会增大摩擦损失，预应力筋端部保护不当易生锈。

后穿筋即在浇筑混凝土之后穿筋。此法可在混凝土养护期内进行，不影响工期，便于用通孔器或高压水通孔，穿筋后即行张拉，易于防锈，但穿筋较为费力。目前仍提倡后穿筋工艺。

根据一次穿入数量，可分为整束穿和单根穿。钢丝束应整束穿；钢绞线宜采用整束穿，也可用单根穿。穿筋工作可由人工、卷扬机和穿筋机进行。

人工穿筋可利用人工或起重设备将预应力筋吊起，工人站在脚手架上将其逐步穿入孔内。预应力筋的前端应扎紧并裹胶布，以便顺利通过孔道。对于多波曲线预应力筋，宜采用特制的牵引头，工人在前头牵引，后头推送，用对讲机保持前后两端同步进行。对于长度不大于 60m 的曲线预应力筋，人工穿筋方便。

预应力筋长 60～80m 时，也可采用人工先穿筋，但在梁的中部留设约 3m 长的穿筋助力段。助力段的波纹管应加大一号，在穿筋前套接在原波纹管上留出穿筋空间，待钢绞线穿入后再将助力段波纹管旋出接通，该范围内的箍筋暂缓绑扎。

对于长度大于 80m 的预应力筋，宜采用卷扬机穿筋。钢绞线与钢丝绳间用特制的牵引头连接。每次牵引 2～3 根钢绞线，穿筋速度快。

用穿筋机穿筋适用于大型桥梁与构筑物单根穿钢绞线的情况。穿筋机有两种类型：一是由油泵驱动链板夹持钢绞线传送，速度可任意调节，穿筋可进可退，使用方便；二是由电动机经减速箱减速后由两对滚轮夹持钢绞线传送，进退由电动机正反转控制。穿筋时，钢绞线前头应套上一个子弹头形壳帽。

5.2.3.3 预应力筋张拉

1. 准备工作

（1）计算张拉力和张拉伸长值。根据张拉设备标定结果确定油泵压力表读数。

（2）混凝土强度检验。预应力筋张拉时，混凝土强度应符合设计要求；当设计无具体要求时，不应低于设计混凝土强度等级的 75%。

（3）构件端头清理。构件端部预埋钢板与锚具接触处的焊渣、毛刺、混凝土残渣等应清除干净。

（4）张拉操作台搭设。高空张拉预应力筋时，应搭设可靠的操作平台。张拉操作平台应能承受操作人员与张拉设备的重量，并装有防护栏杆。为了减轻操作平台的负荷，张拉设备应尽量移至靠近的楼板上，无关人员不得停留在操作平台上。

（5）锚具与张拉设备安装。锚具进场后检验合格方可使用；张拉设备应事先配套校验。对于钢绞线束夹片锚固体系，安装锚具时应注意工作锚板或锚环对中，夹片均匀打紧并外露一致；千斤顶上的工具锚孔与构件端部工作锚的孔位排列要一致，以防钢绞线在千斤顶穿心孔内打叉。对于钢丝束锥形锚固体系，安装钢质锥形锚具时必须严格对中，钢丝在锚环周边应分布均匀。对于钢丝束镦头锚固体系，由于穿筋关系，其中一端锚具要后装并进行镦头。安装张拉设备时，对于直线预应力筋，应使张拉力作用线与孔道中心线重合；对于曲线预应力筋，应使张拉力作用线与孔道中心线末端的切线重合。

2. 预应力筋张拉方式

根据预应力混凝土结构特点、预应力筋形状与长度以及方法的不同，预应力筋张拉方式有以下几种：

(1) 一端张拉方式。张拉设备放置在预应力筋的一端进行张拉。有黏结预应力筋且长度不大于20m时，可一端张拉。预应力筋为直线时，一端张拉的长度可延长至35m。如设计人员认可，同意放宽上述限制条件，也可采用一端张拉，但张拉端宜分别设置在构件的两端。

(2) 两端张拉方式。张拉设备放置在预应力筋两端进行张拉。有黏结预应力筋且长度大于20m时宜两端张拉。

(3) 分批张拉方式。对配有多束预应力筋的构件或结构分批进行张拉。后批预应力筋张拉所产生的混凝土弹性压缩对先批张拉的预应力筋造成预应力损失，所以先批张拉的预应力筋张拉力应加上该弹性压缩损失值，使分批张拉后，每根预应力筋的张拉力基本相等。若为两批张拉，则第一批张拉的预应力筋的张拉控制应力应增加损失值。

$$\sigma'_{con}=\sigma_{con}+\alpha_{\xi}\sigma_{pc} \tag{5.5}$$

式中 σ'_{con}——第一批张拉的预应力筋的张拉控制应力；

σ_{con}——设计控制应力，即第二批张拉的预应力筋的张拉控制应力；

α_{ξ}——钢筋与混凝土的弹性模量比值；

σ_{pc}——第二批预应力筋张拉时，在已张拉预应力筋重心处产生的混凝土法向应力。

对较长的多跨连续梁可采用分段张拉方式；在后张传力梁等结构中，为了平衡各阶段的荷载，可采用分阶段张拉方式。为达到较好的预应力效果，也可采用在早期预应力损失基本完成后再进行张拉的补偿张拉方式等。

3. 预应力筋张拉顺序

预应力筋的张拉顺序应使混凝土不产生超应力、构件不扭转与侧弯、结构不变位等，因此，张拉宜对称进行。同时还应考虑到尽量减少张拉设备的移动次数。

预应力混凝土屋架下弦杆钢丝束的张拉顺序示意如图5.9所示。图5.9 (a) 中预应力筋为2束，两台千斤顶分别设置在构件两端，对称张拉，一次完成。图5.9 (b) 中预应力筋为4束，需要分两批张拉，用两台千斤顶分别张拉对角线上的2束，然后张拉另2束。图5.9中1、2为预应力筋分批张拉顺序。图5.10表示双跨预应力混凝土框架梁钢绞线束的张拉顺序。钢绞线束为双跨曲线筋，长度达40m，采用两端张拉方式。图5.10中4束钢绞线分为两批张拉，两台千斤顶分别设置在梁的两端，按左右对称各张拉1束，待两批4束均进行一端张拉后，再分批在另端补张拉。这种张拉顺序还可减少先批张拉预应力筋的弹性压缩损失。

后张法预应力混凝土屋架等构件一般在施工现场平卧重叠制作，重叠层数为3～4层，其张拉顺序宜先上后下、逐层进行。为了减少上下层之间由摩擦引起的预应力损失，可逐层加大张拉力。根据试验研究和大量工程实践，得出不同隔离层的平卧重叠构件逐层增加的张拉力值，见表5.2。

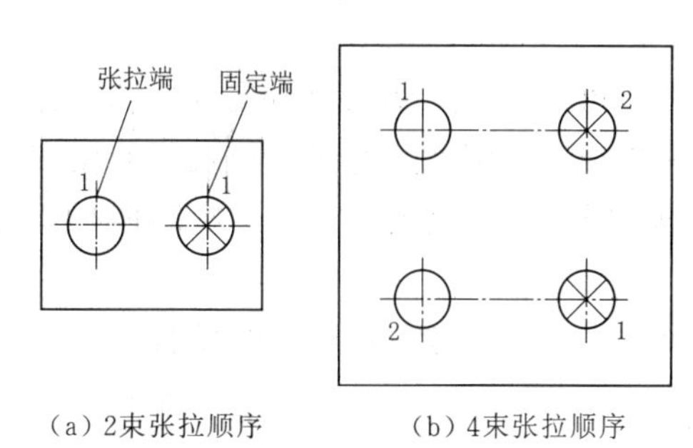

（a）2束张拉顺序　　（b）4束张拉顺序

图5.9　屋架下弦杆预应力筋张拉顺序

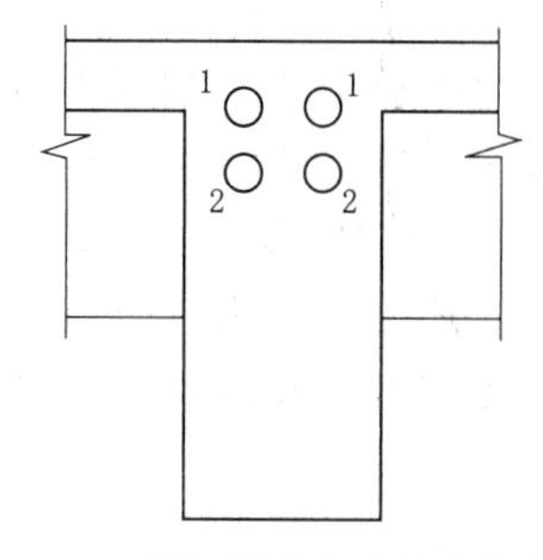

图5.10　框架梁预应力筋张拉顺序

表5.2　平卧重叠构件逐层增加的张拉力百分数

预应力筋类别	隔离剂类别	逐层增加的张拉力百分数/%			
		顶层	第二层	第三层	底层
高强钢丝束	Ⅰ	0	1.0	2.0	3.0
	Ⅱ	0	1.5	3.0	4.0
	Ⅲ	0	2.0	3.5	5.0

注　1. 第Ⅰ类隔离剂：塑料薄膜、油纸。

2. 第Ⅱ类隔离剂：废机油滑石粉、纸筋灰、石灰水废机油、柴油石蜡。

3. 第Ⅲ类隔离剂：废机油、石灰水、石灰水滑石粉。

4. 张拉程序

预应力筋的张拉操作程序主要根据构件类型、张拉锚固体系、松弛损失等因素确定。预应力筋张拉时，应从零拉力加载至初拉力后，量测伸长值初读数，再以均匀速率加载至张拉控制力。初张力宜为张拉控制力的10%～20%。

（1）采用低松弛钢丝和钢绞线时，张拉操作程序为：$0 \rightarrow P_j$ 锚固。其中，P_j为预应力筋的张拉力。

$$P_j = \sigma_{con} A_p \tag{5.6}$$

式中　σ_{con}——设计控制应力；

A_p——预应力筋的截面面积。

（2）采用普通松弛预应力筋时，按超张拉程序进行：

1）对于镦头锚具等可卸载锚具：$0 \rightarrow 1.05\sigma_{con}$（持荷2min）$\rightarrow \sigma_{con}$ 锚固。

2）对于夹片锚具等不可卸载锚具：$0 \rightarrow 1.03P_j$ 锚固。

超张拉并持荷2min的目的是加快预应力筋松弛损失的早期发展。以上各种张拉操作程序均可分级加载。对于曲线预应力束，一般以（0.2～0.25）P_j为测量伸长值的起点，分3级（$0.2P_j$、$0.6P_j$及$1.0P_j$）加载或4级（$0.25P_j$、$0.50P_j$、$0.75P_j$

及1.0P_j）加载。

当预应力筋长度较大，千斤顶张拉行程不够时，应分级张拉、分级锚固。第二级初始油压为第一级最终油压。预应力筋张拉到规定油压后，持荷校核伸长值，合格后进行锚固。

5. 张拉伸长值校核

预应力筋张拉时，通过伸长值的校核，可以综合反映张拉力是否足够，孔道摩阻损失是否偏大，以及预应力筋是否有异常现象等。因此，对张拉伸长值的校核，要引起重视。当采用应力控制方法张拉时，应校核预应力筋的伸长值。实际伸长值与设计计算理论伸长值的相对允许偏差为±6%。

（1）伸长值ΔL的计算。对于直线预应力筋，不考虑孔道摩擦影响时：

$$\Delta L=\frac{\sigma'_{con}}{E_s}L \tag{5.7}$$

式中 σ'_{con}——施工中实际张拉控制应力；

E_s——预应力筋的弹性模量；

L——预应力筋长度。

对于直线预应力筋，考虑孔道摩擦影响，一端张拉时：

$$\Delta L=\frac{\bar{\sigma}_{con}}{E_s}L \tag{5.8}$$

式中 $\bar{\sigma}_{con}$——预应力筋的平均张拉应力，取张拉端与固定端应力的平均值，即为跨中应力值；

E_s——预应力筋的弹性模量；

L——预应力筋长度。

式（5.7）和式（5.8）的差别在于是否考虑孔道摩擦对预应力筋伸长值的影响。对于直线预应力筋，当长度在24m以内、一端张拉时，两公式计算结果相差不大，可采用式（5.7）计算。

对于曲线预应力筋，可按精确方法或简化方法计算。简化方法如下：

$$\Delta L=\frac{PL_T}{A_pE_s} \tag{5.9}$$

$$P=\overline{P}_j\left(1-\frac{KL_T+\mu\theta}{2}\right) \tag{5.10}$$

式中 $\overline{P}_j$——预应力筋平均张拉力，取张拉端与计算截面处扣除孔道摩擦损失后的拉力平均值；

L_T——预应力筋实际长度；

K——考虑孔道（每米）局部偏差对摩擦影响的系数；

μ——预应力筋与孔道壁的摩擦系数；

θ——从张拉端至计算截面曲线孔道部分切线的夹角（以弧度计）。

计算时，对于多曲线段或直线段与曲线段组成的预应力筋，张拉伸长值应分段计算，然后分段叠加。预应力筋弹性模量取值对伸长值的影响较大，重要的预应力混凝土结构，预应力筋的弹性模量应事先测定。K、μ 取值应套用设计计算资料。

（2）伸长值的测定。预应力筋张拉伸长值的量测应在建立初应力之后进行。其实际伸长值应为

$$\Delta L = \Delta L_1 + \Delta L_2 - A - B - C \tag{5.11}$$

式中 ΔL_1——从初应力至最大张拉力的实测伸长值；

ΔL_2——初应力以下的推算伸长值；

A——张拉过程中锚具楔紧引起的预应力筋内缩值，包括工具锚、远端工作锚、远端补张拉工具锚等回缩值；

B——千斤顶体内预应力筋的张拉伸长值；

C——施加预应力时，后张法混凝土构件的弹性压缩值（其值微小时可略去不计）。

初应力以下的推算伸长值 ΔL_2，可根据弹性范围内张拉力与伸长值成正比的关系，用计算法或图解法确定。

6. 张拉注意事项

在预应力作业中，当工程所处环境温度低于－15℃时，不宜进行预应力筋张拉，要特别注意安全，因为预应力持有很大的能量，万一预应力被拉断或锚具与张拉千斤顶失效，巨大能量急剧释放，有可能造成很大危害。因此，在任何情况下作业人员不得站在预应力筋的两端，同时在张拉千斤顶的后面应设立防护装置。

5.2.3.4 孔道灌浆

预应力筋张拉后，利用灌浆泵将水泥浆压灌到预应力筋孔道中去，其作用有：一是保护预应力筋，防止锈蚀；二是使预应力筋与构件混凝土能有效地黏结，以控制超载时裂缝的间距与宽度并减轻梁端锚具的负荷状况。

预应力筋张拉后，应尽早进行孔道灌浆。预应力筋穿入孔道后至灌浆的时间间隔，当环境相对湿度大于60%或在近海环境时，不宜超过14d；当环境相对湿度小于60%时，不宜超过28d。否则应采取防锈措施。对孔道灌浆的质量，必须重视。孔道内水泥浆应饱满、密实，应采用强度等级不低于42.5级的普通硅酸盐水泥配制水泥浆，其水胶比不应大于0.45；搅拌后3h泌水率不宜大于2%，且不应大于3%。泌水应能在24h内全部重新被水泥浆吸收。为改善水泥浆性能，可掺缓凝剂。水泥浆应采用机械搅拌，以确保拌和均匀。搅拌好的水泥浆必须过滤（网眼不大于5mm）置于贮浆桶内，并不断搅拌以防泌水沉淀。

灌浆设备包括砂浆搅拌机、灌浆泵、贮浆桶、过滤网、橡胶管和喷浆嘴等。灌浆泵应根据灌浆高度、长度、形态等选用，并配备计量校检合格的压力表。

灌浆前应全面检查构件孔道及灌浆孔、泌水孔、排气孔是否畅通。抽拔管成孔时，可采用压力水冲洗孔道；预埋波纹管成孔时，必要时可采用压缩空气清孔。宜先灌下层孔道，后灌上层孔道。灌浆工作应缓慢均匀地进行，不得中断，并应排气通顺，在出浆口出浓浆并封闭排气孔后，宜再继续加压至0.5～0.7N/mm^2，稳压2min，再封闭灌浆孔。当孔道直径较大且水泥浆不掺微膨胀剂或减水剂进行灌浆时，可采取二次压浆法或重力补浆法。超长孔道、大曲率孔道、扁管孔道、腐蚀环境孔道

等可采用真空辅助灌浆。当工程所处环境温度高于35℃或连续5日环境日平均气温低于5℃时，不宜进行灌浆施工。

灌浆用水泥浆的配合比应通过试验确定，施工中不得任意更改。灌浆试块采用7.07cm^3的试模制作，其标准养护28d的抗压强度不应低于30N/mm^2。移动构件或拆除底模时，水泥浆试块强度不应低于15N/mm^2。孔道灌浆后，应检查孔道上凸部位灌浆密实性，如有空隙，应采取人工补浆措施。对孔道阻塞或孔道灌浆密实情况有疑问时，可局部凿开或钻孔检查，但以不损坏结构为前提，否则应采取加固措施。

5.2.3.5　预应力专项施工与普通钢筋混凝土有关工序的配合要求

预应力工程作为混凝土结构分部工程中的一个分项工程，在施工中须与钢筋分项工程、模板分项工程、混凝土分项工程等密切配合。

1. 模板安装与拆除

（1）确定预应力混凝土梁、板底模起拱值时，应考虑张拉后产生的反拱，起拱高度宜为全跨长度的0.5‰～1‰。

（2）现浇预应力梁的一侧模板可在金属波纹管铺设前安装，另一侧模板应在金属波纹管铺设后安装。梁的端模应在端部预埋件安装后封闭。

（3）现浇预应力梁的侧模宜在预应力筋张拉前拆除。底模支架的拆除应按施工技术方案执行，当无具体要求时应在预应力筋张拉及灌浆强度达到15MPa后拆除。

2. 钢筋安装

（1）普通钢筋安装时应避让预应力筋孔道；梁腰筋间的拉筋应在金属波纹管安装后绑扎。

（2）金属波纹管或无黏结预应力筋铺设后，其附近不得进行电焊作业；如有必要，则应采取防护措施。

3. 混凝土浇筑

（1）混凝土浇筑时，应防止振动器触碰金属波纹管、无黏结预应力筋和端部预埋件等。

（2）混凝土浇筑时，不得踏压或撞碰无黏结预应力筋、支撑架等。

（3）预应力梁板混凝土浇筑时，应多留置1～2组混凝土试块，并与梁板同条件养护，用以测定预应力筋张拉时混凝土的实际强度值。

（4）施加预应力时临时断开的部位，在预应力筋张拉后，即可浇筑混凝土。

5.3　无黏结预应力混凝土施工

后张无黏结预应力混凝土施工方法是将无黏结预应力筋像普通布筋一样先铺设在支好的模板内，然后浇筑混凝土，待混凝土达到设计规定强度后进行张拉锚固的施工方法。无黏结预应力筋施工无需预留孔道与灌浆，施工简便，预应力筋易弯成所需的曲线形状；主要用于现浇混凝土结构，如双向连续平板、密肋板和多跨连续梁等，也可用于暴露或腐蚀环境中的体外索、拉索等。

5.3.1 无黏结预应力筋的制作

无黏结预应力筋是将防腐润滑油脂涂敷在预应力钢材（高强钢丝或钢绞线）表面上，并外包塑料护套制成的。涂料层的作用是使预应力筋与混凝土隔离，减少张拉时的摩擦损失，防止预应力筋腐蚀等。防腐润滑油脂应具有良好的化学稳定性，对周围材料无侵蚀作用；不透水、不吸湿；抗腐蚀性能强；润滑性能好；在规定温度范围内高温不流淌、低温不变脆，并有一定韧性。成型后的整盘无黏结预应力筋可按工程所需长度、锚固形式下料，进行组装。

无黏结预应力筋的包装、运输、保管应符合下列要求：

（1）对不同规格的无黏结预应力筋应有明确标记。

（2）当无黏结预应力筋带有镦头锚具时，应用塑料袋包裹。

（3）无黏结预应力筋应堆放在通风干燥处，露天堆放应搁置在板架上，并加以覆盖，以免烈日曝晒造成涂料流淌。

5.3.2 无黏结预应力筋的铺设

在单向板中，无黏结预应力筋的铺设比较简单，与非预应力筋铺设基本相同。在双向板中，无黏结预应力筋需要配置成两个方向的悬垂曲线，要相互穿插，施工操作较为困难，必须事先编出无黏结筋的铺设顺序。其方法是将各向无黏结筋各搭接点的标高标出，对各搭接点相应的两个标高分别进行比较，若一个方向某一无黏结筋的各点标高均低于与其相交的各筋相应点标高，则此筋可先放置。按此方法编出全部无黏结筋的铺设顺序。

无黏结预应力筋的铺设通常是在底部钢筋铺设后进行。水电管线一般宜在无黏结筋铺设后进行，且不得将无黏结筋的竖向位置抬高或压低。支座处负弯矩钢筋通常在最后铺设。

无黏结预应力筋应严格按设计要求的曲线形状就位并固定牢靠。无黏结筋竖向位置宜用支撑钢筋或钢筋马凳控制，其间距为1～2m。应保证无黏结筋的曲线顺直。在双向连续平板中，各无黏结筋曲线高度的控制点用铁马凳垫好并扎牢。在支座部位，无黏结筋可直接绑扎在梁或墙的顶部钢筋上；在跨中部位，可直接绑扎在板的底部钢筋上。

5.3.3 无黏结预应力筋张拉

无黏结预应力筋张拉程序等有关要求基本上与有黏结后张法相同。

无黏结预应力混凝土楼盖结构宜先张拉楼板，后张拉楼面梁。板中的无黏结筋，可依次张拉。梁中的无黏结筋宜对称张拉。

板中的无黏结筋一般采用前卡式千斤顶单根张拉，并用单孔夹片锚具锚固。

无黏结曲线预应力筋的长度超过35m时，宜采取两端张拉。当筋长超过70m时，宜采取分段张拉。如果摩擦损失较大，宜先松动一次再张拉。

在梁板顶面或墙壁侧面的斜槽内张拉无黏结预应力筋时，宜采用变角张拉装置。

无黏结预应力筋张拉伸长值校核与有黏结预应力筋相同。对于超长无黏结筋，由于张拉初期的阻力大，初拉力以下的伸长值比常规推算伸长值小，应通过试验修正。

在无黏结预应力筋的锚固区，必须有严格的密封防护措施，严防水汽进入，避免锈蚀预应力筋。

无黏结预应力筋锚固后的外露长度不小于 30mm，多余部分宜用手提砂轮锯切割，但不得采用电弧切割。在锚具与锚垫板表面涂以防水涂料。为了使无黏结筋端头全封闭，在锚具端头涂防腐润滑油脂后，罩上封端塑料盖帽。

对于凹入式锚固区，锚具表面经上述处理后，再用微胀混凝土或低收缩防水砂浆密封。对于凸出式锚固区，可采用外包钢筋混凝土圈梁封闭。对于留有后浇带的锚固区，可采取二次浇筑混凝土的方法封锚。

【知识拓展】

党的二十大报告指出：“我们从事的是前无古人的伟大事业，守正才能不迷失方向、不犯颠覆性错误，创新才能把握时代、引领时代。”“不断拓展认识的广度和深度，敢于说前人没有说过的新话，敢于干前人没有干过的事情，以新的理论指导新的实践。”

预应力是重大土木工程建设的核心技术，可节约 20％～30％的钢材和混凝土用量，并且可以大大提高材料的安全系数和使用寿命。自 20 世纪 90 年代以来，我国工程建设规模举世瞩目，大跨、超长、重载与特种结构以及核电、磁悬浮等高新技术工程对现代预应力技术提出了前所未有的挑战。东南大学吕志涛院士带领他的预应力“梦之队”多年孜孜不倦、宵旰攻苦，致力于解决这些难题。每一次理论的创新、技术的突破、成果的推广、奖项的获得，都让吕院士离他的心愿——“让中国成为世界预应力的中心”更近了一步。我国现已取得一系列原创性成果，实现了预应力结构理论、病害控制、抗震减灾、核电安全等领域的突破。典型案例如下：

（1）南京奥体中心主体育馆，其上空两条跨度近 400m、重达 1400t 的弧形大拱采用预应力技术，解决了建设方要求的不设缝难题。

（2）核反应堆安全壳，是放射性核物质的安全屏障，对材料的密闭性能要求严苛，而预应力混凝土是此种建筑物的首要选材。

（3）让建筑无缝连接——东南大学“预应力”项目获国家科技进步一等奖。

课　后　习　题

一、简答题

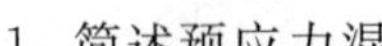

资源 5.8
课后习题
参考答案

1. 简述预应力混凝土的概念及特点。
2. 试述先张法和后张法预应力混凝土的主要施工工艺过程。
3. 后张法分批张拉、平卧重叠构件张拉时如何补足预应力损失？
4. 锚具和夹具有哪些种类？其适用范围如何？
5. 预应力的张拉程序有几种？为什么要超张拉并持荷 2min？
6. 后张法孔道留设方法有几种？留设孔道时应注意哪些问题？
7. 千斤顶为什么要配套校验？常用校验方法有哪几种？如何校验？

8. 后张无黏结预应力有何特点？无黏结筋铺设和张拉时应注意哪些问题？

二、计算题

后张法施工某预应力混凝土梁，混凝土强度等级C40，孔道长30m，每根梁配有7束公称直径为15.2mm的钢绞线，每束钢绞线截面面积为$139mm^2$，钢绞线$f_{ptk}=1860N/mm^2$，弹性模量$E_s=1.95\times10^5N/mm^3$，张拉控制应力$\sigma_{con}=0.70f_{ptk}$。设计规定混凝土达到立方体抗压强度标准值的80％时才能张拉。

（1）确定张拉程序。

（2）计算同时张拉7束钢绞线所需的张拉力。

（3）计算$0\to1.0\sigma_{con}$过程中，钢绞线的伸长值。

（4）计算张拉时混凝土应达到的强度值。

第6章 结构安装工程

【项目案例引入】

××项目主要建筑功能为教学实验室，总建筑面积1660m^2，长75.0m，宽22.80m，结构高度8.5m，单层。采用实腹式钢柱、钢梁，主跨跨度为15.0m，附跨7.8m，附跨高度4.0m。刚架梁、梁柱端头板及连接板件均采用Q235B钢。屋面檩条采用Q235B冷弯薄壁型钢，隅撑、柱间支撑、屋面横向水平支撑材质均采用Q235B。檩条采用卷边槽形冷弯薄壁型钢，拉条采用圆钢，撑杆采用圆钢外套圆管。共计13榀刚架，采取工厂预制，现场吊装方案。安装柱脚及基础锚栓时，在混凝土短柱上用墨线及经纬仪将各柱中心线弹出，用水准仪将标高引测到锚栓上。在基础底板的基础混凝土强度等级达到设计强度等级的75%后方可进行钢柱安装。钢柱脚地脚螺栓采用螺母可调平方案，对柱底板和基础（或混凝土短柱）顶面间的空隙采用C30微膨胀自流性细石混凝土或专用灌浆料填实，确保密实。柱脚在地面以下的部分应采用C25混凝土包裹（保护层厚度50mm），并应使包裹的混凝土高出地面150mm。

刚架安装采用综合安装方案，顺序为先安装靠近山墙的有柱间支撑的两榀刚架，然后安装其他刚架。头两榀刚架安装完毕后，应在两榀刚架间将水平系杆、檩条及柱间支撑、屋面水平支撑、隅撑全部装好。安装完成后应利用柱间支撑及屋面水平支撑调整构件间的垂直度及水平度；待调整正确后方可锁定支撑。而后安装其他刚架。钢柱吊至基础短柱顶面后，采用经纬仪进行校正。檩条的安装应待刚架主结构调整定位后进行，檩条安装后应用拉杆调整平直度。在刚架施工中及时安装支撑，必要时增设缆风绳充分固定。

结构安装工程是用各种类型的起重机械将预制的结构构件（混凝土构件或钢结构构件）安装到设计位置（轴线和标高）的施工过程，是装配式结构工程施工的主导施工过程，它直接影响装配式结构工程的施工进度、工程质量和成本。

结构安装工程的特点如下：

（1）受预制构件类型和质量影响较大。预制构件的外形尺寸、预埋件位置是否准确、构件强度是否达到设计要求、预制构件类型的多少等，都直接影响施工进度和质量。

（2）正确选用起重机械是完成结构安装工程施工的主导因素。选择起重机械的依据是：构件的尺寸、重量、安装高度以及位置。吊装的方法及吊装进度亦取决于起重机械的选择。

(3) 构件在施工现场的布置（摆放）随起重机械的变化而不同。

(4) 构件在吊装过程中的受力情况复杂。必要时还要对构件进行吊装强度、稳定性的验算。

(5) 高空作业多，应注意采取安全技术措施。

因此，在制定结构安装工程施工方案时，必须充分考虑具体工程的工期要求、场地条件、结构特征、构件特征及安装技术要求等，做好安装前的各项准备工作：明确构件加工制作计划任务和现场平面布置；合理选择起重、运输机械；合理选择构件的吊装工艺；合理确定起重机开行路线与构件吊装顺序。做好这些工作，能够达到缩短工期、保证质量、降低工程成本的目的。

6.1 起重机械

结构吊装用的起重机械主要有自行杆式起重机、塔式起重机、桅杆式起重机以及索具设备。

资源 6.1 起重机械简介及动画演示

6.1.1 塔式起重机的选用

选用塔式起重机时，首先应根据施工对象确定所要求的参数。塔式起重机的主要参数有起重幅度、起重量、起重力矩和起重高度。

1. 起重幅度

起重幅度又称回转半径或工作半径，是从塔吊回转中心线至吊钩中心线的水平距离，它又包括最大幅度和最小幅度两个参数。对于采用俯仰变幅臂架的塔吊，最大幅度是指当动臂处于接近水平或与水平夹角为 15°时的幅度；当动臂仰成 63°～65°角（个别可仰至 85°角）时的幅度，则为最小幅度。施工中选择塔式起重机时，首先应考察该塔吊的最大幅度是否能满足施工需要。

2. 起重量

起重量包括最大幅度时的起重量和最大起重量两个参数。起重量由重物、吊索铁扁担或容器等的重量组成。

起重量参数的变化很大，在进行塔吊选型时，必须依据拟建工程的构造特点、所吊构件或部件的类型及重量、施工方法等，做出合理的选择，尽量做到既能充分满足施工需要，又可取得最大经济效益。

3. 起重力矩

起重幅度和与之相对应的起重量的乘积，称为起重力矩。塔吊的额定起重力矩是反映塔吊起重能力的一项首要指标。在进行塔吊选型时，初步确定起重幅度和起重量的参数后，还必须根据塔吊技术说明书中给出的数据，核查是否超过额定起重力矩。

4. 起重高度

起重高度是自轨道基础的轨顶表面或混凝土基础顶面至吊钩中心的垂直距离，其大小与塔身高度及臂架构造形式有关。

6.1.2　起重索具设备

资源 6.2
起重机
索具简介

结构安装工程常用的索具设备主要包括钢丝绳、吊具、滑轮组和卷扬机等。

6.2　钢筋混凝土单层工业厂房结构吊装

资源 6.3
思政案例：
悬挂式重载
升降机

单层工业厂房构件除基础为现浇杯口基础，柱、吊车梁、连系梁、屋架、天窗架、屋面板及支撑系统（柱间支撑、屋盖支撑）等构件均需要进行吊装。其中吊车梁、连系梁、天窗架和屋面板等小型构件一般在预制厂进行制作，柱和屋架则在施工现场进行制作。

单层工业厂房的结构吊装方法有很多，合理地选择吊装方法可以节省时间，大大提高劳动效率。单层工业厂房如图 6.1 所示。

图 6.1　装配式钢筋混凝土排架结构的单层工业厂房

6.2.1　结构吊装前的准备工作

6.2.1.1　场地清理与铺设道路

起重机进场之前，按照现场平面布置图，标出起重机的开行路线，清理道路上的杂物，并进行平整压实。在回填土或松软地基上，要用枕木或厚钢板铺垫，敷设水、电管线。雨季施工，要做好施工排水工作。

6.2.1.2　构件的运输与堆放

一般构件混凝土强度达到设计强度的 75%以上才能运输；构件在运输时要固定牢靠，必要时应采用支架支撑；注意控制运输车辆行驶速度；构件的垫点和装卸车时的吊点都应按设计要求进行，垫点要在同一条垂直线上，且厚度相等。构件堆放场地应平整压实，有排水措施，重叠堆放梁不超过 4 层、大型屋面板不超过 6 块。

6.2.1.3　构件的检查与清理

构件安装前应对所有构件进行全面的质量检查。

（1）数量。应检查各类构件的数量是否与设计的件数相符。

（2）强度。安装时混凝土的强度不应低于设计强度等级的 75%；对于一些大跨度或重要构件，如屋架，则应达到100%的设计强度。对于预应力混凝土屋架，孔道灌浆强度应不低于15N/mm²。

(3) 外形尺寸。应检查构件外观有无缺陷、损伤，外形几何尺寸、形状，预埋件的位置和尺寸，吊环的位置和规格，接头的钢筋长度等是否符合设计要求。当设计无要求时，应符合施工规范中构件的允许偏差。

构件检查应作记录，对于不合格的构件，应会同有关单位研究，并采取适当措施，才可进行安装。

6.2.1.4 基础的准备

装配式钢筋混凝土柱基础一般设计成杯形基础。为了保证柱子安装后牛腿面的标高符合设计要求（在柱制作过程中牛腿面到柱脚距离可能存在误差），在柱吊装前需要对杯底标高进行一次调整（或称抄平）。调整的方法是测出杯底实际标高 h_1（现浇杯形基础时标高应控制比设计标高略低50mm），再量出柱脚底面至牛腿面的实际高度 h_2，则杯底标高的调整值 $\Delta h=(h_1+h_2)-h_3$（h_3 为牛腿面的设计标高）。若 Δh 为正值则需用细石混凝土垫平，为负值则需凿掉多余混凝土。此外，还要在基础杯口上弹出柱的纵、横定位轴线（允许偏差10mm），作为柱就位、校正的依据。图6.2为柱高计算简图。

6.2.1.5 构件的弹线与编号

构件经检查合格后，即可在构件表面上弹出中心线，以作为构件安装、就位、校正的依据。对于形状复杂的构件，还要标出它的重心和绑扎点的位置。具体要求如下：

(1) 柱子。应在柱身的三个面上弹出安装中心线（柱顶中心线和柱子中心线）、基础顶面线、地坪标高线，如图6.3所示。

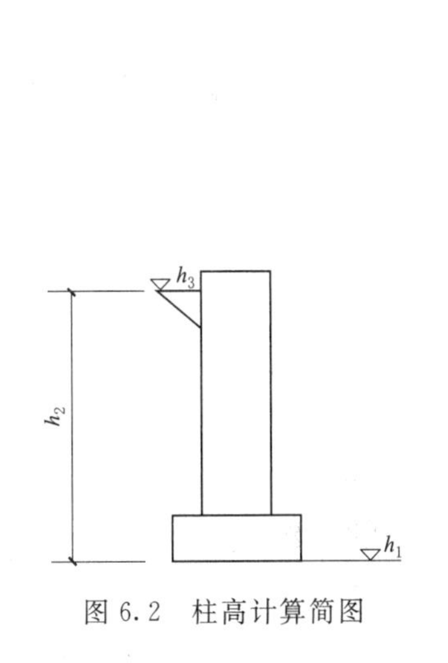

图6.2 柱高计算简图

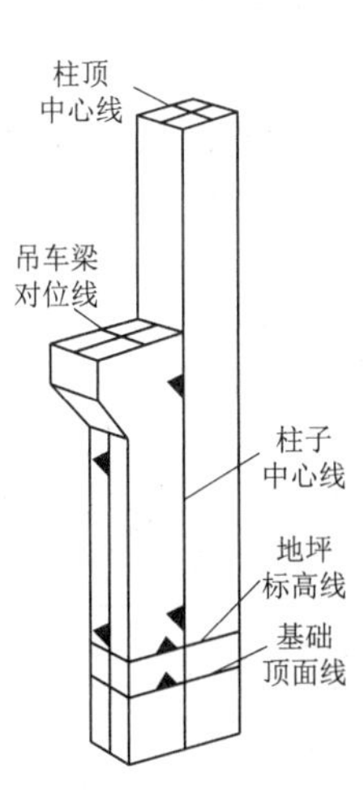

图6.3 柱子弹线图

注：图中的三角形标志安装方向

矩形截面柱安装中心线可按几何中心线；“工”字形截面柱除在矩形部分弹出中心线外，为便于观测和避免视差，还应在翼缘部位弹出一条与中心线平行的线。所弹中心线的位置应与柱基杯口面上的安装中心线相吻合。此外，在柱顶与牛腿顶面上要弹出屋架及吊车梁的安装中心线。基础杯口顶面弹线要根据厂房的定位轴线测出，并应与柱的安装中心线相对应，作为柱安装、就位和校正时的依据。

（2）屋架。屋架上弦顶面应弹出几何中心线，并从跨度中央向两端分别弹出天窗架、屋面板或檩条的安装位置线，在屋架的两个端头弹出屋架的安装中心线。

（3）梁。在梁的两端及顶面弹出安装中心线。在弹线的同时，应按图纸对构件进行编号，号码要写在明显部位。

6.2.2　构件的吊装工艺

预制构件的吊装过程包括绑扎、吊升、就位、临时固定、校正及最后固定等工序。

6.2.2.1　柱的吊装

1. 柱的绑扎

（1）绑扎位置和绑扎点数。

1）应根据柱的形状、断面、长度、配筋部位和起重机性能等情况确定。

2）因为柱在吊升过程中所承受的荷载与使用阶段的荷载不同，因此绑扎点应高于柱的重心，柱吊起后才不致摇晃倾翻。

3）吊装时应对柱的受力进行验算，其最合理的绑扎点应在柱产生的正负弯矩绝对值相等的位置。一般的中、小型柱（长12m或重13t以下），大多绑扎一点，绑扎点在牛腿根部，“工”字形断面柱的绑扎点应选在矩形断面处，否则应在绑扎位置用方木垫平；重型或配筋小而细长的柱则需要绑扎两点、甚至三点，绑扎点合力作用线高于柱重心。

4）在吊索与构件之间还应垫上麻袋、木板等，以免吊索与构件之间摩擦造成损伤。

（2）绑扎方法。按柱起吊后柱身是否垂直，柱的绑扎方法分为斜吊绑扎法（图6.4）和直吊绑扎法（图6.5）。

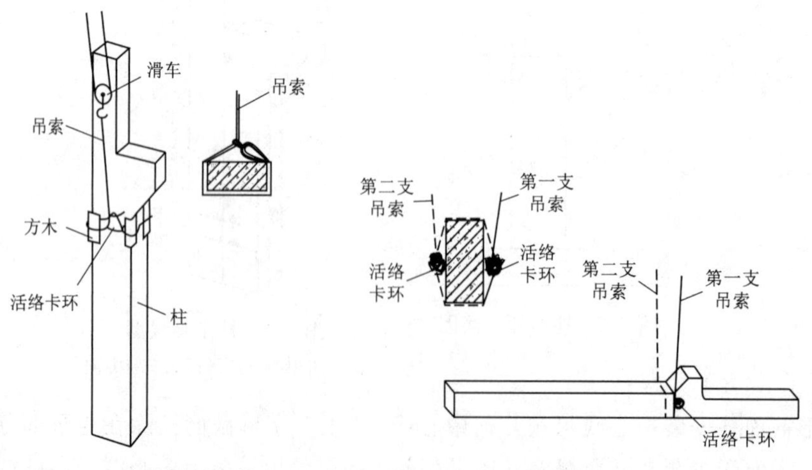

图6.4　柱的斜吊绑扎法　　图6.5　柱的直吊绑扎法（一点绑扎）

当柱平卧起吊的抗弯刚度不足时，需先将柱翻身后再绑扎起吊。其特点是翻身后在两侧绑扎吊点，抗弯好，不易开裂，易就位，但需用铁扁担，吊索长，需较大的起重高度。

斜吊绑扎法和直吊绑扎法对比见表6.1。

表6.1　斜吊绑扎法和直吊绑扎法的对比

绑扎方法	斜吊绑扎法	直吊绑扎法
起重杆长度	较小	较长
柱的宽面抗弯能力	要求满足	仅要求窄面满足
预制柱翻身	无需翻身（满足吊装要求时）	柱需翻身
吊装施工	起吊后柱身与杯底不垂直（施工不方便）	起吊后柱身与杯底垂直（施工方便）

2. 柱的吊升

柱的吊升方法根据柱子的重量、长度、起重机性能和现场施工条件而定。重型柱有时要用两台吊车进行抬吊；中小型柱用一台吊车时，根据柱在吊升过程中运动的特点，吊柱方法可分为旋转法和滑行法两种。

(1) 旋转法。柱布置时柱脚靠近杯口，柱的绑扎点、柱脚与杯口中心三者均位于起重半径的圆弧上（即三点共弧），起吊时，起重机边升钩、边回转，使柱绕柱脚旋转而成直立状态，吊离地面插入杯口，如图6.6所示。

资源6.4
旋转法
吊柱

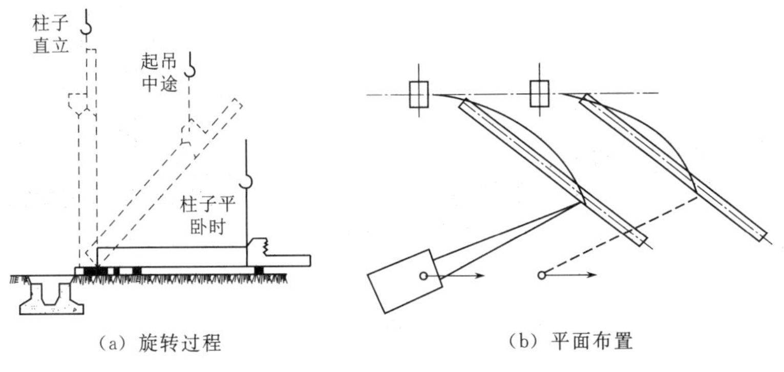

(a) 旋转过程　　(b) 平面布置

图6.6　旋转法吊柱

旋转法具有振动小、效率高等特点，一般中小型柱多采用旋转法吊升，但此法对起重机的回转半径和机动性要求较高，适用于自行杆式（履带式）起重机吊装。

(2) 滑行法。

1) 单机滑行法。柱布置时吊点靠近杯口，柱的绑扎点与杯口中心均位于起重半径的圆弧上（即两点共弧）。起吊时，起重机只升钩、不回转，使柱脚沿地面滑行，至柱身直立吊离地面插入杯口，如图6.7所示。该法特点是柱的布置灵活、起重半径小、起重杆不转动，操作简单，适用于柱子较长较重、现场狭窄或桅杆式起重机吊装。

资源6.5
单机滑行法
吊柱

2) 双机抬吊滑行法。当柱的重量较大，使用一台起重机无法吊装时，可以采用双机抬吊，如图6.8所示。柱应斜向布置，起吊绑扎点尽量靠近基础杯口。两台起重机停放位置相对而放，其吊钩均应位于基础上方。起吊时，两台起重机以相同的速度升钩、降钩、旋转工作，故宜选择型号相同的起重机。

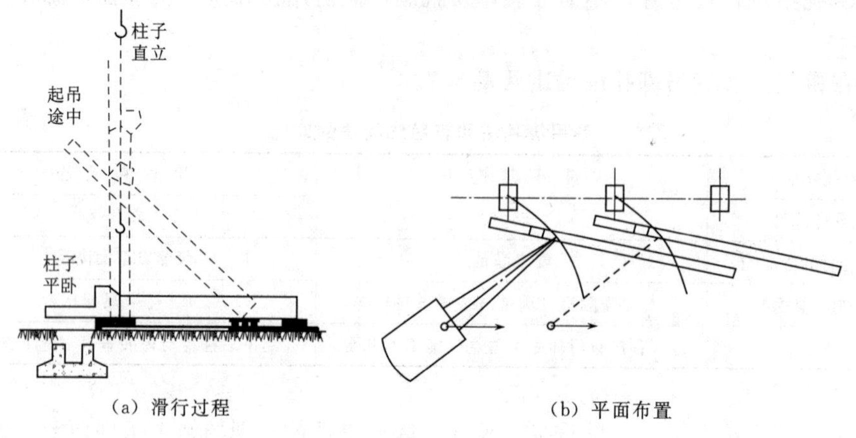

(a) 滑行过程　　(b) 平面布置

图 6.7　单机滑行法吊柱

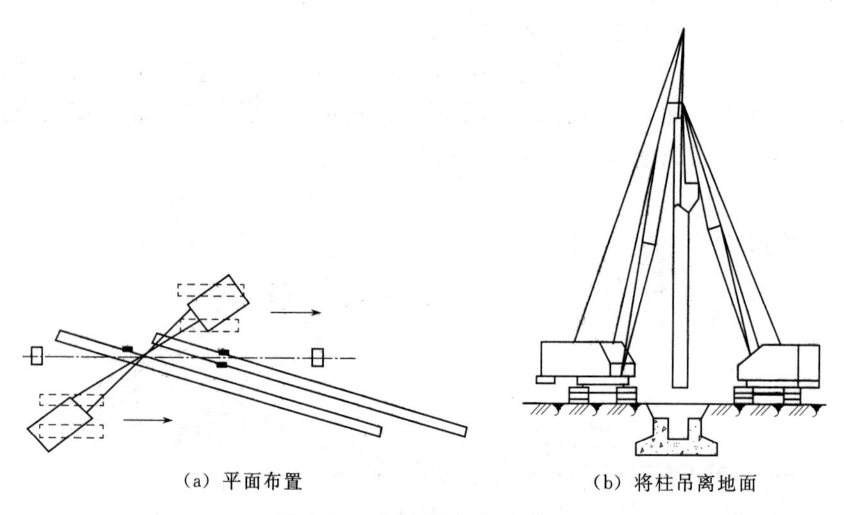

(a) 平面布置　　(b) 将柱吊离地面

图 6.8　双机抬吊滑行法吊柱

资源 6.6
缆索吊装
施工

吊装步骤：柱翻身就位→柱脚下设置托板、滚筒，铺好滑道→两机相对而立、同时起钩，将柱吊离地面→同时落钩，将柱插入基础杯口。

3）递送法（双机抬吊旋转法）。双机抬吊旋转法是用一台起重机抬柱的上吊点，另一台抬柱的下吊点，柱的布置应使两个吊点与基础中心分别处于起重半径的圆弧上，起吊绑扎点尽量靠近杯口。主机起吊上柱，副机起吊柱脚。随着主机起吊，副机进行跑吊和回转，将柱脚递送至杯口上方，主机单独将柱子就位，如图 6.9 所示。

3. 就位和临时固定

(1) 就位：直吊绑扎法时，应将柱悬离杯底 20～50mm 处就位，斜吊绑扎法时则需将柱送至杯底，在吊索的一侧的杯口插入两个楔块（图 6.10），再通过起重机回转使其就位。

(2) 临时固定：就位后，应将塞入的 8 只楔块逐步打紧进行临时固定，以防对好线的柱脚移动。细长柱子的临时固定应增设缆风绳。

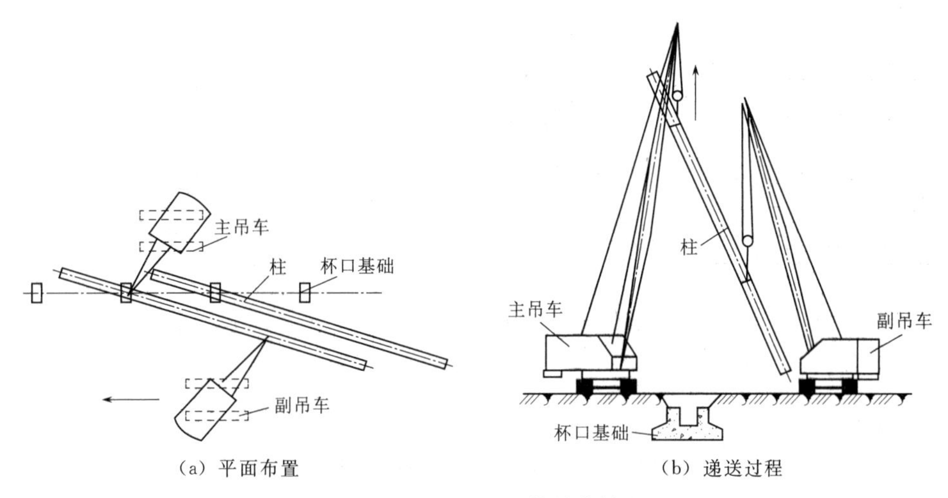

图 6.9 递送法（双机抬吊旋转法）

4. 柱的校正

柱的平面位置在临时固定时大多已校正好，因此柱校正的主要内容是垂直度的校正。用两台经纬仪从柱的相邻两面来测定柱的安装中心线是否垂直，如图 6.11 所示。

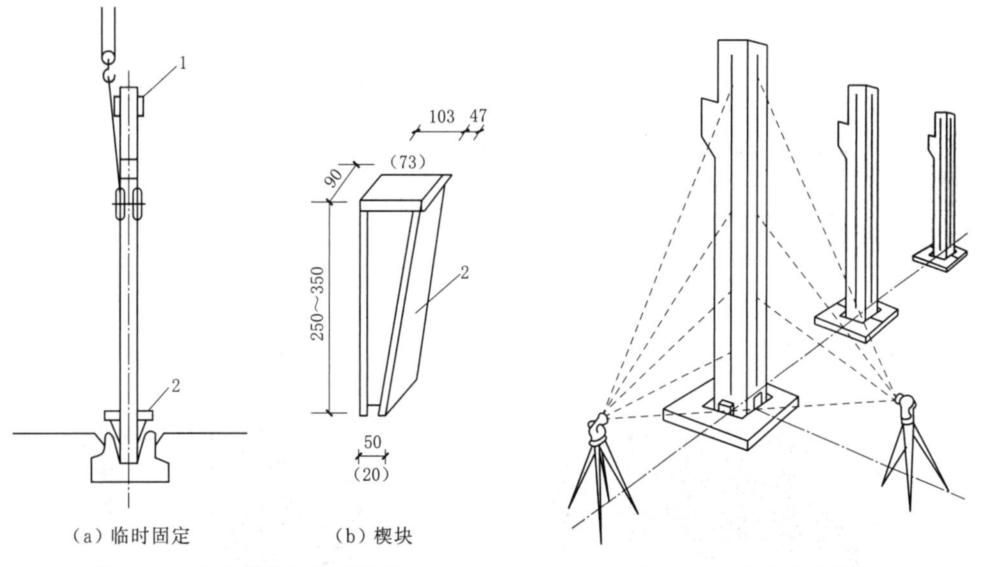

图 6.10 柱的就位与临时固定

1—安装缆风绳或挂操作台的夹箍；2—楔块；
括号内数字—楔块中间腹板的宽度

图 6.11 柱的垂直度校正

垂直度偏差的允许值：柱高小于等于 5m 时为 5mm；柱高大于 5m 时为 10mm；柱高大于等于 10m 时为 1/1000 柱高，但不得大于 20mm。常见的校正方法有千斤顶校正法（图 6.12）、敲打楔块校正法（图 6.13）、钢管斜撑斜顶校正法及缆风绳校正法等。

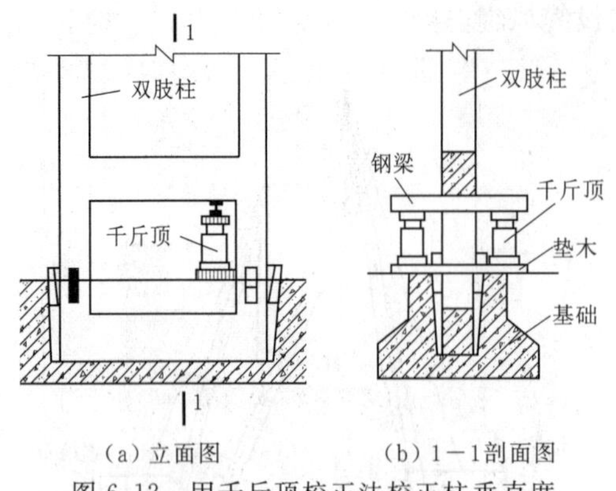

(a) 立面图　　(b) 1－1剖面图

图 6.12　用千斤顶校正法校正柱垂直度

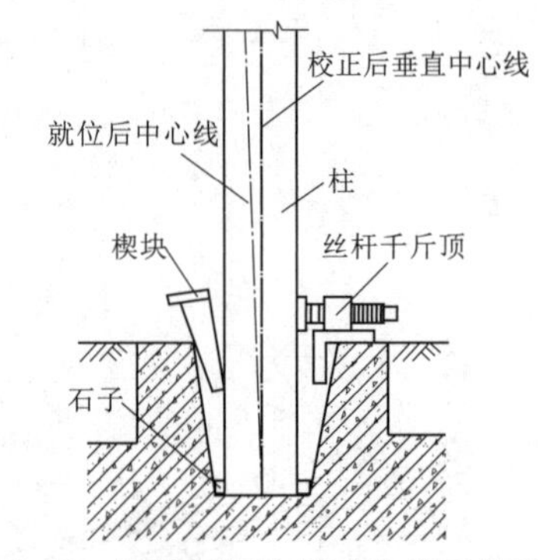

图 6.13　用敲打楔块校正法校正柱垂直度

5. 最后固定

柱子校正后应立即进行最后固定。方法是在柱脚与杯口的空隙中浇筑比柱混凝土强度等级高一级的细石混凝土，浇筑分两次进行：第一次浇筑至原固定柱的楔块底面，待混凝土强度达到 25％时拔去楔块，再将混凝土灌满杯口。待第二次浇筑的混凝土强度达到 75％后，方可安装其上部构件，如图 6.14 所示。

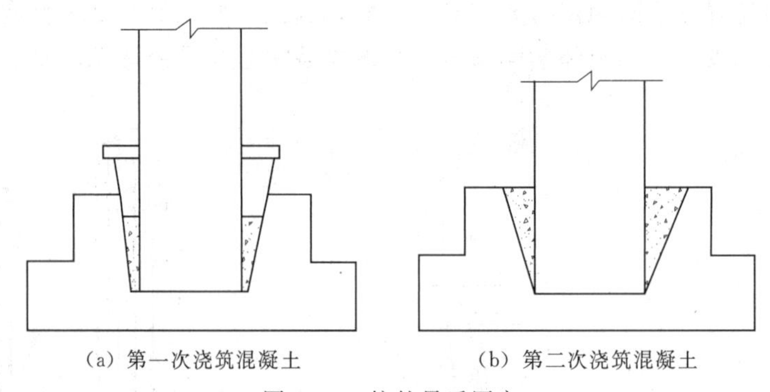

(a) 第一次浇筑混凝土　　(b) 第二次浇筑混凝土

图 6.14　柱的最后固定

钢结构柱与基础连接的灌浆模板如图 6.15 所示，钢结构柱的柱脚灌浆如图 6.16 所示。

图 6.15　钢结构柱与基础连接的灌浆模板

图 6.16　钢结构柱的柱脚灌浆

6.2.2.2　吊车梁的安装

吊车梁的类型通常有 T 形、鱼腹型和组合型等，长一般为 6m、12m，重 3～5t。

吊车梁的吊装必须在基础杯口二次灌浆的混凝土强度达设计强度的70%以上时进行。吊车梁吊装时，应两点绑扎，对称起吊。起吊后应基本保持水平，两端设拉绳（溜绳）控制，就位时不宜用撬棍在纵轴方向撬动吊车梁，以防使柱身受挤动产生偏差；用垫铁垫平，一般不需要临时固定，如图6.17所示。

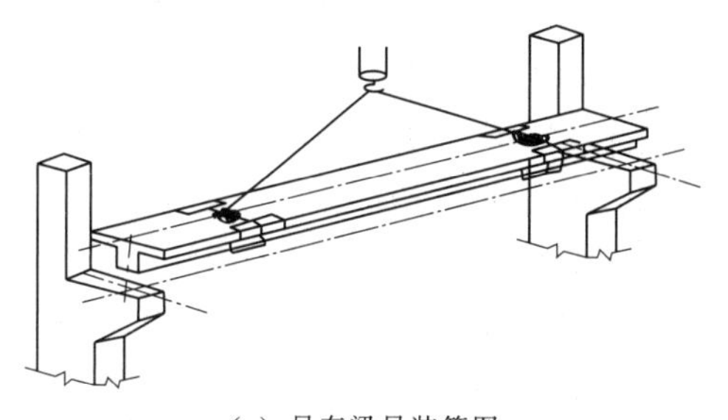

(a) 吊车梁吊装简图

(b) 吊车梁吊装实况

图6.17 吊车梁吊装

吊车梁校正主要包括平面位置和垂直度校正，主要是检查吊车梁纵轴线以及两列吊车梁之间的跨度 L 是否符合要求。中小型吊车梁校正宜在厂房结构校正和固定后进行，以免屋架安装时柱子变位。对于重型吊车梁则边吊装边校正。吊车梁垂直度校正用靠尺逐根进行，平面位置的校正常用通线法与平移轴线法，如图6.18、图6.19所示。

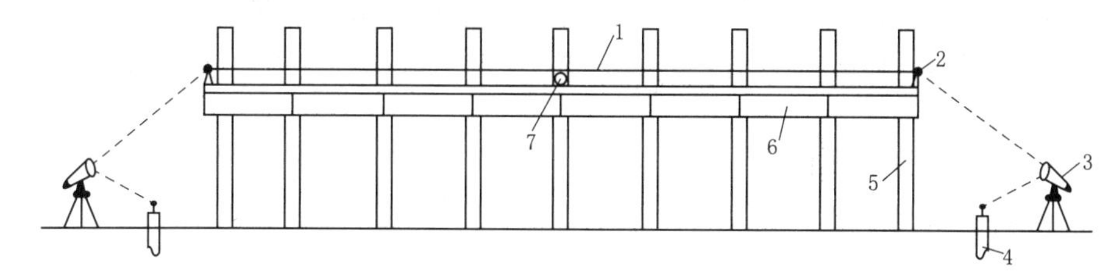

图6.18 通线法校正吊车梁的平面布置

1—钢丝；2—支架；3—经纬仪；4—木桩；5—柱；6—吊车梁；7—圆钢

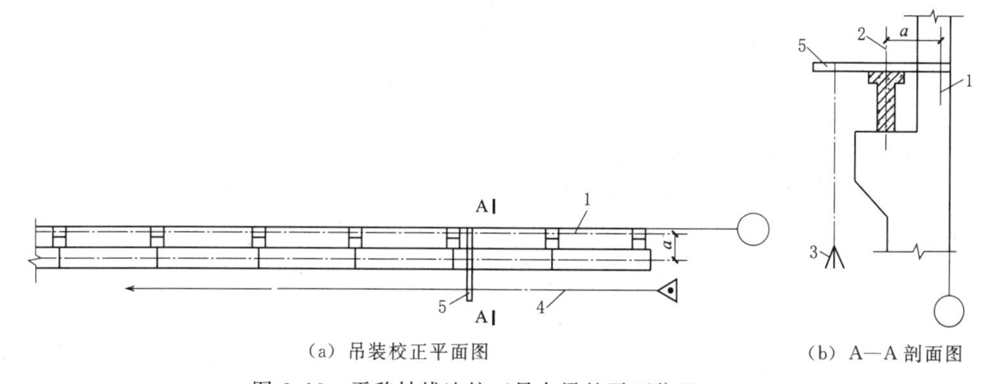

(a) 吊装校正平面图

(b) A—A剖面图

图6.19 平移轴线法校正吊车梁的平面位置

1—校正基准线；2—吊车梁中线；3—经纬仪；4—经纬仪视线；5—木尺

吊车梁校正后可以用锤球检查垂直度（图6.20），垫铁纠正标高在安装轨道时再调整。吊车梁校正后，应随即焊接牢固，并在接头处浇筑细石混凝土进行最后固定。

6.2.2.3　屋架的吊装

工业厂房的钢筋混凝土屋架安装顺序：绑扎→扶直与就位→吊升→就位及临时固定→校正与最后固定。

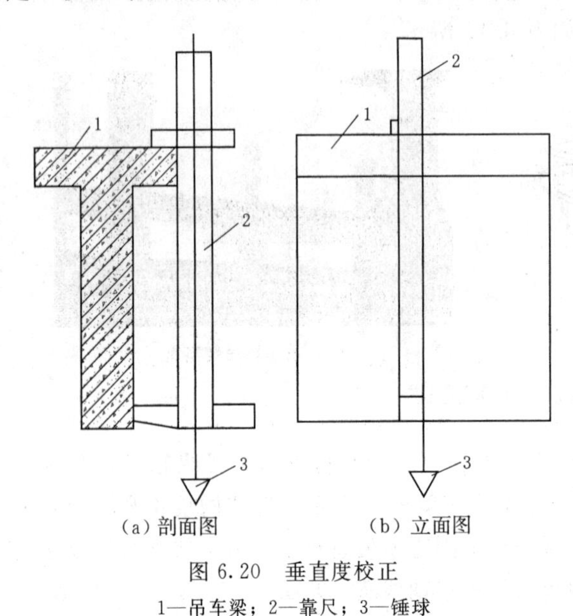

（a）剖面图　　（b）立面图

图 6.20　垂直度校正

1—吊车梁；2—靠尺；3—锤球

1. 屋架的绑扎

屋架的绑扎点应选在上弦节点处，左右对称，并高于屋架重心，在屋架两端应加拉绳，以免屋架起吊后晃动和倾翻。绑扎时吊索与水平线的夹角不宜小于 45°，以免屋架承受过大的横向压力。必要时，为了减小绑扎高度及所受横向压力，可采用横吊梁。吊点数目及位置与屋架的型式和跨度有关，一般经吊装验算确定。

屋架跨度小于或等于 18m 时绑扎两点；当跨度大于 18m 时绑扎四点；当跨度大于 30m 时，应考虑采用横吊梁，以减小绑扎高度。对于三角组合屋架等刚度较差的屋架，下弦不能承受压力，故绑扎时也应采用横吊梁，如图 6.21 所示。

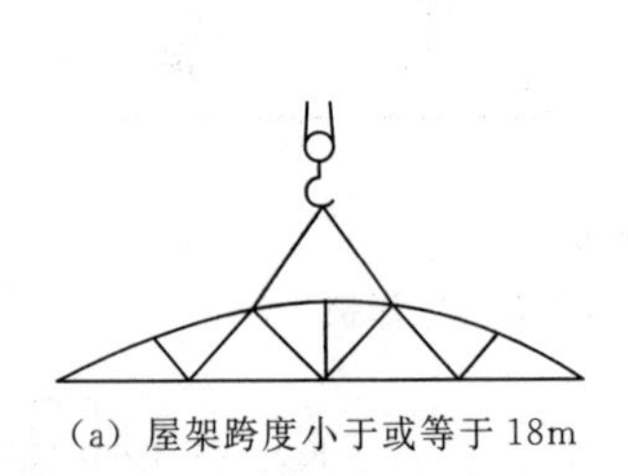

（a）屋架跨度小于或等于 18m

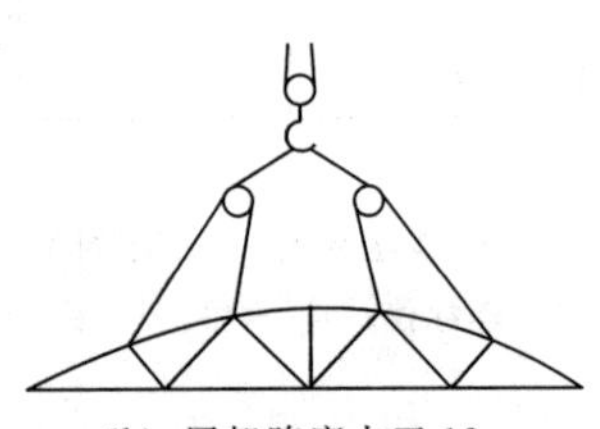

（b）屋架跨度大于 18m

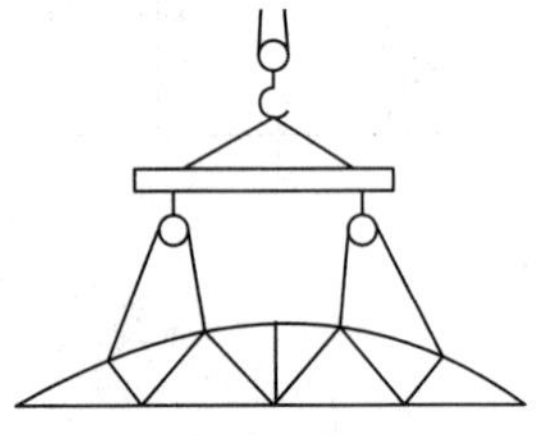

（c）屋架跨度大于 30m

图 6.21　屋架绑扎点

2. 屋架的扶直与就位

钢筋混凝土屋架一般在施工现场平卧浇筑，吊装前应将屋架扶直就位。屋架是平面受力构件，侧向刚度差。扶直时由于自重会改变杆件的受力性质，容易造成屋架损伤，所以必须采取有效措施或合理的扶直方法。按照起重机与屋架相对位置的不同，屋架扶直方法分为正向扶直和反向扶直两种。

（1）正向扶直。起重机位于屋架下弦一侧，吊钩对准屋架上弦中心。收紧吊钩，略起臂使屋架脱模，随后升钩升臂，屋架以下弦为轴转为直立状态。一般起重机在操作中升臂比降臂更安全，故应尽量采用正向扶直，如图 6.22（a）所示。

（2）反向扶直。起重机位于屋架上弦一侧，吊钩对准屋架上弦中心，升钩降臂，屋架以下弦为轴转为直立状态，如图 6.22（b）所示。

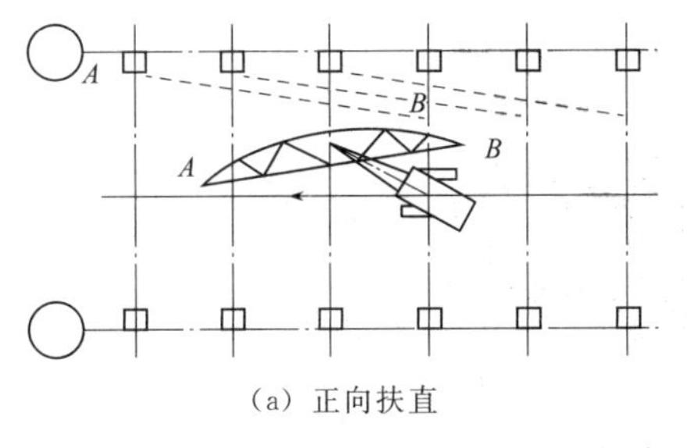

(a) 正向扶直

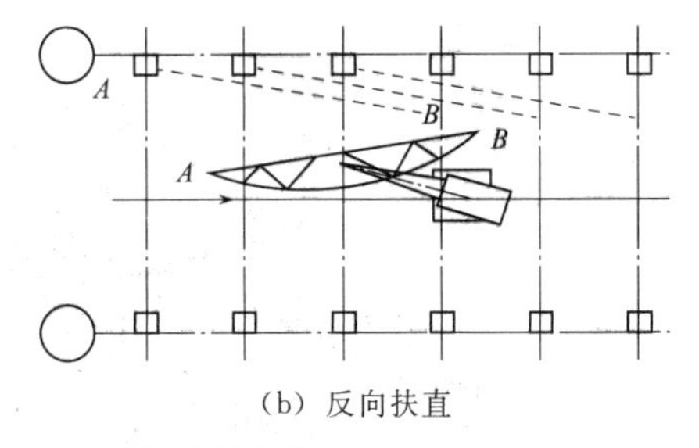

(b) 反向扶直

图 6.22 屋架的扶直（虚线表示屋架就位的位置）

3. 屋架的吊升

中、小型屋架，一般均用单机吊装，当屋架跨度大于 24m 或重量较大时，应采用多机抬吊，如图 6.23 所示。屋架起吊后保持水平、不晃动、不倾翻，吊离地面 30cm 后将屋架中心对准安装位置中心，如图 6.24 所示，然后徐徐垂直升钩，吊升超过柱顶约 30cm，用溜绳旋转屋架使其对准柱顶，落钩时应缓慢进行，并在屋架接触柱顶时即刹车进行就位。

图 6.23 屋架的多机抬吊

已吊好的屋架
正吊装的屋架
吊车梁
正吊装屋架的安装位置
吊车

图 6.24 升钩时屋架中心对准跨度中心

4. 就位及临时固定

屋架就位应以定位轴线为准。第一榀屋架就位后在其两侧用四根缆风绳临时固定，见图 6.25，并用缆风绳来校正垂直度。其他屋架用两根屋架工具式校正器撑牢在前一榀屋架上，如图 6.26 所示。15m 以内的屋架用 1 根校正器，18m 以上的屋架用 2 根校正器。临时固定稳妥后吊车方能脱钩。

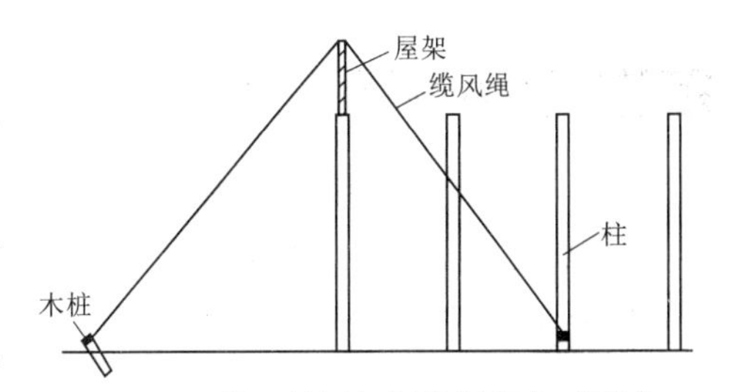

图 6.25 第一榀屋架用缆风绳临时固定

5. 校正与最后固定

屋架的校正主要是校正垂直偏差，屋架的垂直偏差可用锤球或经纬仪检查。在屋架的中间和两端设置三处卡尺，挑出屋架中心线 50cm，观测三个卡尺的标志是否在同一垂直面上，存在误差时，转动工具式屋架校正器上螺栓加以校正，在屋架两端的柱底上嵌入斜垫铁，如图 6.27～图 6.29 所示。

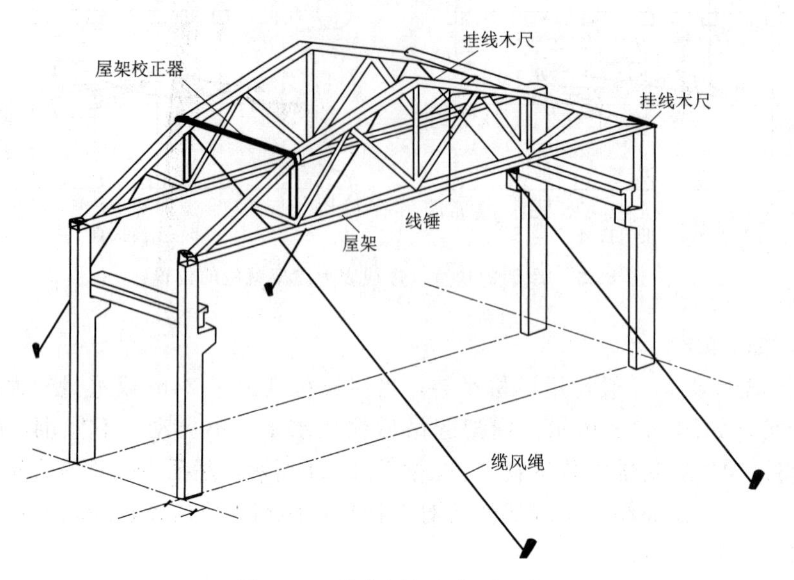

图 6.26 其他屋架的临时固定

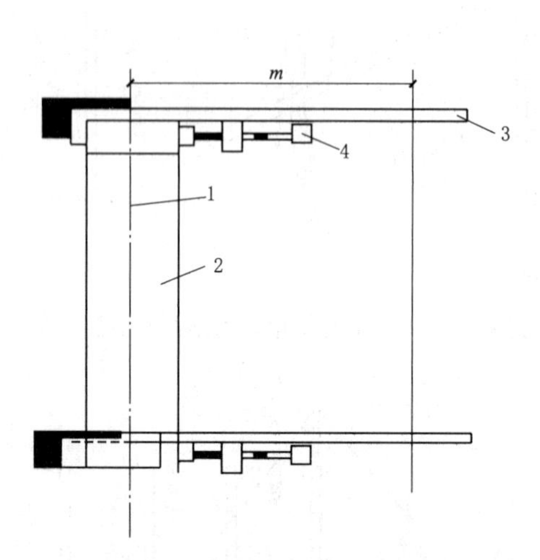

图 6.27 屋架垂直度校正

1—屋架中心线；2—屋架；3—标尺；4—固定螺杆

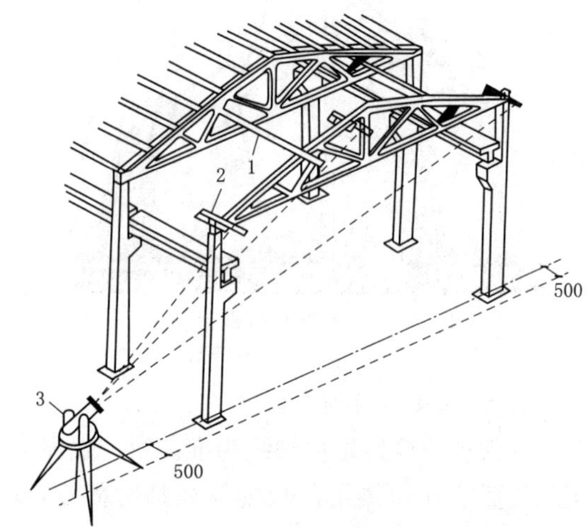

图 6.28 屋架的临时固定与校正

1—工具式支撑；2—卡尺；3—经纬仪

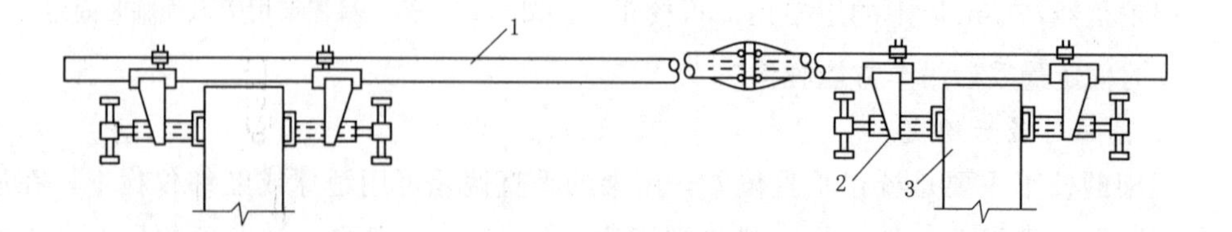

图 6.29 工具式支撑的构造

1—钢管；2—撑脚；3—屋架上弦

校正无误后立即用电焊固定；焊接时应在屋架的两侧同时对角施焊，不得同侧同时施焊。

6.2.2.4 天窗架和屋面板的吊装

单层工业厂房的屋面板一般为大型的槽形板，板四角吊环就是起吊时用的，可单块起吊，也可多块叠吊或平吊。为了避免屋架承受半边荷载，屋面板吊装的顺序应自两边檐口开始，对称地向屋架中点铺放；在每块板就位后应立即电焊固定，必须保证有三个角点焊接。

6.2.3 结构吊装方案

6.2.3.1 结构吊装方法

1. 分件吊装法

分件吊装法即起重机每开行一次仅安装一种或两种构件，第一次开行吊柱，第二次开行吊地梁、吊车梁、连系梁等，第三次开行吊屋盖系统（屋架、支撑、天窗架、屋面板），如图 6.30 所示。分件吊装法是单层工业厂房结构安装常采用的方法。

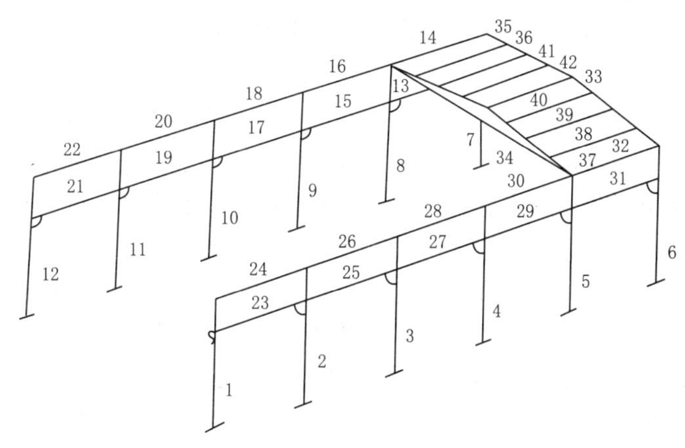

图 6.30 分件吊装时构件吊装顺序（图中数字表示吊装顺序）

1～12—柱；13～32—单数是吊车梁，双数是连系梁；33、34—屋架；35～42—屋面板

2. 综合吊装法

资源 6.7 结构综合吊装

综合吊装法即起重机在车间内的一次开行中，分节间（先安装 4～6 根柱子）安装所有类型的构件，用于已安装了大型设备等，不便于起重机多次开行的工程，或要求某些房间先行交工等的工程。

分件吊装法与综合吊装法的区别如表 6.2 所列。

表 6.2 分件吊装法与综合吊装法的区别

吊装方法	分件吊装法	综合吊装法
优点	机械灵活选用	停机次数少，开行路线短
	校正、固定允许较长时间	利于大型设备安装（先安）
	索具更换少，工人熟工效高	后续工程可紧跟，局部早
	现场不拥挤（构件单一布置）	

续表

吊装方法	分件吊装法	综合吊装法
缺点	装饰、围护晚	现场紧张
	开行路线长	机械不经济
		需及时校正、固定
		工效低

6.2.3.2　起重机的选择

起重机的选择包括类型、型号的选择。

1. 起重机类型选择

（1）一般中小型厂房选择自行式起重机。

（2）在厂房结构高度和长度较大时，可采用塔式起重机安装屋盖结构。

（3）起重量较大且缺乏自行式起重机时，可选用桅杆式起重机。

（4）大跨度、重型厂房，应结合设备安装选择起重机。

（5）一台起重机不能满足吊装要求时，可考虑选择两台抬吊。

2. 起重机型号选择

起重机的类型选定后，要根据构件的尺寸、重量及安装高度来确定起重机型号。当起重半径受场地安装位置限制时，先定起重半径，再选能满足起重量、起重高度要求的机械；当起重半径不受限制时，根据所需起重量、起重高度选择机型后，查出相应允许的起重半径。

履带式起重机是一种具有履带行走装置的全回转起重机，它利用两条面积较大的履带着地行走，由行走装置、回转机构、机身及起重臂等部分组成。履带式起重机的主要技术性能包括三个主要参数：起重量 Q、起重高度 H、起重半径 R。在允许范围内，起重量 Q 越大，则起重半径 R 越小；起重高度 H 越大，则起重半径 R 越小。

（1）起重量 Q。起重机的起重量必须大于或等于所安装构件的重量与索具重量之和。

（2）起重高度 H（图 6.31）。

$$H \geqslant H_1 + H_2 + H_3 + H_4 \tag{6.1}$$

式中　H_1——停机面至安装支座高度，m；

H_2——安装间隙（<0.3m）或安全距离（<2.5m），m；

H_3——绑扎点至构件底面尺寸，m；

H_4——吊索高度，自绑扎点至吊钩钩口，视具体情况而定，m。

（3）起重半径 R（图 6.32）。当起重机可以不受限制地开到吊装位置附近时，对起重机的起重半径没有要求。当起重机受限制不能靠近安装位置去吊装构件时，按下式进行计算：

资源 6.8
起重臂长的选择

$$R = L\cos\alpha + F \tag{6.2}$$

$$L \geqslant L_1 + L_2 = h/\sin\alpha + (f + g)/\cos\alpha \tag{6.3}$$

$$h = h_1 - E \tag{6.4}$$

式中　L——满足吊装要求的起重臂最小长度，m；

h——起重臂下铰点至屋面板吊装支座的垂直高度，m；

h_1——停机地面至屋面板吊装支座的高度，m；

f——起重吊钩跨过已安装好结构的水平距离，m；

g——起重臂轴线与已安装好结构之间的水平距离，至少取 1m。

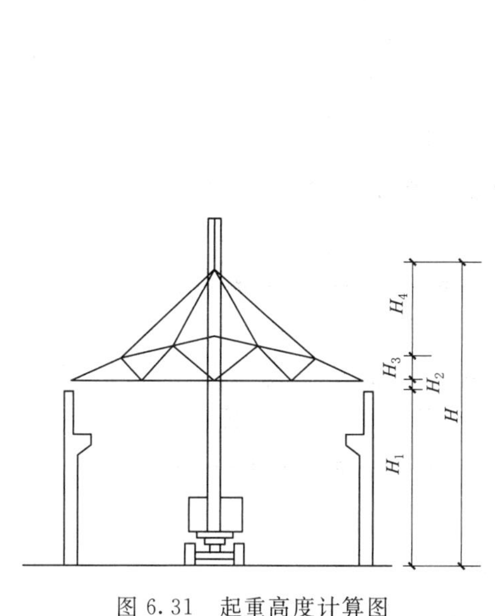

图 6.31　起重高度计算图

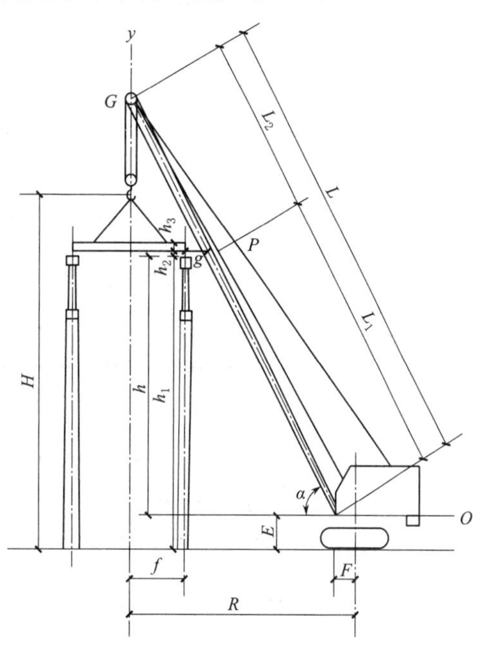

图 6.32　起重半径计算简图

6.2.3.3　起重机的开行路线、停机位置和构件的平面布置

资源 6.9
单机吊装
开行路线

构件的平面布置与起重机的性能、安装方法、构件的制作方法有关。

吊装柱时起重机的开行路线及平面位置根据厂房的跨度，柱的尺寸、重量，及起重机的性能，有跨中开行和跨边开行两种，如图 6.33 所示。当 $R \geqslant L/2$（L 为厂房跨度）时，跨中开行，一个停机点可吊 2 根或 4 根柱，如图 6.33（a）、（b）所示；当 $R < L/2$ 时，跨边开行，一个停机点可吊 1 根或 2 根柱，如图 6.33（c）、（d）所示。吊装吊车梁、屋架及屋面板时，起重机大多沿跨中开行。吊装柱、吊车梁、连系梁、屋架及屋面板的开行路线及停机位置如图 6.34 所示。

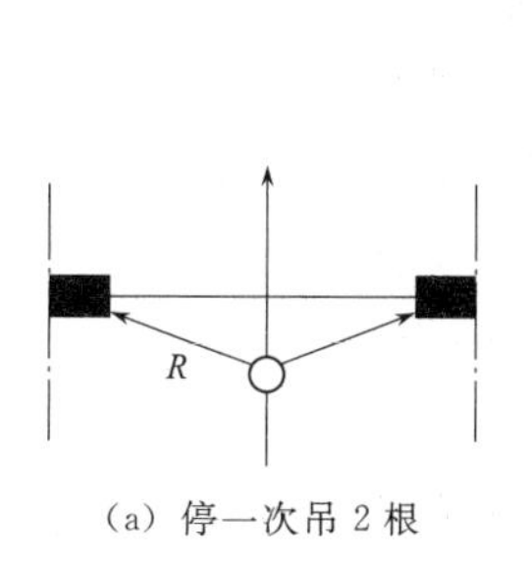

（a）停一次吊 2 根

（b）停一次吊 4 根

图 6.33（一）　起重机开行路线及停机点位置

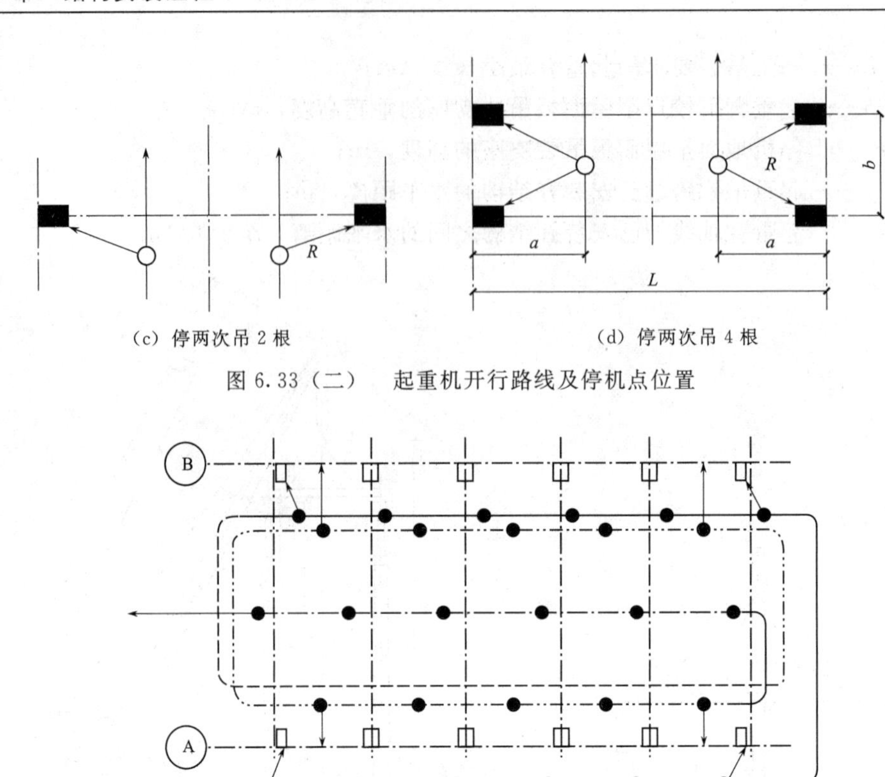

（c）停两次吊 2 根　　（d）停两次吊 4 根

图 6.33（二）　起重机开行路线及停机点位置

图 6.34　起重机吊装结构时的开行路线及停机位置

资源 6.10 柱和屋架预制和安装阶段平面布置方法

资源 6.11 单机吊装平面图设计

资源 6.12 整体提升施工

资源 6.13 对称吊装屋顶壳板

6.2.4　构件的平面布置与运输堆放

合理布置可以免除构件二次搬运，提高劳动生产率。构件的平面布置分为预制阶段的平面布置和吊装阶段的平面布置两种。现场预制时先确定起重机开行路线，然后按照构件的尺寸绘制构件预制支模位置。安装时对构件进行翻身，然后再吊装构件。

6.2.5　吊车梁、连系梁、屋面板的运输和就位堆放

（1）构件在预制厂或现场预制成型，后运至工地吊装。

（2）运至现场后，按施工组织设计规定位置、编号及顺序就位或堆放。

（3）根据起重半径，屋面板可布置在跨内或跨外就位。

（4）构件已集中堆放在吊装现场附近，可随吊随运。

【知识拓展】

党的二十大报告指出：“完善党的自我革命制度规范体系。坚持制度治党、依规治党，以党章为根本，以民主集中制为核心，完善党内法规制度体系，增强党内法规

权威性和执行力，形成坚持真理、修正错误，发现问题、纠正偏差的机制。”我们在吊装柱梁屋架校正偏差时也要不断地修正错误，发现问题，纠正偏差，直到最后符合规范要求再进行固定。

课 后 习 题

1. 起重机械的种类有哪些？
2. 试述履吊式起重机的起重高度、起重半径与起重量之间的关系。
3. 试述柱按三点共弧进行斜向布置的方法。
4. 柱子吊装前应进行哪些准备工作？
5. 试说明旋转法和滑行法吊装时的特点及适用范围。
6. 分件安装法和综合安装法各有什么特点？
7. 怎样对柱进行临时固定和最后固定？
8. 怎样校正吊车梁的安装位置？
9. 屋架的排放有哪些方法？要注意哪些问题？

资源 6.14
课后习题
参考答案

第7章

砌 筑 工 程

【项目案例引入】

××项目砌体工程施工准备：

本工程地下室外墙为400mm厚剪力墙，外围护墙为300mm厚陶粒混凝土砌块墙，内墙为200mm厚陶粒混凝土砌块墙。在砌筑时，每500mm高配制2ϕ6水平绕钢筋与主体墙拉结筋。电梯井墙用红砖砌筑，外墙厚370mm，内墙厚240mm，每300mm高，沿墙通长设置2ϕ6拉接筋。砌筑程序为抄平弹线→基层处理→立皮数杆→挂线→铺灰→砌块安装就位→校正→勾缝。

7.1 砌 筑 材 料

7.1.1 砖材

砖具有一定的抗压强度、绝热性能、隔声性能和耐久性，在工程上应用很广。砖的强度等级分为MU30、MU25、MU20、MU15、MU10、MU7.5六级。普通砖、空心砖的吸水率宜为10%～15%；灰砂砖、粉煤灰砖含水率宜为5%～8%。吸水率越小，强度越高。

(1) 普通黏土砖的尺寸为53mm×115mm×240mm，若加上砌筑灰缝的厚度（一般为10mm），则4块砖长、8块砖宽、16块砖厚都为1m。每1m^{3}实心砖砌体需用砖512块。

传统黏土砖毁田取土量大、能耗高、砖自重大，施工生产中劳动强度高、工效低，国家已明令禁止在建筑物中使用黏土实心砖，提倡用烧结空心砖（图7.1）。

(2) 蒸压砖。蒸压砖（图7.2）通过坯料制备、压制成型、蒸压养护而制成，这种砖均不得长期经受200℃高温。砖的尺寸：长宽为240mm×115mm，厚度有53mm、90mm、115mm、175mm四种。强度等级分为MU25、MU20、MU15、MU10四个强度等级。MU10强度等级的蒸压砖不可用于基础。

7.1.2 石材

天然石材具有很高的抗压强度、良好的耐久性和耐磨性，常用于砌筑基础、桥涵、挡土墙、护坡、沟渠、隧洞衬砌及闸坝工程。

石材分为毛石和料石两种。毛石又可分为乱毛石和平毛石，如图7.3所示，乱毛石是形状不规则的石块，平毛石是形状虽不规则，但有两个平面大致平行的石块。毛石应呈块状，中部厚度不宜小于150mm。料石按加工面的平整程度分为细料石、半细料石、粗料石和毛料石四种。料石的宽度、厚度均不宜小于200mm，长度不宜大于厚度的4倍。石材的强度等级分为MU100、MU80、MU60、MU50、MU20、MU15六个强度等级。

图7.1 烧结空心砖

图7.2 粉煤灰蒸压砖

(a) 乱毛石

(b) 平毛石

图7.3 乱毛石和平毛石

7.1.3 砌块

块材尺寸较大时，称为砌块。砌块外形尺寸可达标准砖的6～60倍。高度为180～380mm的块体一般称为小型砌块（图7.4）；高度为380～940mm的块体一般称为中型砌块；高度大于940mm的块体称为大型砌块。砌块可用粉煤灰、煤矸石作为主要原料或混凝土来制作，主要有混凝土空心砌块、加气混凝土砌块和粉煤灰砌块。强度等级分为MU20、MU15、MU10、MU7.5、MU5五个强度等级。砌体砌筑时，砌块砌体等块体的产品龄期不应小于28d。

加气混凝土砌块的规格较多，一般长度为600mm，高度为200mm、240mm、300mm，宽度一般同墙厚。强度等级分为MU7.5、MU5、MU3.5、MU2.5、MU1.0五个强度等级。按其容重、外观质量又分优等品（A级品）、一等品（B级品）和合格品（C级品）。粉煤灰砌块的规格为880mm×380mm、430mm×240mm两种，强度等级分为MU13、MU10两个强度等级。

7.1.4 胶结材料

砂浆灰缝的作用：把块体黏结成整体，使其共同作用，并磨平砖石表面，使砌体均匀受力。水平灰缝厚度也应满足灰缝内配置钢筋的要求。

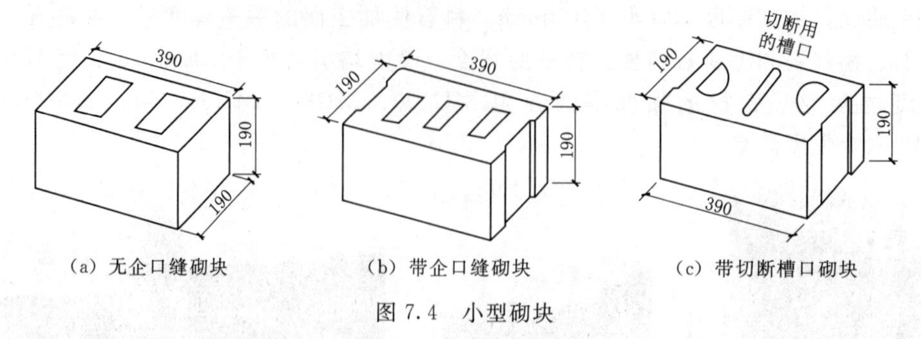

(a) 无企口缝砌块　(b) 带企口缝砌块　(c) 带切断槽口砌块

图7.4　小型砌块

1. *砂浆的分类及强度等级*

常用的砌筑砂浆有水泥砂浆、水泥石灰混合砂浆和石灰砂浆。一般砌筑基础采用水泥砂浆；砌筑主体及砖柱采用水泥石灰混合砂浆；石灰砂浆常用于砌筑简易工程。水泥砂浆的强度等级有M30、M25、M20、M15、M10、M7.5、M5七个强度等级；混合砂浆的强度等级有M15、M10、M7.5、M5四个强度等级。

2. *原材料要求*

(1) 水泥宜采用通用硅酸盐水泥。M15及以下等级的砌筑砂浆宜选用32.5级通用硅酸盐水泥；M15以上强度等级宜选用42.5级通用硅酸盐水泥。

注意：不同品种的水泥不得混合使用！

(2) 砂浆用砂不得含有有害杂物，砂的含泥量一般不超过5%，对于强度等级小于M5的水泥混合砂浆可适当放宽，也不得超过10%。砖砌体砂浆宜用中砂（细度模数2.3～3.0），采用中砂过筛，且应全部通过4.75的筛孔。石砌体砂浆宜用粗砂。

(3) 塑化剂。石灰膏在水泥石灰混合砂浆中起增加砂浆的和易性的作用。生石灰熟化成石膏时，应用筛网尺寸不大于3mm×3mm的网过滤，熟化时间不少于7d。使用袋装磨细生石灰粉，其熟化时间不少于2d。

严禁使用脱水硬化的石灰膏，这种硬化石灰膏既起不到塑化作用，又影响砂浆的强度。

3. *砂浆的制备*

砂浆制备应采用经试配调整后的配合比。水泥配料的误差控制在±2%以内，砂、石灰膏和外掺料的误差控制在±5%以内。掺用外加剂时，应将外加剂按规定浓度溶入水中，将其溶液与拌和水一起投入拌和，不得将外加剂直接投入拌制的砂浆中。

砂浆应采用机械拌和，水泥砂浆和水泥混合砂浆的拌和时间不少于2min(120s)，水泥粉煤灰砂浆和掺用外加剂的砂浆不少于3min，掺用有机塑化剂的砂浆不少于3min。砂浆的稠度，对于砖砌体宜控制在70～90mm，对于石砌体宜为30～50mm。砂浆拌成后，储存在不吸水的专业容器内，使用中严禁加水。

4. *砂浆的使用*

砂浆应随拌随用，砂浆稠度控制在70～90mm，水泥砂浆和水泥混合砂浆应分别在3h和4h内用完，如气温超过30℃，应分别在2h和3h内用完。

采用铺浆法砌筑砌体，铺浆长度不得超过750mm；当施工期间气温超过30℃时，铺浆长度不得超过500mm。

砂浆灰缝要求：砌体中水平灰缝应将块体垫实，以便传力均匀，并减少块体的局部受力；同时，水平灰缝厚度也应满足灰缝内配置钢筋的要求。

7.2　浆砌石工程

浆砌石是用胶结材料把单个的石块联结在一起，使石块依靠胶结材料的黏结力、摩擦力和块石本身重量结合成为新的整体，以保持建筑物的稳固，同时，胶结材料充填着石块间的空隙，堵塞了一切可能产生的漏水通道。浆砌石具有良好的整体性、密实性和较高的强度，使用寿命更长，还具有较好的防止渗水和抵抗水流冲刷的能力。

浆砌石施工的砌筑要领可概括为“平、稳、满、错”四个字。平，同一层面大致砌平，相邻石块的高差宜小于3cm；稳，单块石料的安放砌筑务求自身稳定；满，灰缝饱满密实，严禁石块间直接接触；错，相邻石块应错缝砌筑，尤其不允许顺水流方向通缝。

浆砌石工程砌筑的工艺流程如图7.5所示。

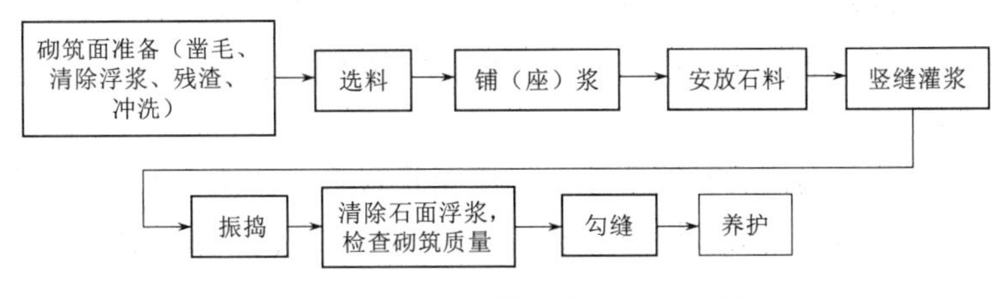

图7.5　浆砌石工程砌筑的工艺流程图

7.2.1　块石砌体

1. *砌筑面准备*

对于开挖成形的岩基面，在砌石开始之前应将表面已松散的岩块剔除，具有光滑表面的岩石须人工凿毛，并清除所有岩屑、碎片、泥沙等杂物。土壤地基按设计要求处理。

对于水平施工缝，一般要求在新一层块石砌筑前凿去已凝固的浮浆，并进行清扫、冲洗，使新旧砌体紧密结合。对于临时施工缝，在恢复砌筑时，必须进行凿毛、冲洗处理。

2. *选料*

砌筑所用石料，应是质地均匀，没有裂缝，没有明显风化迹象，不含杂质的坚硬石料。严寒地区使用的石料，还要求具有一定的抗冻性。

3. *铺（座）浆*

对于块石砌体，由于砌筑面参差不齐，必须逐块座浆、逐块安砌，在操作时还须认真调整，务必使座浆密实，以免形成空洞。毛石应上下错缝，内外搭砌，不得有通缝。不得采用外面侧立毛石、中间填心的砌筑方法；中间不得有铲口石（尖石倾斜向外的石块）、斧刃石（尖石向下的石块）和过桥石（仅在两端搭砌的石块），如图7.6所示。座浆一般只宜比砌石超前0.5～1m左右，座浆应与砌筑相配合。

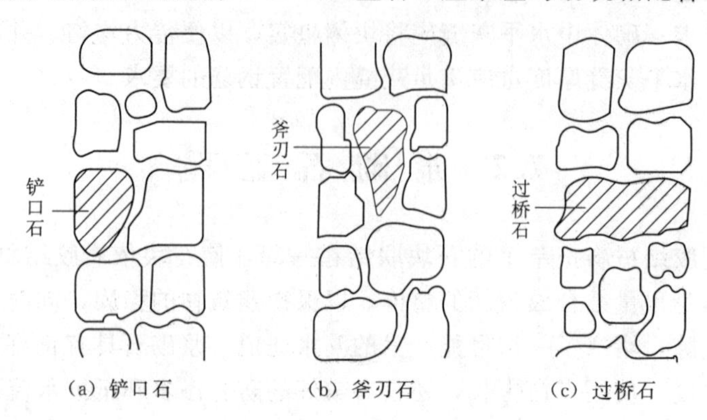

图7.6　铲口石、斧刃石、过桥石

4. 安放石料

把洗净的湿润石料安放在座浆面上，用铁锤轻击石面，使座浆开始溢出为度。

石料之间的砌缝宽度应严格控制，采用水泥砂浆砌筑时，块石的灰缝厚度一般为2～4cm，料石的灰缝厚度为0.5～2cm；采用小石混凝土砌筑时，一般为所用骨料最大粒径的2～2.5倍。安放石料时应注意，不能产生细石架空现象。

5. 竖缝灌浆

安放石料后，应及时进行竖缝灌浆。一般灌浆与石面齐平，水泥砂浆用捣插棒捣实，小石混凝土用插入式振捣器振捣，振实后缝面下沉，待上层摊铺座浆时一并填满。

6. 振捣

水泥砂浆常用捣棒人工插捣，小石混凝土一般采用插入式振动器振捣。应注意对角缝的振捣，防止重振或漏振。

资源7.1
思政元素：天下第一桥——赵州桥

7.2.2　料石砌体

料石砌体施工工序和块石砌体的一样，需要强调以下几点：

料石砌体第一皮应用丁砌砌层座浆砌筑。同皮内全部采用顺砌，每砌两皮厚，应砌一皮丁砌层。如同皮内采用丁顺组砌，丁砌石应交错设置，其间距不应大于2m。

砂浆饱满度应大于80%。料石砌体的转角处与交接处应同时砌筑，不能同时砌筑而又必须留置的临时间断处，应砌成踏步槎。

7.3　砌　砖　工　程

7.3.1　施工准备工作

7.3.1.1　砖的准备

砖砌筑前1～2d浇水湿润，以避免砖吸收砂浆中过多的水分而影响黏结力，并可除去砖面上的粉末。砖不应在脚手架上浇水，若砌筑时砖块干燥，可用喷壶适当补充浇水。

7.3.1.2 砂浆的准备

砂浆的品种、强度等级必须符合设计要求，砂浆的稠度应符合规定。拌制中应保证砂浆的配合比和稠度，运输中不漏浆、不离析，以保证施工质量。

7.3.1.3 施工工具准备

砌筑工具主要有以下几种：

(1) 大铲，铲灰、铺灰与刮灰用。大铲分为桃形、长方形、长三角形三种。

(2) 瓦刀（泥刀），打砖、打灰条（披灰缝）、披满口灰及铺瓦用。

(3) 刨锛，打砖用。

(4) 靠尺板（托线板）和线锤，检查墙面垂直度。常用托线板的长度为 1.2～1.5m。

(5) 皮数杆，砌筑时用于标志砖层、门窗、过梁、开洞及埋件标志，如图 7.7 所示。

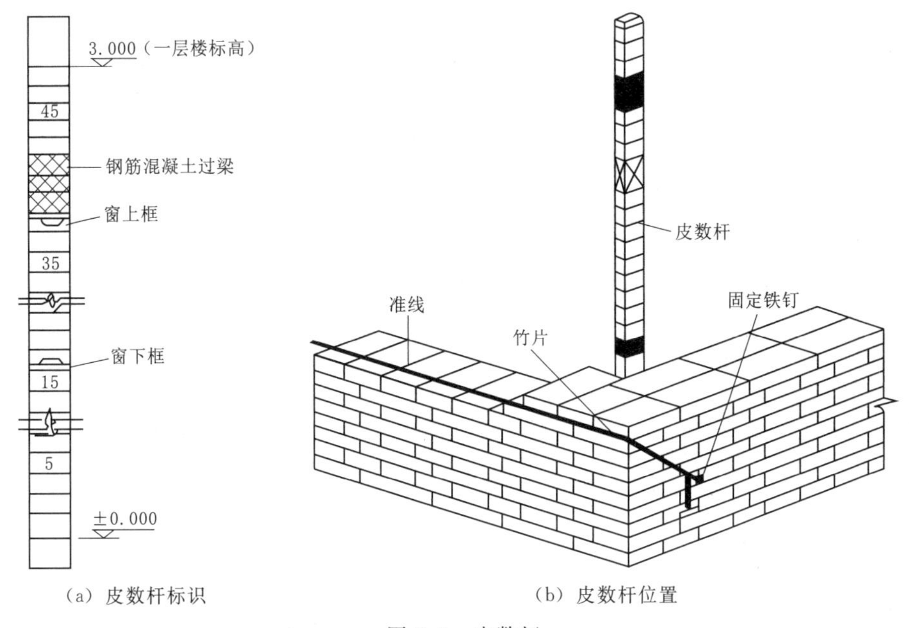

(a) 皮数杆标识　　(b) 皮数杆位置

图 7.7 皮数杆

此外还应准备麻线、米尺、水平尺和小喷壶。

7.3.2 砌筑方法

砖砌体的组砌，要求上下错缝，内外搭接，以保证砌体的整体性，同时组砌要有规律，少砍砖，以提高砌筑效率，节约材料。为提高砌体的整体性、稳定性和承载力，砖块排列应遵循上下错缝的原则，避免垂直通缝出现，错缝或搭砌长度一般不小于 60mm。实心墙体的组砌方法有一顺一丁、三顺一丁、梅花丁等，也可全顺、两平一侧及全丁，如图 7.8 所示。

资源 7.2 一顺一丁

7.3.3 砖砌筑施工工艺

普通烧结砖砌筑工序包括抄平→放线→摆砖样→立皮数杆→盘角、挂线→铺灰、砌砖、勾缝→楼层轴向引测等。

（1）抄平。砌砖墙前，先在基础面或楼面上按标准的水准点定出各层标高，并用水泥砂浆或 C10 细石混凝土找平。

（2）放线。底层墙身以龙门板上轴线定位钉为准，拉线、吊线锤，将墙身中心轴线投放至基础顶面，并据此弹出墙身边线及门窗洞口位置，如图 7.9 所示。

资源 7.3
三顺一丁

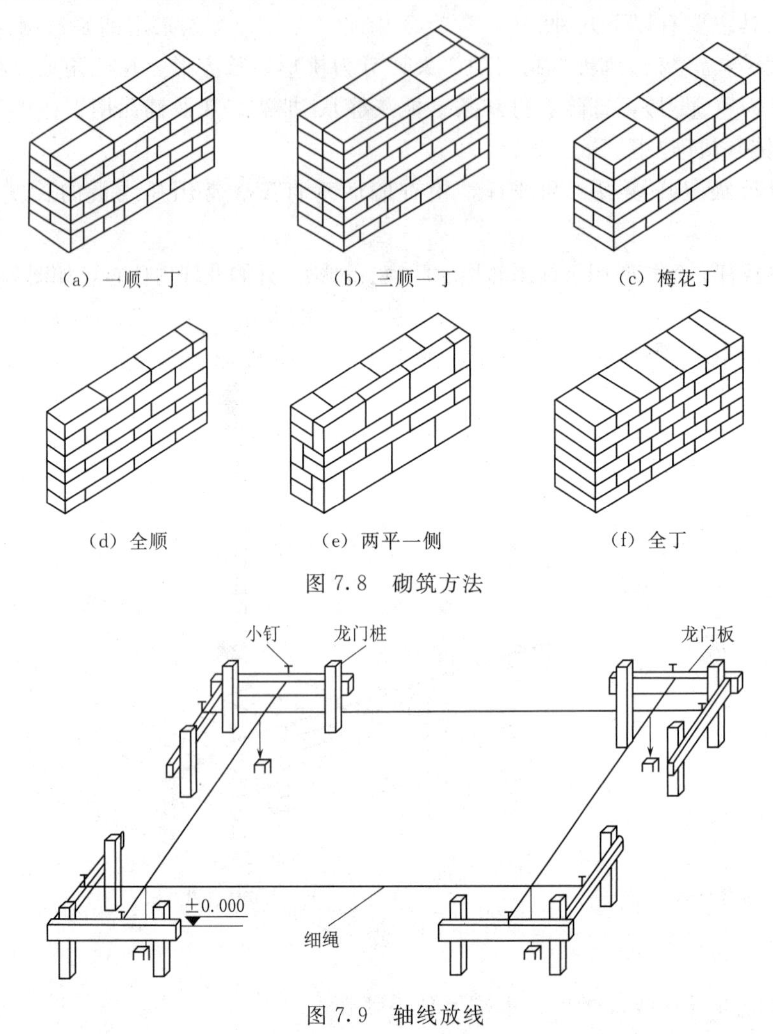

（a）一顺一丁　（b）三顺一丁　（c）梅花丁

（d）全顺　（e）两平一侧　（f）全丁

图 7.8　砌筑方法

图 7.9　轴线放线

（3）摆砖样（撂底）。按选定的组砌方法，在墙基顶面放线位置试摆砖样（生摆，即不铺灰），尽量使门窗垛符合砖的模数，偏差小时可通过竖缝调整减小斩砖数量，并保证砖及砖缝排列整齐、均匀，以提高砌砖效率。摆砖样在清水墙砌筑中尤为重要。可以通过 BIM 相关软件进行摆砖样，省去现场砍砖的麻烦，进行技术交底可以直接附图或者三维图形交底。

（4）立皮数杆。立皮数杆可控制每皮砖砌筑的竖向尺寸，并使铺灰、砌砖的厚度均匀，保证砖皮水平。皮数杆标有砖的皮数、灰缝厚度，及门窗洞、过梁、楼板的标高。它立于墙的转角处，其基准标高用水准仪校正。如墙很长，可每隔 10～15m 立一根。

(5) 盘角、挂线。根据皮数杆先在转角及交接处砌几皮砖，称为盘角。盘角又称立头角，指在砌墙时先砌墙角，然后从墙角处拉准线，再按准线砌中间的墙。砌筑过程中应三皮一吊、五皮一靠，保证墙面垂直平整。

一砖半厚及其以上的砌体要双面挂线。

(6) 铺灰、砌砖、勾缝。铺灰砌砖的操作方法很多，与各地区的操作习惯、使用工具有关。使用工具北方多用大铲，南方多用泥（瓦）刀。当采用铺浆法砌筑时，铺浆长度不得超过750mm，施工期间气温超过30℃时，铺浆长度不得超过500mm。

常用的砌砖工程施工方法有：挤浆法、刮浆法和满口灰法。目前建筑业流行的砌砖方法是"三一砌砖法"。"三一砌筑法"即一铲灰、一块砖、一挤揉并随手将挤出的砂浆刮去的操作方法。这种砌法灰缝容易饱满。铺浆法铺浆长度有限制。铺浆长度不得超过750mm，气温超过30℃时，铺浆长度不得超过500mm。挤浆法：用灰勺、大铲或铺灰器在墙顶上铺一段砂浆，然后双手拿砖或单手拿砖，用砖挤入砂浆中一定厚度之后把砖放平，达到下齐边、上齐线、横平竖直的要求。这种砌法的优点如下：可以连续挤砌几块砖，减少烦琐的动作；平推平挤可使灰缝饱满；效率高；保证砌筑质量。

清水墙砌完后，要进行墙面修整及勾缝。墙面勾缝应横平竖直，深浅一致，搭接平整，不得有丢缝、开裂和黏结不牢等现象。砖墙勾缝宜采用凹缝或平缝，凹缝深度一般为4～5mm。勾缝完毕后，应进行墙面、柱面和落地灰的清理。

(7) 楼层轴向引测。在弹墙身线时，应根据龙门板上的标志将轴线引测到房屋的底层外墙面上。

7.3.4 砖砌筑施工要点

(1) 砖的品种、强度等级必须符合设计要求，砖应提前1天浇水湿润，避免砖过多吸收砂浆中的水分而影响黏结力，烧结普通砖、空心砖含水率宜为10%～15%，灰砂砖、粉煤灰砖含水率宜为5%～8%（现场用"断砖法"检查，砖截面四周浸水深度15～20mm时为符合要求的含水率）。

(2) 在有冻胀环境和条件的地区，地面或防潮层以下不宜采用多孔砖。

资源7.4
砌筑施工
可视化交底

(3) 在墙上留置临时洞口，其侧边离交接处墙面不应小于500mm，洞口净宽不应超过1m。烧结普通砖、烧结多孔砖、蒸压灰砂砖、蒸压粉煤灰的吸水率都比较大，如使用干砖砌筑，砂浆中的水分容易被干砖吸收，砂浆因缺水而流动性降低，不仅使砌筑困难，且影响水泥的水化，导致砂浆强度降低，砂浆与砖黏结不牢，砌体质量显著下降；如砖浇水过湿，或对砖现浇水湿润砌筑，砖表面易形成水膜，阻碍了砂浆与砖之间的黏结，同时，砂浆的流动性增大，易导致砂浆中水泥浆流失，使砂浆强度降低。

(4) 不允许留设脚手眼的墙体或部位：

1) 120mm厚的墙体、独立柱、轻质墙体。

2) 宽度小于1m的窗间墙。

3) 门窗洞口两侧200mm和转角处450mm范围内。

4) 梁或梁垫下及其左右500mm范围内。

5) 过梁上与过梁成60°角的三角形范围及1/2过梁净跨度的高度范围内。

（5）框架梁的填充墙砌至梁底应预留 18～20cm，间隔 14d 用实心砖斜砌挤紧（图 7.10），砂浆饱满。间隔两周是让新砌砌体完成墙体自身沉缩，斜砌可减少灰缝收缩，以防止梁底由于墙体沉缩开裂。

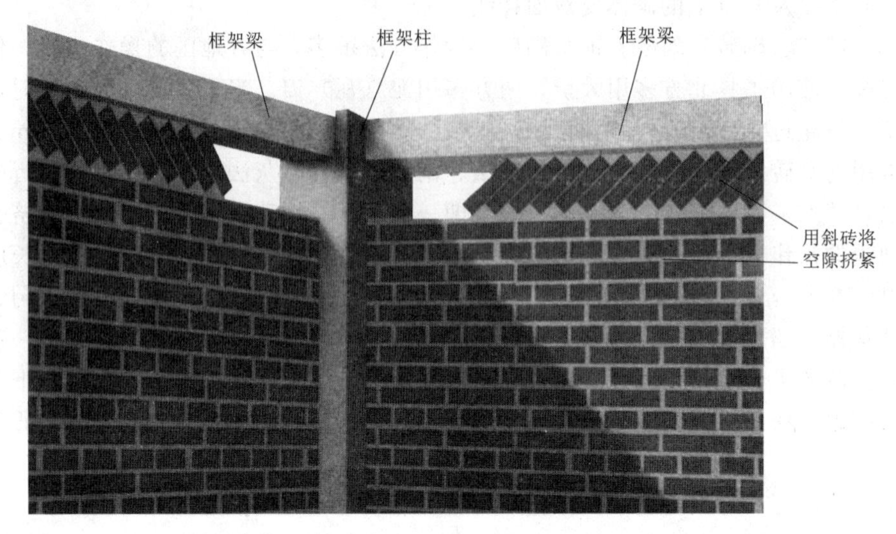

图 7.10　砖墙斜砌挤紧

（6）减少不均匀沉降，避免墙体开裂。为了减少灰缝变形而导致的砌体沉降，一般每日砌筑高度不宜超过 1.8m，雨天施工时不宜超过 1.2m。

7.4　砌块砌体施工

小型砌块的施工方法同砖砌体施工方法一样，主要是手工砌筑。中型砌块的施工，是采用各种吊装机械及夹具将砌块安装在设计位置，一般要按建筑物的平面尺寸及预先设计的砌块排列图逐块地按次序吊装、就位、固定。

7.4.1　砌块施工准备工作

（1）混凝土小型空心砌块的产品龄期不应小于 28d，应完整、无破损、无裂缝。

（2）绘制砌块排列图，如图 7.11 所示。

1）尽量用整块，减少非主规格。

2）分皮错缝，对孔搭接。

3）外墙转角处及纵横砌块搭接。

4）高度不是整倍数时，用烧结砖。

5）上下皮的壁、肋、孔应垂直对齐。

（3）普通砌块砌筑时不得浇水。

（4）尽量减少二次搬运，做好排水工作，不宜直接堆放在地上。

当天气炎热且干燥时，可提前喷水，严禁雨天施工。表面有浮水时，也不能砌筑，砌块堆放时应做好防雨和排水处理。

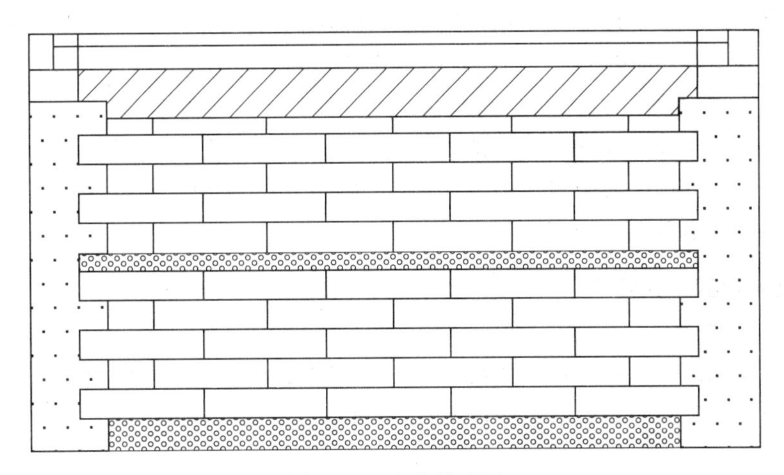

图 7.11 砌块排列图

7.4.2 砌块的组砌形式

砌块的砌筑应遵循“对孔、错缝、反砌”的规则，即上皮砌块的孔洞对准下皮砌块的孔洞，则上下皮砌块的壁、肋可较好传递竖向荷载，保证砌体的整体性和强度；错缝（搭砌）可增强砌体的整体性；将砌块生产时的底面朝上，便于铺放砂浆和保证水平灰缝的饱满度。

7.4.3 砌块砌体施工

小砌块应当底面向上反砌（砌块孔洞上小下大），立皮数尺挂线施工，保证水平灰缝的平直度和竖向构造变化部位的留置正确。

砌块砌体的施工工艺流程为：抄平弹线→基层处理→立皮数杆→挂线→铺灰→砌块安装就位→校正→勾缝。

（1）铺浆法。铺灰水平铺灰长度不超过 2 块砖长度，竖直灰缝采用加浆方法，饱满度不低于 80%。水平灰缝砂浆饱满度不低于净面积 90%。

（2）砌块安装就位。采用摩擦式夹具，如图 7.12 所示，按照砌块排列图吊装就位。

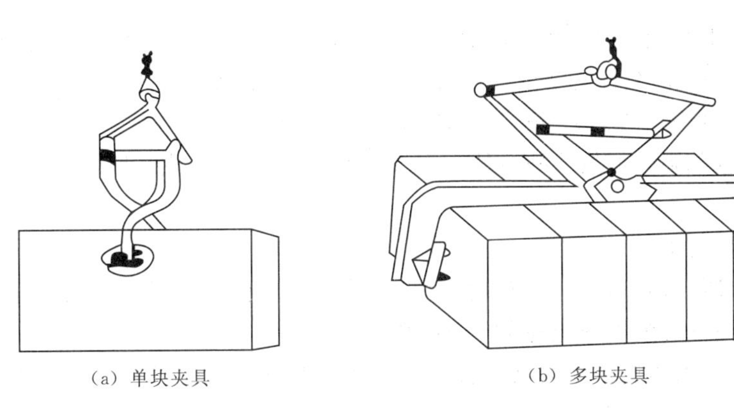

(a) 单块夹具　　(b) 多块夹具

图 7.12 摩擦式夹具

采用全顺式，上下皮对孔，错缝搭砌，底面朝上反砌于墙上。小砌块每日砌筑高度，对于承重墙，不宜超过1.4m；对于填充墙，不宜超过1.8m。相邻施工段高差不大于4m。

(3) 校正。用线坠和拖线板检测垂直度，拉准线方式检查水平。

(4) 勾缝。采用原浆勾缝，砂浆稠度以50～70mm为宜。灰缝凹进墙面2mm。

(5) 镶砖。最后一皮用丁砖镶砌。

7.4.4 砌体中的二次结构

1. 芯柱构造

芯柱是按设计要求设置在小型混凝土空心砌块墙转角处和交接处，在孔洞中插入钢筋，并浇筑混凝土而形成的，如图7.13所示。

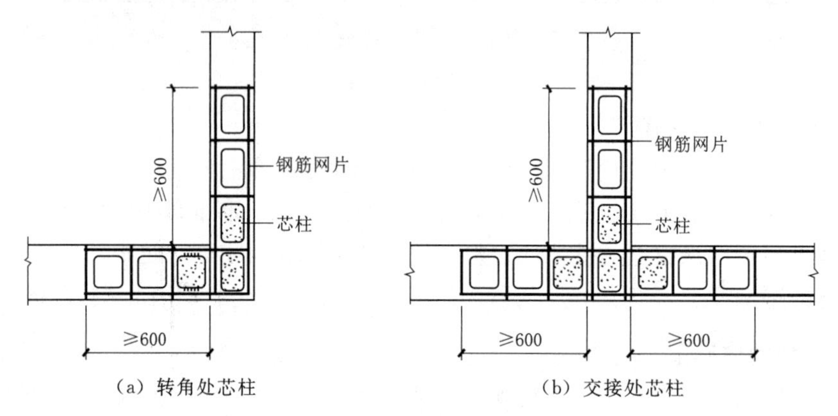

(a) 转角处芯柱　　(b) 交接处芯柱

图7.13 芯柱构造

(1) 专用砂浆。地面以下的防潮层和五层以上房屋，砂浆强度等级不低于M5。

(2) 混凝土填实部位及混凝土芯柱部位。防潮层以下、楼板支承处（无圈梁时）、次梁支承处应当用混凝土填实。

(3) 芯柱与墙在水平方向上用ϕ4钢筋网片拉结，沿墙方向间距600mm。每边深入墙内不小于600mm。

2. 混凝土构造柱

(1) 混凝土构造柱的构造。如图7.14所示，构造柱的截面尺寸不宜小于240mm×180mm，构造柱配筋中柱不宜少于4ϕ12，箍筋间距不大于250mm，且在柱上下端应适当加密（宜为ϕ6@200，楼层上下500mm范围内宜为ϕ6@100）；构造柱可不单独设置基础，但构造柱应伸入室外地面下500mm，或与埋深小于500mm的基础圈梁相连。

(2) 构造柱施工。

1) 钢筋混凝土构造柱施工应遵循“先砌墙、后浇柱”的程序。施工程序为：绑扎钢筋→砌砖墙→支模板→浇混凝土→拆模。

2) 构造柱与墙体连接处的马牙槎，从每层柱脚开始，先退后进，马牙槎沿高度方向不宜超过300mm，齿深60～120mm，沿墙高每500mm设2ϕ6拉结钢筋。

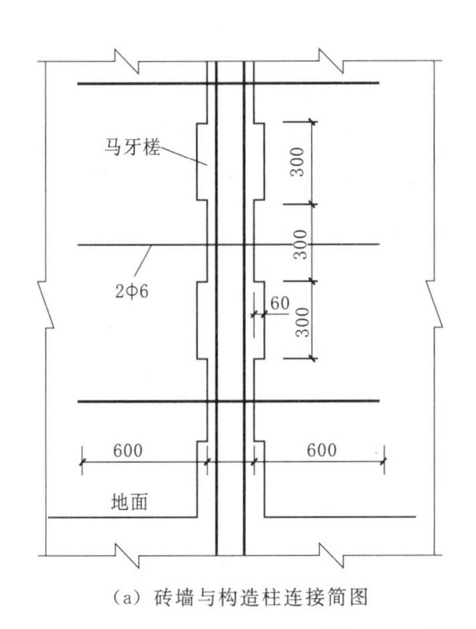

（a）砖墙与构造柱连接简图

（b）构造柱浇筑效果

图 7.14　混凝土构造柱

3）马牙槎砌好后应立即支设模板，模板必须与墙的两侧严密贴紧、支撑牢固，防止模板漏浆。模板底部应留出清理孔，以便清除模板内的杂物，清除后封闭。

4）浇筑构造柱混凝土前，应将砌体及模板浇水湿润，利用柱底预留的清理孔清理落地灰、砖渣及其他杂物，清理完后立即封闭洞眼。

5）浇筑混凝土前先在结合面处注入适量与混凝土配合比相同的水泥砂浆。构造柱混凝土分段浇筑，每段高度不大于 2m，振捣时，严禁振捣器触碰砖墙。

3. 圈梁

圈梁是在房屋的檐口、窗顶、楼层或基础顶面标高处，沿砌体墙水平方向设置封闭状的按构造配筋的混凝土梁式构件。圈梁可提高建筑物的整体性，增加墙体的稳定性，减少由地基不均匀沉降引起的墙体开裂。在抗震设防区，设置圈梁是减轻震害的重要构造措施。

4. 压顶

门窗洞口压顶为 600mm 厚混凝土，混凝土强度为 C20，压顶钢筋直径应与主筋直径不同，通常直径为 6～12mm。钢筋间距为 100～200mm，两端伸入墙体各 60mm。

5. 过梁

过梁通常是预制的，但门洞口过梁相交部位无法满足搁置长度 60mm 的要求时，应采用混凝土现浇。钢筋砖过梁称为平砌配筋砖过梁，适用于跨度不大于 2m 的门窗洞口。平拱砖过梁又称为平拱，用整砖侧砌而成，拱的厚度与墙厚一致，拱高为一砖或一砖半，如图 7.15 所示。

6. 素混凝土反坎

对于有防水要求的墙体部位，在厨房、卫生间底部浇筑 150mm 高素混凝土反坎，在屋面浇筑 300mm 高素混凝土反坎。

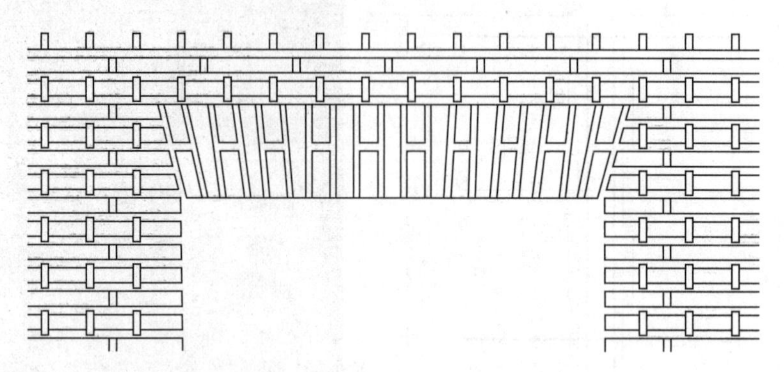

图 7.15　平拱砖过梁示意图

7.5　砌块砌体的质量要求和保证措施

7.5.1　质量基本要求方针

砌筑工程质量的基本要求是：“横平竖直、砂浆饱满、错缝搭砌、接槎牢固”。如图 7.16 所示为砌体样板。

图 7.16　砌体样板

（1）“横平竖直”是指灰缝要横平竖直。表面平整和竖缝垂直，要求必须立皮数杆，挂线砌筑，吊线直尺检查。

（2）“砂浆饱满”是指实心砖砌筑水平灰缝的砂浆饱满度不得低于80%。只有砂浆饱满度达到要求才能起到整体受力，挡风、隔热的作用。水平灰缝厚度和竖缝宽度规定为10mm±2mm。用百格网检查砖底面与砂浆的黏结痕迹面积，每检验批抽查不少于 5 处，每处检测 3 块，取其平均值。

砌块砌体砂浆饱满度按砌体净面积计算不得低于 90%；灰缝宽度（10±2）mm；均匀密实，厚度和宽度正确。

（3）“错缝搭砌”是指砖砌体上下两皮砖的竖缝应当错开，以避免上下通缝。避免出现游丁走缝（竖向缝错位）。

砌块单排孔小砌块还应对齐孔洞。搭接长度不得小于砌块高度的 1/3，并不小于150mm。搭接长度不满足要求时，应在水平灰缝中加钢筋或钢筋网片。

（4）“接槎牢固”是指相邻砌体不能同时砌筑而设置的临时间断，便于先砌砌体与后砌砌体之间的结合。砖砌体的转角处和纵横墙交接处应同时砌筑，严禁无可靠措施的内外墙分砌施工，不能同时砌筑而又必须留置的临时间断处应砌成斜槎，斜槎水平投影长度不小于高度的 2/3，如图 7.17 所示。

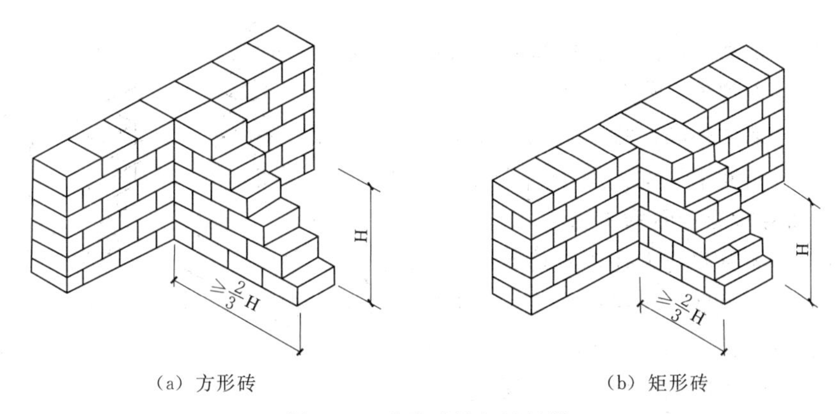

(a) 方形砖　　　　(b) 矩形砖

图 7.17　多孔砖墙留置斜槎

砌块墙体转角处和纵横交接处应当同时砌筑。临时间断处应砌成斜槎。斜槎水平投影长度不应小于斜槎高度。施工洞口可以预留直槎，孔内用混凝土灌实。

非抗震设防及抗震设防烈度为 6 度、7 度地区的临时间断处，当不能留斜槎时，除转角处外，可留直槎，如图 7.18 所示，但直槎必须做成凸槎，并加设拉结钢筋。直槎及与砌体与混凝土相连处，拉结钢筋沿墙高每 500mm 留设一道，数量为每 120mm 墙厚放置 1ф6 拉结钢筋（120mm 厚墙放置 2ф6）；埋入长度从留槎处算起，每边均不应小于 500mm，抗震设防烈度为 6 度、7 度的地区，不应小于 1000mm；末端应有 90°弯钩。

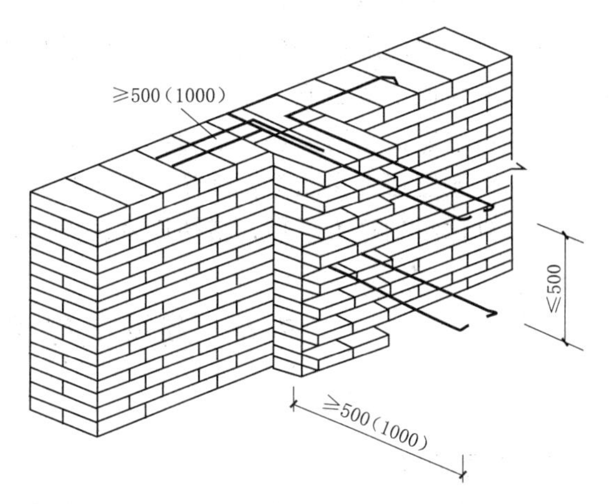

图 7.18　烧结普通砖砌体直槎

7.5.2　砌砖体的质量检查

7.5.2.1　砌体的检查工具

质量检查工具，主要有以下几种：

(1) 靠尺（托线板），用以检查墙面垂直度和平整度。

(2) 塞尺，用以检查墙面及地面平整度。

(3) 米尺，用以检查灰缝大小及墙身厚度。

(4) 百格网，用以检查灰缝砂浆饱满度。

(5) 经纬仪，用以检查房屋大角垂直度及墙体轴线位移。

7.5.2.2　基础检查项目和方法

（1）砌体厚度。按规定的检查点数任选一点，用米尺测量墙身的厚度。

（2）轴线位移。拉紧小线，两端拴在龙门板的轴线小钉上，用米尺检查轴线偏移。

（3）砂浆饱满度。用百格网检查砖底面与砂浆的接触面积，以百分数表示。每次掀三块，取其平均值，作为一个检查点的数值。

（4）基础顶面标高。用水平尺与皮数杆或龙门板校对。

（5）水平灰缝平直度。用 10m 长小线拉线检查，不足 10m 时则全长拉线检查。

7.5.2.3　墙身检查项目和方法

墙身检查项目除与上述基础检查项目相同的以外，还要检查以下几项：

（1）墙面垂直度。每层可用 2m 长托线板检查，全高用吊线坠或经纬仪检查。

（2）表面平整。用 2m 靠尺板任选一点，用塞尺测出最凹处的读数，即为该点墙面偏差值。砖砌体的偏差应不超过规定值。

（3）门窗洞口宽度。用米尺或钢卷尺检查。

（4）游丁走缝。吊线和尺量检查 2m 高度偏差值。

7.5.2.4　砌体的外观检查

（1）灰缝厚度应在勾缝前检查，连续量取 10 皮砖与皮数杆比较，并量取其中个别灰缝的最大值、最小值。

（2）清水墙面整洁美观，未勾缝前的灰缝深度是否合乎要求。

（3）混水墙面舌头灰是否刮净，有无瞎缝，有无透亮情况。

（4）砌体组砌是否合理，留搓质量、预留孔洞及预埋件是否合乎要求。

7.6　砌筑工程季节性施工

7.6.1　夏季砌筑

夏季天气炎热，进行砌砖时，砖块与砂浆中的水分急剧蒸发，容易造成砂浆脱水，使水泥的水化反应不能正常进行，严重影响砂浆强度的正常增长。因此，砌筑用砖要充分浇水润湿，严禁干砖上墙。气温高于 30℃时，一般不宜砌筑。最简易的温控办法是避开高温时段砌筑，另外也可采用搭设凉棚、洒水喷雾等办法。对已完砌体加强养护，昼夜保持外露面湿润。

7.6.2　雨天施工

材料堆场应有排水设施。无防雨设施的砌筑在小雨中施工时，应适当减小水灰比，并及时排除仓面积水，做好表面保护工作，在施工过程中如遇暴雨或大雨，应立即停止施工，覆盖表面。雨后及时排除积水，清除表面软弱层。雨季时在一个月中往往有较多的下雨天气，下大雨时会严重冲刷灰浆，影响砌浆质量，所以施工遇大雨必须停工。雨期施工砌体淋雨后吸水过多，在砌体表面形成水膜，用这样的砖上墙，会产生坠灰和砖块滑移现象，不易保证墙面的平整，甚至会造成质量事故。

抗冲耐磨或需要抹面等部位的砌体，不得在雨天施工。

7.6.3 冬季施工

当最低气温在0℃以下时，应停止砌筑。当最低气温为0～5℃、必须进行砌筑时，要注意保护表面，胶结材料的强度等级应适当提高并保持胶结材料温度不低于5℃。

冬季砌筑的主要问题是砂浆容易遭到冻结。砂浆中所含水受冻结冰后，一方面影响水泥的硬化（水泥的水化作用不能正常进行），另一方面砂浆冻结会使其体积膨胀8%左右。体积膨胀会破坏砂浆内部结构，使其松散而降低黏结力。所以冬季砌砖要严格控制砂浆用水量，采取延缓和避免砂浆中水受冻结的措施，以保证砂浆的正常硬化，使砌体达到设计强度。砌体工程冬季施工可采用掺盐砂浆法，也可用冻结法。

课 后 习 题

资源7.5
课后习题
参考答案

1. 试述砖砌体的砌筑工艺。
2. 砖墙组砌的形式有哪些?
3. 砖砌体的质量要求有哪些?
4. 简述砌块砌筑施工工艺流程。
5. 简述皮数杆的作用。
6. 简述构造柱的施工工艺流程。

第8章 防水工程

【项目案例引入】

某高校体育训练馆工程，总占地面积4396m^2，总建筑面积8403.08m^2，建设体育训练馆楼1栋，包括健美操室、体育舞蹈室、武术室、篮球和排球场地等业务用房。地上2层，建筑物高23.75m，室内外高差0.45m。其防水工程技术采用如下措施：

1. 屋面防水

本工程屋面防水材料采用4mm厚SBS改性沥青卷材防水层，3mm厚SBS隔汽层。采用热熔法施工，其工艺流程如下：

找平层检查、清扫→接点密封处理→滚刷冷底子油→附加层铺设→定位、弹基准线、试铺→热熔滚铺→辊压、排气压牢→搭接缝卷材热熔→搭接缝粘合、滚压排气→热熔封边→收头固定、密封→清理、检查、修理→蓄水试验→保护层施工。

(1) 操作要点。

1) 基层处理。用扫帚将找平层上的砂子、尖锐颗粒等清除掉，在混凝土表面涂水泥浆一层，压实抹平。

2) 检查找平层含水率。热熔法施工，要求找平层必须干燥，含水率不得大于9%。检查方法：将1m^{2}的卷材平坦地干铺在找平层上，静置8h后掀开检查，如找平层覆盖部位与卷材上未见水印，即可认为达到干燥程度。

3) 基准线。根据屋面分水线确定卷材铺贴方向和搭接宽度，在铺贴起始位置弹基准线，边铺边弹，直至铺完。

(2) 铺贴卷材。

1) 铺贴屋面标高最低处的第一行卷材、铺贴女儿墙根部和设备基础时，应将卷材展开后再烘烤铺贴。卷材的搭接缝不能出现在阴阳角交角线部位。

2) 大面和立面施工时应采取满粘法。铺贴大面卷材前，先在已铺贴卷材的长、短边按卷材的搭接宽度弹出基准线，置卷材短边与短边基准线重合，长边对准长边基准线，长短边搭接宽度均不得小于80mm。成捆卷材就位后，将卷材按要求尺寸裁剪好，用原卷芯卷好，铺贴时随放卷随用火焰喷枪加热基层和卷材的交界处。必须严格控制喷枪嘴与卷材表面的距离，一般以火焰距卷材受热面300mm为宜，严防烧坏胎体和烧焦胶质。幅宽内应加热均匀，待油毡表面熔化后再慢慢辊压卷材。

3）滚铺卷材时，应注意及时排除卷材下面的空气，使卷材平展，不得有褶皱，并应用辊压黏结牢固。

4）热熔封边，将卷材搭接处用喷枪加热，趁热将二者黏结牢固，以边缘溢出沥青为度，用铁抹子挤压溢出的沥青以封边，再用火焰喷枪加热，均匀细致密封。

5）相邻两幅卷材搭接缝一定要错开，避免通缝。搭接部位的两面卷材一定要黏结牢固。

6）铺贴卷材时应严格控制平整顺直，搭接尺寸必须准确，不得扭曲。

7）卷材末端收头，屋面女儿墙、水落口和伸出屋面管道等部位的处理如图8.1所示。

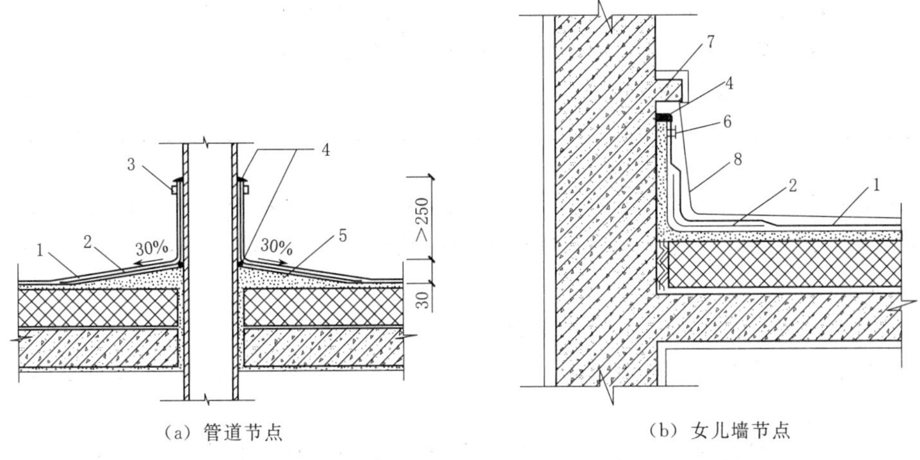

（a）管道节点　　（b）女儿墙节点

图8.1　伸出屋面管道根部的防水构造

1—防水层；2—附加防水层；3—金属箍（PVC管）；4—密封材料；5—圆锥台找平层；6—金属压条、水泥钉；7—泛水；8—保护层

8）PVC管等塑料制品管道出屋面时，卷材一般不采用热熔法施工，应用烧红的铁抹子来封口，以免烧坏管线，影响美观。

（3）屋面防水层不得有积水和渗漏现象，可采取蓄水法检查，方法如下：屋面蓄水高度大于50mm，蓄水时间大于24h，如没有出现渗漏，即认为合格，方可进行下一道工序施工。

（4）热熔后的卷材防水层不得立即上人，施工后的卷材表面不得堆放材料；铺设好的卷材防水层，应严防施工机具和坚硬物的破坏。

2. 卫生间、空调机房、开水间等服务及设备用房防水

（1）控制程序。本工程卫生间、空调机房、开水间等服务及设备用房部位采用1.5mm厚聚氨酯涂膜防水层，由于这些部位工种交叉繁多，是防水重点，

故采用如下控制程序：安装、预留洞、管道就位正确→土建、堵洞→灌水实验→找平层施工→防水层施工→灌水实验→保护层施工→灌水实验。

（2）工艺要求。

1）卫生间楼面振捣必须密实，随打随抹、压实抹光，形成一道自身防水层。

2）所有楼板的管洞、套管洞周围的缝隙均用掺加膨胀剂的豆石混凝土浇灌严实抹平，孔洞较大的，进行吊模浇筑膨胀混凝土。待全部处理完后进行灌水实验，24 小时无渗漏，方可进行下道工序——水泥砂浆找平层施工。

3）基层找平层完成后，应达到坚实平整、清洁，无空鼓松动、明显裂缝、麻面、起砂等现象，否则应用水泥胶腻子修补，使之平滑。所有转角处一律做成半径 10mm 的均匀一致平滑圆角，所有管件、地漏或排水口等部位必须就位正确，安装牢固，不得有任何松动现象，收头圆滑，并用嵌缝材料进行嵌填、补平。基层无突起锋利物，含水率符合要求。

4）在基层表面涂 1.5mm 厚聚氨酯防水层，沿墙四周上卷 300mm 高。

5）防水层施工完毕应进行灌水实验，蓄水深度应高出防水层 100mm，24 小时后检查无渗漏方为验收合格。

资源 8.1
地下室外墙
防水内贴法

资源 8.2
地下室外墙
防水外贴法

建筑防水工程是建筑产品的一项重要功能，防水工程质量关系到建筑物的寿命、使用环境及卫生条件，对提高建筑物的使用功能和生产、生活质量，改善居住环境发挥着重要的作用。

防水工程按照工程部位，分为屋面防水、外墙防水、地下防水和厕浴间防水，及水池、水塔等构筑物防水；按照构造做法，又分为结构构件的刚性防水和使用卷材、涂料等柔性防水。

近年来，随着新型防水材料及其应用技术的迅速发展，防水工程由多层向单层、由热施工向冷施工、由适用范围单一向适用范围广泛方向发展。防水工程施工工艺要求严格、细致，施工工期应当尽量避开雨期或冬期。

8.1 卷材防水屋面

屋面构造可分为正置式屋面和倒置式屋面，如图 8.2、图 8.3 所示。

正置式屋面防水是在保温的上面，而倒置式屋面防水是在保温的下面。正置式屋面保温效果较好，但是防水层易老化。倒置式屋面防水层保护较好，寿命较长，而且防水效果较好，但是保温可能较差，因为防水在保温下面致使水渗透到保温材料中。

卷材防水屋面使用胶结材料粘贴卷材进行屋面防水。柔性卷材防水具有质量轻、防水性能好的优点。尤其是防水层的柔韧性好，能适应结构一定程度的振动和胀缩变形；其缺点是造价较高，易老化、起鼓，施工工序多，操作条件差，施工周期长，工

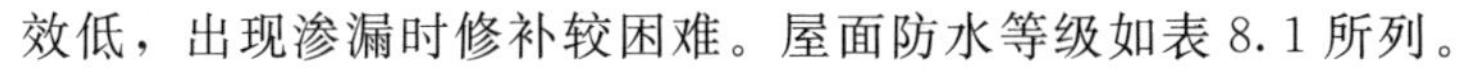
效低，出现渗漏时修补较困难。屋面防水等级如表8.1所列。

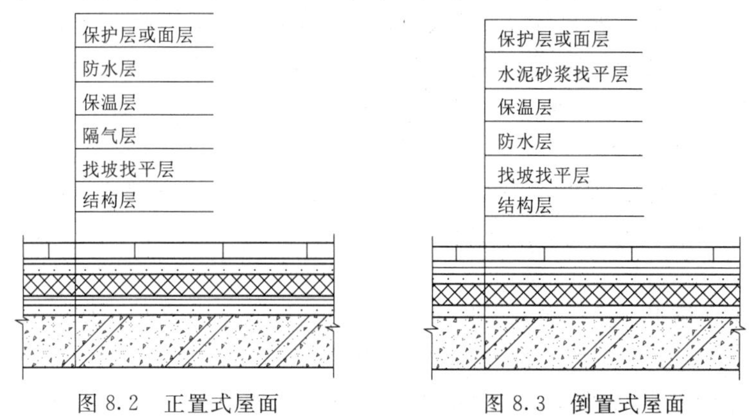

图8.2 正置式屋面　　图8.3 倒置式屋面

表8.1　　屋面防水等级表

项目	屋面防水等级			
	Ⅰ	Ⅱ	Ⅲ	Ⅳ
建筑物类别	特别重要或对防水有特殊要求的建筑	重要建筑和高层建筑	一般建筑	非永久性的建筑
使用年限	25年	15年	10年	5年
防水层选用材料	合成高分子防水卷材、高聚物改性沥青防水卷材、金属板材、合成高分子防水涂料、细石混凝土等	屋面防水等级为Ⅰ级时所用材料＋高聚物改性沥青防水涂料、平瓦、油毡瓦等	屋面防水等级为Ⅱ级时所用＋三毡四油沥青防水卷材等	二毡三油沥青防水卷材、高聚物改性沥青防水涂料等
设防要求	三道或三道以上设防	二道设防	一道设防	一道设防

防水卷材所用材料有传统的沥青防水卷材、高聚物改性沥青防水卷材、合成高分子防水卷材三大类。

8.1.1 沥青防水卷材防水工程

1. 材料及其质量标准

（1）沥青防水卷材。沥青防水卷材是指以原纸、纤维织物等为胎体浸涂石油沥青或焦油沥青、煤沥青等防水基材，表面撒布粉状、粒状或片状材料制成的可卷曲的长条状防水材料。常用的有石油沥青纸胎油毡、玻纤胎沥青防水卷材和麻布等其他胎体材料的沥青防水卷材。这类卷材一般叠层铺设，低温柔性差、防水耐久年限短。

（2）基层处理剂。沥青卷材基层处理剂又称为冷底子油。屋面工程冷底子油由10号或30号石油沥青溶解于柴油、汽油、苯或甲苯等有机溶剂中制成，用于涂刷在水泥砂浆、混凝土基层或金属配件基层上，使基层表面与沥青胶结材料之间形成一层胶质薄膜，以增强卷材与基层的黏结。

（3）沥青胶结材料。沥青胶结材料是将一种或两种标号的沥青按照一定配合量熔合，经熬制脱水后作为胶结材料，再在熔化后的沥青中掺入适当品种和数量的填充材料。熬制热沥青时要慢火升温，掌握火候，熬制温度太高，时间过长，易使沥青老化变质，影响沥青胶结材料质量。加热时间以3～4h为宜，建筑石油沥青胶结材料加热时，温度不应高于240℃，使用时温度应不低于190℃。

2. 沥青防水卷材防水层施工

工艺流程：基层表面清理、修整→找平层施工→喷、涂基层处理剂→节点处理→定位、弹线、试铺→铺贴卷材→收头处理、节点密封→清理、检查、修整→保护层施工。

(1) 找平层施工。找平层为基层（保温层）与防水层之间的过渡层，一般用1∶3水泥砂浆或1∶8沥青砂浆，水泥砂浆一般为5～30mm，沥青砂浆为15～25mm，找平层质量好坏直接影响防水层的铺贴质量。找平层的铺设，应当由远到近，由高到低，要求坡度准确，排水畅通，表面平整、坚固、干净、干燥，做到砂浆配合比准确，表面压光，充分养护。找平层设置分格缝，缝宽为20mm，分格缝宜留设在预制板支承边的拼缝处，分格缝间距为：采用水泥砂浆或细石混凝土时，不宜大于6m；采用沥青砂浆时，不宜大于4m，分格缝嵌填密封材料。

(2) 涂刷冷底子油。涂刷冷底子油之前，先检查找平层表面。找平层应当平整、干燥，其含水率应满足卷材铺贴要求，避免卷材起鼓，黏结不牢或被表面石屑、砂粒刺破，干燥程度的简易检查方法是将1m^2卷材平坦铺在找平层上，静置3～4h后掀开检查，找平层覆盖部分未见水印，即可铺设防水层。涂刷要薄且均匀，不得有空白、麻点、气泡等现象。

(3) 防水层施工。卷材防水层施工应当在屋面上其他工程完工后进行，施工前，应当准备好熬制、拌和、运输沥青，刷油、浇油、清扫、铺贴油毡等的操作工具以及安全和灭火器材。同时，做好节点、附加层和屋面排水等部位的处理。

(4) 保护层施工。为减少阳光辐射对沥青老化的影响，降低沥青表面温度，防止暴雨和冰雪对防水层的侵蚀，在防水层面表面增设绿豆砂或板块保护层。

3. 卷材的铺贴方向

当屋面坡度小于3%时，卷材宜平行于屋脊铺贴；当屋面坡度为3%～15%时，卷材可平行或垂直于屋脊铺贴；当屋面坡度大于15%或屋面受振动时，卷材应垂直于屋脊铺贴，上下层卷材不得相互垂直铺贴。

平行于屋脊铺贴时，应从天沟或檐口开始向上逐层铺贴，两幅卷材的长边搭接（压边）应顺流水方向，长边搭接宽度不小于70mm（满粘法）或100mm（空铺、点粘法、条粘法）。短边搭接（接头）应顺主导风向，搭接宽度不小于100mm（满粘法）或150mm（空铺、点粘法、条粘法），如图8.4所示。

相邻两幅卷材短边搭接缝应错开不小于500mm，上下两层卷材应错开1/3或1/2幅卷材宽度。平行于屋脊铺贴可一幅卷材一铺到底，工作面大、接头少、效率高，利用了卷材横向抗拉强度高于纵向抗拉强度的特点，防止卷材因基层变形而产生裂缝，宜优先采用。

垂直于屋脊铺贴时，则应从屋脊向檐口铺贴，压边顺主导风向，接头顺流水方向，屋脊处不能留设搭接缝，必须使卷材相互越过屋脊交错搭接以增强屋脊的防水和耐久性。

资源 8.3
卷材水平
铺贴施工

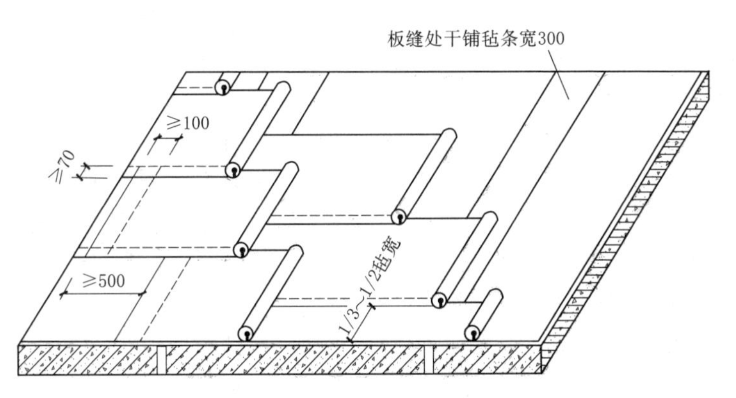

图 8.4 卷材水平铺贴搭接要求

铺贴大面积屋面防水卷材前，应先对落水口、天沟、女儿墙和沉降缝等地方进行加强处理，做好泛水处理，再铺贴大屋面的卷材。当铺贴连续多跨或高低跨屋面时，应按先高跨后低跨、先远后近的顺序进行。

8.1.2 高聚物改性沥青防水卷材防水工程

高聚物改性沥青防水卷材是指对石油沥青添加高分子聚合物进行改性，改善防水卷材性能，延长防水层寿命而生产的一类沥青防水卷材。其具有高温不流淌、低温不脆裂、抗拉强度高、延伸率大等优点，能较好地适应基层开裂及伸缩变形的要求，常用改性剂有"SBS""APP"，宽度均为1m，厚度为2～5mm，长度为5～20m。

1. 材料及其质量标准

（1）高聚物改性沥青防水卷材，根据高聚物改性材料的种类不同，常用的有SBS改性沥青卷材、APP改性沥青卷材、再生胶改性沥青卷材等；按胎体材料不同分为聚酯毡、麻布、聚乙烯膜、玻纤毡四类。

高聚物改性沥青防水卷材的外观质量应当符合表8.2的要求。

表 8.2 高聚物改性沥青防水卷材的外观质量要求

项　目	质　量　要　求
孔洞、缺边、裂口	不允许
边缘不整齐	不超过10mm
胎体露白、未浸透	不允许
撒布材料粒度、颜色	均匀
每卷卷材的接头	不超过1处，较短的一段不小于1000mm，接头处应当加长150mm

（2）基层处理剂及胶结材料。高聚物改性沥青防水卷材基层处理剂一般由卷材生产厂家配套供应，使用时按照产品说明书的要求进行，主要有改性沥青溶液和冷底子油。高聚物改性沥青防水卷材胶结材料由厂家配套供应，分为基层与卷材胶黏剂及卷材与卷材搭接的胶黏剂两种，胶结材料应当严格按照产品说明书使用。

2. 高聚物改性沥青防水卷材防水层施工

资源8.4
卷材施工
工艺

高聚物改性沥青防水卷材具有低温柔性和延伸率，可以单层铺设，也可以复合使用。改性沥青卷材施工的基层处理剂涂刷施工操作与冷底子油相似，依据高聚物改性沥青防水卷材的特性，其施工方法分为热熔法、冷粘法和自粘法。

(1) 高聚物改性沥青防水卷材热熔法施工。采用热熔法施工的改性沥青卷材是指在工厂生产过程中底面涂有一层软化点较高的改性沥青热熔胶的卷材，铺贴时不需涂刷胶黏剂，用火焰烘烤后直接与基层粘贴。热熔法可以节省胶黏剂，降低造价，施工时受气候影响小，适用于气温较低时施工，对基层表面干燥程度要求较低。采用热熔法施工的卷材厚度通常不低于3mm。

热熔卷材可以采用滚铺法或展铺法，一般用滚铺施工，滚铺法不展开卷材，边加热烘烤边滚动卷材铺贴，用排气辊压使卷材与基层黏结牢固，如图8.5所示。展铺法是先将卷材平铺于基层，再沿边掀起卷材予以加热粘贴，此法适用于打粘法铺贴卷材，如图8.6所示。热熔卷材可采用满粘法和条粘法，满粘法采用滚铺法施工，条粘法采用展铺法施工。

图8.5　卷材滚铺热熔法施工

图8.6　卷材展铺热熔法施工

热熔法施工使用的加热器为石油液化气火焰喷枪，火焰温度高，使用方便，施工速度快。施工时，喷枪与卷材的距离要适当，加热应当均匀，至热熔胶层出现黑色光泽、发亮至稍有微泡出现，不得过分加热或烧穿卷材。热熔后应立即滚铺卷材，滚铺时应排除卷材下面的空气，使之平展无褶皱，并用辊压黏结牢固。

(2) 高聚物改性沥青防水卷材冷粘法施工。冷粘法铺贴改性沥青卷材采用冷胶黏剂或冷沥青胶，将卷材贴于涂有冷底子油的屋面基层上。

冷粘法铺贴时，要求基层必须干净、干燥，含水率符合设计要求，否则易造成粘贴不牢和起鼓。为增强卷材与基层的黏结度，应当在基层上涂刷两道冷底子油。

(3) 保护层施工。在防水层铺设完毕并经清扫和检查合格后，要在卷材防水层的表面涂刷胶黏剂，边铺边撒膨胀蛭石粉或者均匀涂刷银色或绿色涂料作保护层。

3. 卷材的搭接长度

长边搭接宽度不小于80mm（满粘法）或100mm（空铺、点粘法、条粘法），短边搭接宽度不小于80mm（满粘法）或100mm（空铺、点粘法、条粘法）。

8.1.3 合成高分子防水卷材防水工程

合成高分子防水卷材是以合成橡胶、合成树脂为基料，加入适量的助剂和填料等，经混炼、压延或挤出等工序加工而成的防水卷材，一般宽度为1～1.2m，厚度有1mm、1.2mm、1.5mm、2mm四种规格，长度为10～20m。该卷材具有抗拉强度高，断裂伸长率大，耐热性能好，低温柔性大，耐腐蚀，耐老化，适应变形能力强，有较长的防水耐用年限，可进行冷加工或自粘法等优点。

1. 材料及其质量标准

（1）合成高分子防水卷材。合成高分子防水卷材主要有三元乙丙、聚氯乙烯、氯化聚乙烯-橡胶共混防水卷材等。上述几种合成高分子防水卷材的外观质量应当符合表8.3的要求。

表8.3　　合成高分子防水卷材外观质量

项　　目	质　量　要　求
折痕	每卷不超过2处，总长度不超过20mm
杂质	大于0.5mm的颗粒不允许出现，杂质颗粒的数量每$1m^2$不超过$9mm^2$
凹痕	每卷不超过6处，深度不超过本身厚度的30%，树脂深度不超过15%
胶块	每卷不超过6处，每处面积不大于$4mm^2$
每卷卷材的接头	橡胶类每20mm不超过1处，较短的一段不应小于3000mm，接头处应加长150mm，树脂类20m长度内不允许有接头

（2）基层处理剂及胶结材料。合成高分子防水卷材应当根据卷材品种与材料性能选用相应的基层处理剂，也可以将该品种的胶黏剂稀释后使用。

胶结分为基层与卷材的胶结、卷材和卷材的胶结两种，不同品种的合成高分子卷材应选用不同的专用胶黏剂，一般由卷材厂家配套供应，胶结材料应当严格按产品说明书进行使用。

2. 合成高分子防水卷材防水层施工

合成高分子防水卷材铺贴方法有冷粘法、自粘法和热风焊接法三种，合成高分子防水卷材防水的找平层、保护层做法与改性沥青防水卷材施工要求相同。

（1）冷粘法。冷粘法施工工艺与改性沥青卷材冷粘法相似，冷粘法合成高分子卷材应当在基层涂刷与胶黏剂相容的基层处理剂，以隔绝基层渗透的水分和提高基层表面与合成高分子卷材的黏结力。

冷粘法合成高分子卷材搭接缝黏结要求高，是合成高分子卷材铺贴的关键。施工时，胶黏剂涂刷均匀、不露底、不堆积，除控制好胶黏剂与黏合间隔时间外，黏合时要排净接缝间的空气并辊压黏牢，空铺、条粘法、点粘法应当按规定位置与面积涂刷胶黏剂，铺贴卷材应当平整顺直，搭接尺寸准确，接缝应当满涂胶黏剂，碾压黏结牢固，不得扭曲，破折溢出的胶黏剂应当随即刮平封口。采用胶黏剂时长边和短边的搭接宽度均不小于80mm（满粘法）或100mm（空铺、点粘法、条粘法）。

（2）自粘法。自粘法高分子卷材是指在工厂生产过程中，在卷材底面涂一层自粘胶，自粘胶表面敷一层隔离纸，施工时，将隔离纸剥离即可直接铺贴。

（3）热风焊接法。热风焊接法高分子卷材是对高分子卷材的搭接缝采取加热焊接的方法，主要用于塑料系高分子卷材（如聚氯乙烯防水卷材），采用热空气焊枪对防水卷材加热，以使胶体发黏进行搭接黏合。

8.2　涂　膜　防　水

涂膜防水工程是在屋面或地下室外墙面等基层表面涂刷一定厚度防水涂料，经常温固化后形成具有一定坚韧性的整体涂膜，从而达到防水目的的一种防水形式。涂膜防水效果好，施工简单，施工速度快，大多采用冷施工，可以改善劳动条件、减少环境污染，特别适用于表面形状复杂的结构防水施工，且易于修补、价格低廉。其缺点是涂膜厚度在施工中难以保持均匀一致。

8.2.1　涂膜防水材料及其质量标准

（1）涂膜防水材料的分类。防水涂料按照其组成材料，分为沥青基防水涂料、高聚物改性沥青防水涂料和合成高分子防水涂料；防水涂料按照涂料形成液态方式不同，分为溶剂型、反应型和水乳型。

（2）防水涂料的质量要求。现行防水涂料的质量要求分别见表8.4～表8.7。

表8.4　水乳型沥青基防水涂料的质量要求

项　目		质　量　要　求
固体含量/%		≥45
耐热度［(80±2)℃］		无流淌、滑动、滴落
低温柔度（标准条件）		绕ϕ30柔度棒，无裂纹、断裂
不透水性	压力/MPa	0.1
	保持时间/min	30，不渗水
断裂伸长率/%		≥600

表8.5　溶剂型橡胶沥青防水涂料的质量要求

项　目		质　量　要　求
固体含量/%		≥48
抗裂性	合格品	无裂纹
	一等品	
耐热度（80℃，5h）		无流淌、鼓泡、滑动
低温柔性，ϕ10，2h		无裂纹
不透水性	压力/MPa	0.2
	保持时间/min	30，不渗水
黏结性/MPa		0.2

表 8.6　　合成高分子防水涂料（反应型固化）的质量要求

项目	质量要求	
	Ⅰ类	Ⅱ类
固体含量/%	单组分>80；多组分>92	
拉伸强度/MPa	单组分>1.9，多组分>1.9	单组分>2.45，多组分>2.45
断裂伸长率/%	单组分>550，多组分>450	单组分>450，多组分>450
低温柔性（2h)/℃	单组分，−40；多组分，−35，无裂纹	

注　产品按拉伸性能分Ⅰ类和Ⅱ类。

表 8.7　　合成高分子防水涂料的质量要求

项目		质量要求		
		反应固化剂	挥发固化剂	聚合物水泥涂料
固体含量/%		94	65	65
拉伸强度/MPa		1.65	1.5	1.2
断裂延伸率/%		300	300	300
柔性/℃		−30，弯折无裂纹	−30，弯折无裂纹	−10，绕柔性 ϕ10 圆棒，无裂纹
不透水性	压力/MPa	0.3		
	保持时间/min	30		

防水涂料应当储存在清洁、密闭的塑料桶或铁桶内，容器表面应当有明显的标志，不同规格、品种和等级的防水涂料应当分别存放，存放时保持通风、干燥，防止日光直射。

8.2.2 涂膜防水施工

涂膜防水施工工艺：施工准备工作→板缝处理及基层施工→基层表面清理及修整→涂刷基层处理剂→节点及特殊部位增强处理→涂布防水涂料及铺贴胎体增强材料→防水层清理、检查与修整→保护层施工。

（1）施工准备工作。施工前，应当做好材料、施工机具等物质准备，同时熟悉图纸，了解节点处理及施工要求。

（2）确定涂膜顺序。涂膜应当遵循“先高跨、后低跨，先远后近”的原则，遇高低跨屋面时，先高跨、后低跨，相同高度屋面合理划分施工段，先涂布上料点远的部位，同一屋面先涂布排水较集中的部位，再进行大面积涂布。

（3）涂层应厚薄均匀、表面平整，不得有露底、漏涂和堆积等现象。涂膜厚度规定：沥青基防水涂膜在Ⅲ级防水屋面上单独使用时不应小于 8mm，Ⅳ级防水屋面或复合使用时不宜小于 4mm，高聚物改性沥青防水涂膜应不小于 3mm，在Ⅲ级防水屋面上复合使用时应不小于 1.5mm，合成高分子涂膜应不小于 2mm，在Ⅲ级防水屋面上复合使用时不宜小于 1mm。

（4）需铺设胎体增强材料的，当屋面坡度 $i \leqslant 15\%$时，可平行于屋脊铺设；当坡

度 $i>15\%$时，应垂直于屋脊铺设，并应由屋面最低处向上施工。

（5）涂膜防水层收头应当用防水涂料多遍涂刷或用密封材料封严，在涂膜未干前，不得在防水层上进行其他的施工作业，涂膜防水屋面上不得直接堆放物品。

（6）涂料成膜过程中应当连续无雨雪冰冻天气，否则会造成麻面、空鼓甚至溶解或被雨水冲刷。

（7）涂膜防水保护层可以采用细砂、云母、蛭石、浅色涂料、水泥砂浆或块材等。当用细砂、云母、蛭石时，应当在最后一遍涂料涂刷后立即撒上，并用扫帚轻扫均匀、轻拍粘牢。当采用浅色涂料作保护层时，应当在涂膜固化后进行。采用水泥砂浆或块体材料时，应当在涂膜与保护层之间设置隔离层。

8.3 刚性防水

刚性防水工程是指利用刚性防水材料做防水层的防水工程，常见的刚性防水工程有水泥砂浆防水工程、细石混凝土防水工程和防水混凝土结构防水工程。

与卷材及涂膜防水相比，刚性防水工程所用材料易得、价格低、耐久性能好、维修方便。但刚性防水层材料的抗拉强度低、极限拉应力小，易受到混凝土或砂浆的干湿变形、温度变形和结构变形的影响而产生裂缝。

防水水泥砂浆和防水混凝土主要用于地下工程，刚性细石混凝土防水主要适用于防水等级为Ⅲ级的屋面防水，也可作为防水等级为Ⅰ级、Ⅱ级屋面多道设防中的一道防水层。刚性防水不适用于设有松散保温层的屋面、大跨度和轻型屋盖的屋面以及有较大振动冲击的建筑。

8.3.1 水泥砂浆防水工程

水泥砂浆防水是指用普通水泥砂浆或在砂浆中掺入一定量防水剂，进行分层涂抹达到渗入目的，分为刚性多层抹面水泥砂浆和掺外加剂的水泥砂浆防水层。

水泥砂浆防水层适用于埋置深度不大，使用时不会因结构温度与湿度变化、沉降，以及受振动等而产生有害裂缝的地下防水工程。

1. 刚性多层抹面水泥砂浆防水层施工

刚性多层抹面水泥砂浆防水层是指将素灰和水泥砂浆分层交替抹压密实而构成一个多层整体防水层，其本身具有较高的抗渗能力。

（1）基层处理。对基层进行清理、浇水、找平，保证防水层与基层表面结合牢固、不空鼓和密实、不透水。砖砌体基层砌筑砂浆等级应不低于 M5，将砖墙表面残留的灰浆清理干净，保证和防水层牢固结合。

混凝土基层强度等级应不低于 C15，拆模后应当立即将表面清理干净，用钢丝刷将混凝土表面刷毛，当基层表面凹凸不平、深度大于 10mm 时，应当用素灰和水泥砂浆分层找平，抹完后将砂浆表面拉毛。

基层处理后须浇水湿润，浇水不足会使素灰层中的水分被基层吸收，导致防水层水化作用不充分而影响其强度及抗渗性。

（2）灰浆配制。灰浆拌制以机械拌制为宜，量少时也可以采用人工拌制，拌和时，应当严格按配合比拌和均匀，拌和好的灰浆应在规定的时间内使用完毕。

1）水泥浆，水泥和水拌和，水胶比为0.37～0.4，用在第一层、第三层，起到防水作用。同时，第一层素灰封闭结构基层细小孔隙与毛细通路，使基层与防水层紧密黏结。

2）水泥浆，水泥和水拌和，水胶比为0.55～0.6，用在迎水面做第五层，与第四层一起压光。

3）水泥砂浆，灰砂比为1∶2.5，水胶比为0.6～0.65，用在第二层、第四层，对素灰层起保护、养护和加固作用，第四层砂浆经多次抹压，密实性较好。

（3）施工方法。混凝土顶板及墙面防水层施工方法顺序如下：

1）素灰层，厚2mm。

2）水泥砂浆层，厚4～5mm。

3）素灰层，厚2mm。

4）水泥砂浆层，厚4～5mm。

5）水泥浆，厚1mm。

2. 掺外加剂的水泥砂浆防水层施工

水泥砂浆中掺入无机盐防水剂后，能填充水泥砂浆孔隙，减少裂缝，提高其抗渗能力。其适用于水压较小的工程或作为防水围护结构的防水加强层，常见防水剂有无机铝盐防水剂、氯化物金属防水剂、氯化铁防水剂、金属皂类防水剂等。

（1）防水剂配制。

1）材料要求。水泥宜采用普通水泥、矿渣水泥、火山灰质硅酸盐水泥，强度等级为32.5级以上，砂采用干净粗砂，平均粒径不小于0.5mm，最大粒径不大于3mm，含泥量不大于1%，水要采用饮用水。

2）防水剂配合比（表8.8、表8.9）。

表8.8　氢化物金属盐类防水剂配合比（质量比）

材料名称	水泥	砂	水	防水剂	备注
防水净浆	8		6	1	
防水砂浆	8	3	6	1	

表8.9　氢化铁防水剂配合比（质量比）

材料名称	水泥	砂	水	氢化铁防水剂	备注
防水净浆	1		0.55～0.6	0.03～0.05	
防水砂浆	1	2	0.55～0.6	0.03～0.05	

3）防水净浆及防水砂浆的配制方法。配制防水净浆时，应当将防水剂放入容器中加水搅拌均匀，再加入水泥继续搅拌均匀即可。配制防水砂浆，应当将防水剂和水混合搅拌均匀，再将砂和水泥干拌均匀，最后将防水溶液加入，反复搅拌均匀。

（2）防水层施工。掺外加剂的水泥砂浆防水层施工时基层要处理好，抹压密实，规范养护。

1）抹压法施工。在处理好的基层上涂刷一层防水净浆，随即分层铺抹防水砂浆，每层厚5～10mm，各层叠加总厚度不宜小于20mm，每层均抹压密实后用木抹子搓成麻面，养护凝固后，再铺抹上层砂浆，每层砂浆的连接槎应做成坡形阶梯槎。

2）扫浆法施工。在处理好的基层薄摊一层防水净浆，随即用棕刷往复涂擦，分层铺刷防水砂浆，每层厚度约10mm，下层砂浆养护凝固后，铺刷上层防水砂浆。上、下层铺刷方向应互相垂直，最后将防水砂浆表面扫出条纹。

3）氯化铁防水砂浆施工。在处理好的基层上涂刷一层掺氯化铁防水剂的防水净浆，分两次抹底层防水砂浆，总厚度不超过12mm，用力抹压，增强防水层与基层的黏结力。第一次应当在砂浆凝固前用木抹子搓成毛面，阴干后再次抹压搓毛，底层砂浆抹压后12h即可抹压面层。面层厚度为13mm，面层也应分两次抹压，保证在凝固前抹压密实，最后压光。

8.3.2　防水混凝土结构防水工程

防水混凝土依靠混凝土材料自身壁厚及其憎水性和密实性达到防水目的，防水混凝土分为普通防水混凝土和掺外加剂的防水混凝土两大类。

1. 防水混凝土及其配制

(1) 普通防水混凝土。普通防水混凝土通过调整混凝土的配合比来提高混凝土的密实度，以提高抗渗能力；控制混凝土的水胶比、水泥用量和砂率来保证混凝土中砂浆的质量和数量，控制孔隙形成，切断混凝土毛细管渗水通路，从而提高混凝土的密实性能和抗渗性能。

1）水泥，在不受侵蚀性介质和冻融作用时，宜采用硅酸盐水泥和普通硅酸盐水泥；在受侵蚀性介质作用时，可选用火山灰质硅酸盐水泥；在受冻融作用时，优先选用普通硅酸盐水泥，水泥强度等级不宜低于42.5级。

2）石子，选用组织致密、形状整齐的碎石、卵石或碎矿渣，石子含泥量不大于1%，针状、片状颗粒含量不大于15%，粒径宜为5～30mm，最大粒径不大于40mm，石子自然级配适宜。

3）砂，采用含泥量大于3%的中粗砂，平均粒径为0.4mm左右，粗粒颗粒级配要适宜，以天然河砂为优。

4）水，采用不含有害物质的洁净水。

普通防水混凝土配合比要求：水胶比宜在0.55以下，最大不超过0.6，坍落度不宜大于50mm，掺外加剂或采用泵送混凝土不受限制，每立方米的混凝土水泥用量不宜少于320kg，也不宜超过400kg，砂率宜为35%～40%，胶砂比宜为1∶2～1∶2.5。

(2) 掺外加剂的防水混凝土。掺外加剂的防水混凝土是指在混凝土中加入定量的有机物或无机物外加剂，改善混凝土性能及结构组成，提高混凝土密实性和抗渗性能，从而达到防水目的。常用的外加剂有防水剂、引气剂、减水剂及膨胀剂等。

1）三乙醇胺防水混凝土。混凝土中加入定量的三乙醇胺防水剂可以提高混凝土的抗渗性，并有早强、增强作用。冬期施工，除掺入用量为水泥用量的0.05%的三乙醇胺外，还须加入水泥用量的0.5%～1%的氯化钠和亚硝酸钠复合使用。三乙醇胺防水混凝土抗渗效果好、质量稳定、施工方便，适用于工期紧、要求早强及抗渗性较高的地下防水工程。

2）引气剂防水混凝土。混凝土中加入定量的引气剂，可以在混凝土中产生大量微小的、均匀的气泡，使混凝土流动性增加，易于振捣密实，减少用水量、沉降泌水及混凝土分层离析。同时，由于大量微小气泡以密闭状态均匀分布在水泥浆中，填充集料间隙，隔断渗水通路，因此可提高混凝土的抗渗性，提高混凝土抗冻性能。但由于引入引气剂，混凝土内存在大量微小气泡，会使混凝土强度相应降低，应当严格控制引气剂掺量。

引气剂防水混凝土适用于有抗冻及低水化热要求的地下防水工程。

3）减水剂防水混凝土。混凝土中加入定量的减水剂，可使混凝土工作性能得到明显改善，在保持流动性不变时，减少10%～20%的用水量，混凝土强度提高10%～30%，抗渗性能提高1倍，增加混凝土坍落度，减少拌和用水量，并减少混凝土游离水分，大幅降低泌水率，使混凝土的抗渗性能得到显著得高。

减水剂防水混凝土抗渗性能高、技术效果好，应用广泛，尤其适用于对施工工艺有特殊要求的防水工程，如滑模、泵送工艺等对坍落度要求高的防水混凝土工程。

4）氯化铁防水混凝土。混凝土中加入适量氯化铁防水剂，水泥水化过程中产生不溶于水的氢氧化铁、氢氧化铝等胶体，填充混凝土孔隙，增强密实性，同时降低泌水率，减少毛细孔隙，提高混凝土抗渗性。

氯化铁防水混凝土制作简单、成本较低，适用于水中结构、无筋或少筋混凝土工程。

2. 防水混凝土工程施工

（1）防水混凝土施工顺序：模板安装→钢筋绑扎→混凝土浇筑和振捣→混凝土养护。

（2）防水混凝土施工要点。

1）支模模板严密、不漏浆，一般固定模板的铁件不能穿过防水混凝土，结构用钢筋不得触击模板，避免形成渗水路径。当高墙需用螺栓固定模板时，应当用螺栓或套管加焊止水环、螺栓加堵头的方法，如图8.7所示。现场如图8.8所示。

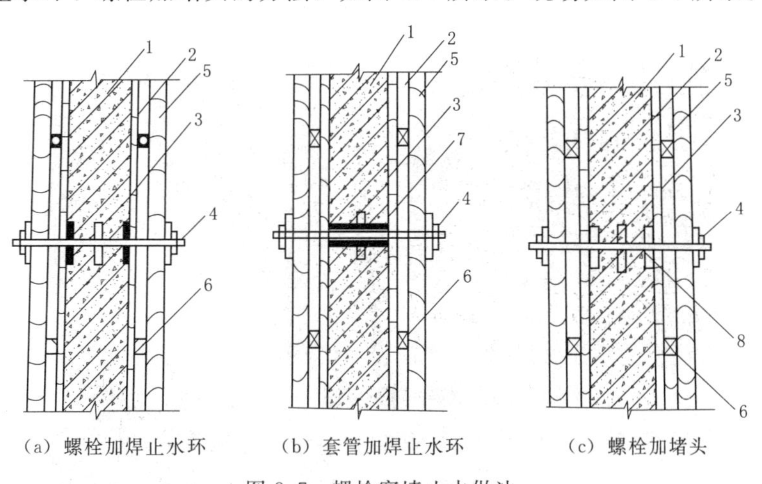

（a）螺栓加焊止水环　（b）套管加焊止水环　（c）螺栓加堵头

图8.7　螺栓穿墙止水做法

1—防水结构；2—模板；3—止水环；4—螺栓；5—垂直加劲肋；6—水平加劲肋；7—预埋套管；8—堵头

图8.8　螺栓加焊止水环

2）防水混凝土应采用机械充分均匀搅拌，不得采用人工搅拌，掺入外加剂的防水混凝土应适当延长搅拌时间。

3）防水混凝土底板应连续浇筑，不得留设施工缝。墙体只允许留设水平施工缝，位置应当留设在高出底板上表面不小于200mm的墙身上，不得留设在剪力与弯矩最大处或侧壁与底板交接处，如图8.9所示。如必须留设垂直施工缝，应当留设在结构的变形缝位置。

4）为使接缝严密，应进行施工缝混凝土凿毛处理，如图8.10所示，清除杂质，冲洗干净，保持湿润，铺一层20～50mm厚与混凝土成分相同的水泥砂浆，再继续浇筑混凝土。

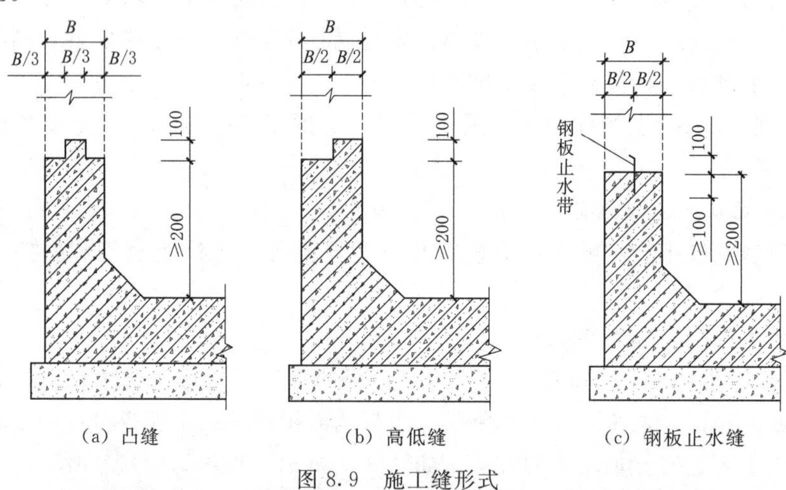

图8.9　施工缝形式

图8.10　施工缝处凿毛施工

5）防水混凝土浇筑后严禁打洞，所以预留洞口和预埋件在混凝土浇筑前必须埋设准确。混凝土终凝后即应覆盖浇水养护至少14d。

8.3.3 防水重点控制部位做法

8.3.3.1 屋面女儿墙

屋面女儿墙常用砖砌体施工，但由于砖砌体下面的水泥砂浆和屋面混凝土板是两种不同材料，两种材料的热膨胀系数不一样会导致女儿墙和屋面板交接的地方产生一条横向的裂缝，从而产生漏水问题，如图8.11所示。

图8.11 女儿墙漏水

女儿墙底部应浇筑素混凝土反坎，而且高度不低于300mm。

女儿墙漏水防治措施如图8.12所示。

8.3.3.2 车库（地下室）屋面变形缝漏水

由于车库（地下室）屋面上经常需要回填、绿化、硬质铺装，因此在车库（地下室）屋面变形缝的位置极易漏水，如图8.13所示。

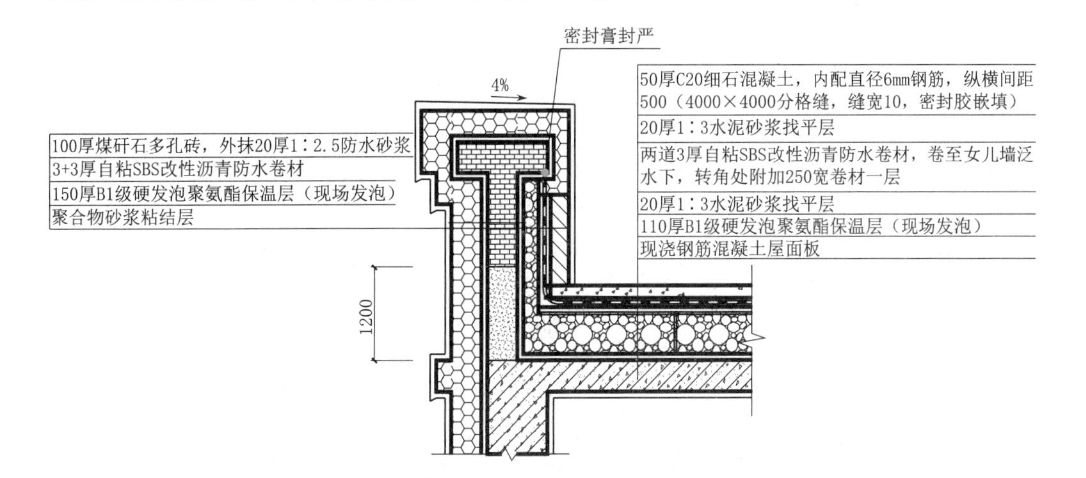

图8.12 女儿墙漏水防治措施

车库（地下室）屋面变形缝处漏水防治做法如图8.14所示。

【知识拓展】

党的二十大报告指出“推动战略性新兴产业融合集群发展，构建新一代信息技术、人工智能、生物技术、新能源、新材料、高端装备、绿色环保等一批新的增长引擎。”

中国建筑防水协会秘书长朱冬青指出，“大而不强”是建筑防水行业突出的表征，市场集中度不高、科技水平与国际存在差距、缺少国际知名品牌，尚未成为防水强国；科技创新力不足，缺乏基础研究，行业产品同质化严重；节能环保和绿色发展是行业目前面临的重大挑战；行业自律规范程度不高，市场生态还有较大修复空间，亟待构建行业公平竞争市场环境；人才培养乏力，职业教育任重道远；工程质量有待提高，建筑渗漏仍为工程质量“通病”之首。

图 8.13 车库（地下室）屋面变形缝处漏水

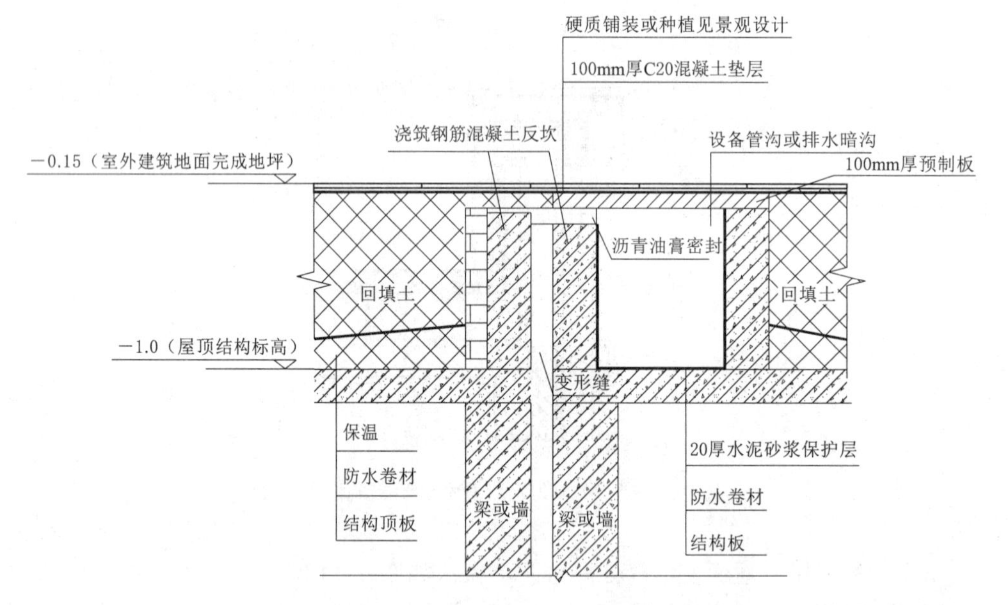

图 8.14 车库（地下室）屋面变形缝处漏水防治做法

资源 8.5
课后习题
参考答案

课 后 习 题

1. 如何确定卷材的铺贴方向和顺序？
2. 卷材的热铺法和冷粘法施工工艺分别是怎样的？

3. 简述涂膜防水屋面的施工工艺流程。
4. 刚性多层防水砂浆防水的施工要点是什么？
5. 防水混凝土结构的施工缝设置有哪些要求？
6. 常用的防水卷材有哪些种类？
7. 防水混凝土有哪几种堵漏技术？如何施工？
8. 地下防水层的卷材铺贴方案各具什么特点？
9. 地下防水工程有哪几种防水方案？
10. 简述常见屋面渗漏原因及其防治方法。

第9章 道 路 工 程

【项目案例引入】

某一级公路J合同段的路基施工。其中，K10＋000～K12＋100为填方路段，路线经过地带为旱地，原地面坡度较缓和，该路段的土方填筑工程量为69000m³；K12＋200～K12＋800为挖方路段，表面土质为砂性土，下面为风化的砂岩，其强度约为14MPa，挖方段的土方工程量为54000m³，石方工程量为5200m³；K12＋900～K16＋100为半填半挖路段，填挖方基本平衡，沿线无不良地质路段。

请确定K10＋000～K12＋100路段宜采用的路堤填筑方法。本合同段内进行土石方调配后还需要借土填筑多少方量？请指出土方路堤填筑的施工程序。

9.1 概 述

9.1.1 路基施工的重要性

路基作为道路的重要组成部分，是路面的基础，它不仅承载着路基土体本身的荷载作用，还承受行车荷载的反复作用，是道路的承重主体，必须具有足够的强度和整体稳定性。路基工程的施工质量直接影响路面的使用效果。因此，提高路基的强度和整体稳定性，保证路基施工质量，是关系到道路施工质量及使用寿命的关键。

路基工程土石方工程量大、分布不均匀，不仅与路基工程相关的措施如路基排水、防护与加固等相互制约，而且与道路工程的其他工程项目如桥梁、隧道、路面及附属设施相互交错。路基的隐蔽工程较多，路基施工质量不满足标准要求会给路面及自身留下隐患，一旦产生病害，不仅损坏道路使用品质，妨碍交通，造成经济损失，而且后患无穷，难以彻底根治。

9.1.2 路基施工的基本方法

路基施工的基本方法，按其技术特点大致可分为人力施工、机械化施工、水力机械化施工和爆破法施工等。

1. 人力施工

人力施工是传统方法，具有使用手工工具、劳动强度大、功效低、进度慢、工程质量难以保证等特点，但限于具体条件，短期内仍旧存在。该法适用于地方道路和某些辅助性工作。

2. 机械化施工

该法是保证公路施工质量和施工进度的重要条件，对于路基土石方工程来说，更具有迫切性。实践证明，单机作业的效率比人力及简易机械施工要高得多，但需要大量人力与之配合。由于机械和人力的效率差距过大，难以协调配合，单机效率受到限制，势必造成停机待料，机械的生产率降低。如果对主机配以辅机，相互协调，共同形成主要工序的综合机械化作业，功效才能大大提高。

3. 水力机械化施工

水力机械化施工也是机械化施工的方法之一，它运用水泵、水枪等水力机械，喷射强力水流，冲散土层并流运至指定地点沉积。水力机械适用于电源和水源充足，挖掘比较松散的土质及进行地下钻孔等。对于砂砾填筑路堤或基坑回填，水力机械化施工（称为水夯法）还可起到密实作用。

4. 爆破法施工

爆破法施工是石质路基开挖的基本方法，可以采用钻岩机钻孔与机械清理，也是岩石路基机械化施工的必备条件。除石质路堑开挖面外，爆破法施工还可用于冻土、泥沼等特殊路基施工，以及清除路面、开石取料与石料加工等。

上述施工方法的选择，应根据工程性质、施工期限、现有条件等因素而定，而且应因地制宜和综合使用各种方法。

9.1.3 路基施工的一般程序

施工单位接受施工任务后，即可着手进行施工准备工作。路基施工的一般程序和内容如图 9.1 所示。

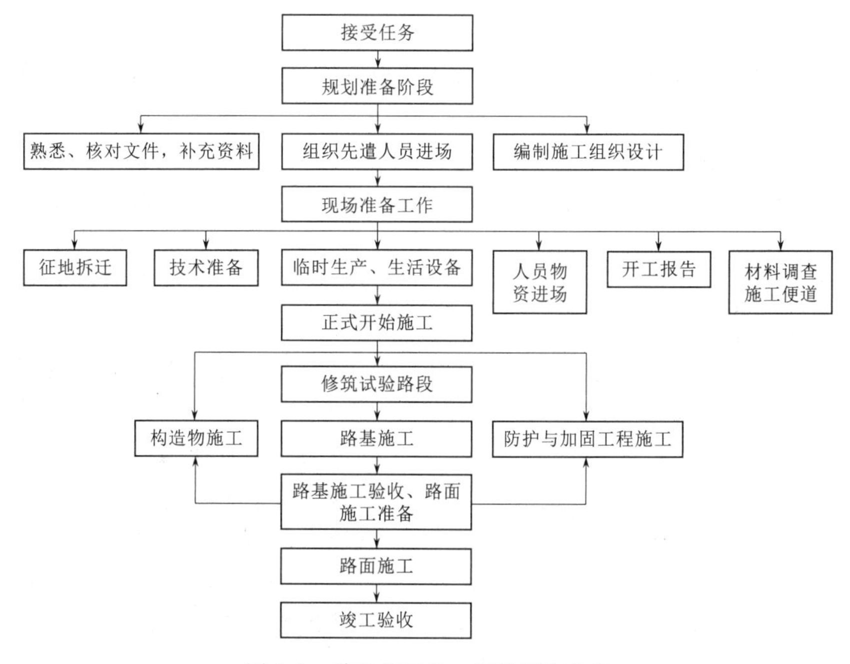

图 9.1 路基施工的一般程序和内容

施工准备工作除第一章准备工作内容外，还需要修筑试验路段，确定施工参数。

按照规范要求，二级及二级以上公路路堤、填石路堤、土石路堤、特殊填料路堤、特殊地区路基，或采用新技术、新工艺、新材料施工的路基，在正式施工前，应采取不同的施工方案和施工方法铺筑试验路段，并进行相关试验分析，从中选出路基施工的最佳方案以指导全线路基施工。试验段的选取应具有代表性，长度不宜小于200m，施工机械、施工材料和工艺方法要与后续全面施工时的相同。通过试验段铺筑可以确定各种填料的最佳含水率和碾压含水率、土的松铺厚度、压实机械规格及组合、相应的碾压遍数和碾压速度以及施工组织方法等。

9.2　一般路基施工

9.2.1　土方路基施工

为保证路基具有足够的强度、刚度、稳定性和耐久性，在路基工程施工过程中必须从基底处理、填料选择、压实、排水、防护等各方面加以重视。

9.2.1.1　原地面的处理

路基范围内的原地面应在路基施工前按下列要求进行处理：

(1) 地基表面碾压处理压实度控制标准为：二级及二级以上公路一般土质应不小于90%；三级、四级公路应不小于85%。对于低路堤，应对地基表层土进行超挖、分层回填压实，其处理深度应不小于路床厚度。

(2) 原地面坑、洞、穴等，应在清除沉积物后，用合格填料分层回填、分层压实，压实度应符合上述规定。对于可能存在空洞隐患的，应结合具体情况采取相应的处置措施。

(3) 泉眼或露头地下水，应按设计要求采取有效导排措施，将地下水引离后方填筑路堤。

(4) 地基为耕地、松散土质、水稻田、湖塘、软土、过湿土等时，应按设计要求进行处理，局部软弹的部分应采取有效的处理措施。

(5) 陡坡地段、填挖结合部、土石混合地段、高填方地段地基应按设计要求处理。

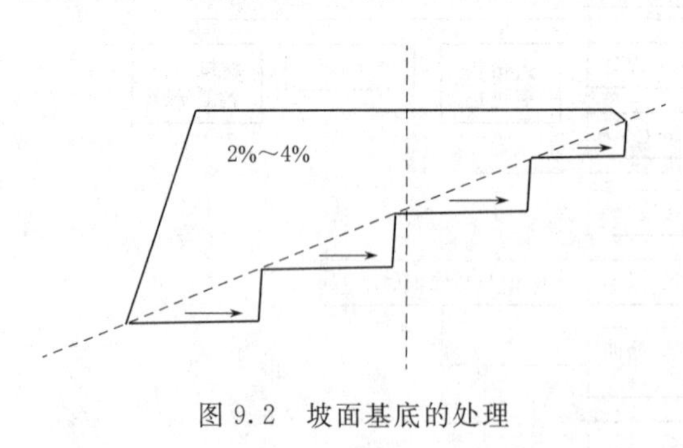

图9.2　坡面基底的处理

经验表明，当原地面坡度不大于1∶5时，只需要清除坡面上的树、草等杂物，将翻松的表层压实，即可保证坡面的稳定；当坡度陡于1∶5时，应将坡面做成台阶形，台阶宽度不小于2m，高度不大于1m，而且台阶顶面应做成向堤内倾斜2%～4%的坡度（图9.2）；当坡度陡于1∶2.5时，应对外坡脚进行特殊处理，如修筑护墙或护坡等。

（6）地下水位较高时，应按设计要求进行处理。

（7）特殊地段路基应先核对地勘资料，确定设计资料与实际的符合性、处理方法的适用性，必要时重新补勘地质、水文资料，根据结果重新确定处理方案。

9.2.1.2 路堤填料的选择

路堤填料尽可能就地取材，选择稳定性良好并具有较好强度的土石作填料，一般情况下，路堤填料的最小承载比和最大粒径应符合表9.1的规定。路堤基底原状土的强度不符合要求时，应进行换填，换填深度不应小于30cm，并予以分层压实，压实度应符合填方地段基底的压实标准。

表9.1　路基填料最小承载比和最大粒径要求

<table>
<tr><th colspan="4" rowspan="2">填料应用部分（路面底面以下深度）/m</th><th colspan="3">填料最小承载比（CBR）/%</th><th rowspan="2">填料最大粒径/mm</th></tr>
<tr><th>高速公路、一级公路</th><th>二级公路</th><th>三级、四级公路</th></tr>
<tr><td rowspan="7">填方路基</td><td colspan="2">上路床</td><td>0～0.30</td><td>8</td><td>6</td><td>5</td><td>100</td></tr>
<tr><td rowspan="2">下路床</td><td>轻、中及重交通</td><td>0.30～0.80</td><td rowspan="2">5</td><td rowspan="2">4</td><td rowspan="2">3</td><td rowspan="2">100</td></tr>
<tr><td>特重、极重交通</td><td>0.30～1.20</td></tr>
<tr><td rowspan="2">上路堤</td><td>轻、中及重交通</td><td>0.8～1.5</td><td rowspan="2">4</td><td rowspan="2">3</td><td rowspan="2">3</td><td rowspan="2">150</td></tr>
<tr><td>特重、极重交通</td><td>1.2～1.9</td></tr>
<tr><td rowspan="2">下路堤</td><td>轻、中及重交通</td><td>1.5以下</td><td rowspan="2">3</td><td rowspan="2">2</td><td rowspan="2">2</td><td rowspan="2">150</td></tr>
<tr><td>特重、极重交通</td><td>1.9以下</td></tr>
</table>

注　1. CBR是根据路基不同填筑部位压实标准的要求，按《公路土工试验规程》（JTG 3430—2020）试验方法规定浸水96h确定的。
2. 三级、四级公路铺筑沥青混凝土和水泥混凝土路面时，应采用二级公路的规定。
3. 表中上、下路堤填料最大粒径150mm的规定不适用于填石路堤和土石路堤。

1. 最稳定的填料

最稳定的填料主要有石质土（漂石土、卵石土、砾石土、中砂和粗砂等）和工业矿渣（钢渣、建筑废料等）两大类。这两种材料摩擦系数大，不宜压缩，透水性好，强度受水影响较小，是填筑路堤的最佳材料。

2. 密实后可以稳定的填料

这类材料可分为一般土和工业废料两类。前者通常指粉土质砂及砂和黏土所组成的混合土；后者主要有粉煤灰、电石灰等。这些材料经压实后能获得足够的强度和稳定性，是较好的常用的填筑材料，但在使用过程中应注意：

（1）土中的有机质含量不可超过5%。

（2）土中易溶盐含量不得超出规定的标准。

（3）填土施工要在最佳含水量状态下进行。

（4）必须按照一定的厚度铺筑，按要求分层压实。

（5）砂的黏性小，易松散，有条件时应适当掺杂一些黏性大的土或对路堤表面予以加固，以提高路堤的稳定性。

（6）用粉煤灰填筑路堤应符合有关规定的要求，其他工业废渣在使用前应进行有害物质的含量试验，避免有害物质超标，污染环境。

3. 稳定性差的填料

稳定性差的填料主要有高液限黏土、粉质土等。一般液限大于50%，塑限指数大于26的土，不宜作为公路路基填料。在特殊情况下，受作业现场条件限制必须使用时，通常做如下处理后方可使用。

（1）调解含水量，使填料保持最佳含水量状态。如果填料含水量过高，应晾晒或者降低地下水位，以降低填料的含水量；而含水量过低时，需要在填料上进行人工洒水，使其均匀湿润。在施工时应注意预计润湿时间，绝不可洒水后立即碾压。

（2）掺加外加剂改良，即利用石灰、水泥工业废料或其他材料做稳定剂对填料的性质进行改良，使其达到填筑要求。这种方法对含水量大、塑性高的土或强度不足的其他填料（如含有大量细粒砂的砂质土）都有较好的效果。

采用外加剂改良填料的施工方法，是将填料和外加剂按照一定比例拌匀后摊铺压实，一般采用路拌法施工，在施工现场用拌合机和平地机联合作业，也可由设在专门场地的厂拌设备制备。

9.2.1.3　路基填筑方式

路基填筑是把选定的填料以一定的方式运送到路基上，逐层填筑、铺平、碾压密实的过程。在路基施工中，实际填土宽度应大于填土层设计宽度，压实宽度不得小于设计宽度，最后进行削坡。填筑方式可分为水平分层填筑法、纵向分层填筑法、竖向填筑法和混合填筑法四种，如图9.3所示。

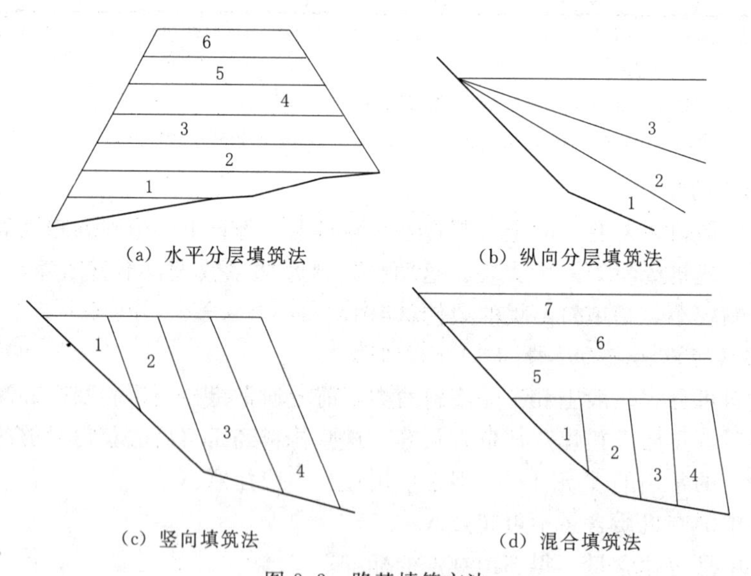

图9.3　路基填筑方法

1. 水平分层填筑法

路基填筑时按照横断面全宽分成水平层次，逐层向上填筑。如原地面不平，应由最低处分层填筑，每填一层，压实合格后再填筑上一层，以此循环进行，直至达到设计高程。此法施工操作方便、安全、压实质量容易保证，是最常用的一种填筑方法。

2. 纵向分层填筑法

纵向分层填筑适用于推土机或铲运机从路堑取土填筑运距较短的路堤。填方侧应按照要求，人工开挖土质台阶后，依纵坡方向分层，逐层推土填筑、碾压密实。原地面纵坡坡度大于12%的地段常采用此法。

3. 竖向填筑法

竖向填筑是从路基一端或两端按横断面的全部高度，逐步推进填筑，适用于无法自下而上分层填筑的深谷、陡坡、断岩或泥沼地区。此法不宜压实，还会出现路基沉陷不均匀的情况，因此，选用此法施工时，必须采取必要的技术措施：

(1) 选用高效能的压实机械，如振动式压路机等。

(2) 选用沉陷量较小的砂性土或废石方作为填料。

(3) 暂时不修建较高等级的路面，允许短期内自然沉降。

4. 混合填筑法

当公路路线穿过深谷陡坡，尤其是要求上部的压实度标准较高时，施工时可采用混合填筑法施工，即在路堤下层竖向填筑，上层水平分层填筑，以保证上部填土经分层压实获得需要的压实度。

9.2.1.4 路基填筑的注意事项

采用不同土质填筑路堤，在高等级公路施工中是十分常见的，若将不同性质的土任意混填，会造成路基病害，因此在施工中必须注意下列几点：

(1) 不同土质应分层填筑，层数应尽量减少，每层厚度不宜小于0.5m。不得混杂乱填，以免形成水囊或滑动面。

(2) 透水性差的土填筑在下层时，其表面应做成一定的横坡（一般为双向4%横坡），以保证能够及时排出来自上层透水性填土的水分。

(3) 为保证水分蒸发和排除，路堤不宜被透水性差的土层封闭，也不应覆盖在透水性较大的土所填筑的下层边坡上。

(4) 根据强度与稳定性要求，合理地安排不同土质的层位，一般不因潮湿及冻融而变更其体积的优良土应填在上层，强度（变形模量）较小的土应填在下层。

(5) 为防止用不同性质的土填筑的相邻两段路堤在交接处发生不均匀变形，交接处应做成斜面，并将透水性差的土填在斜面的下部。

(6) 若填方分几个作业段施工，两段交接处不在同一时间填筑，则先填地段应按1∶1坡度分层留台阶。若两个地段同时填，则应分层相互交叠衔接，其搭接长度不得小于2m。

9.2.1.5 土质路堑开挖

路堑开挖方式应根据路堑的深度和纵向长度，以及地形、土质、土方调配情况和开挖机械设备条件等因素确定，以加快施工进度和提高工作效率。路堑开挖方式可分为横挖法、纵挖法和混合式开挖法三种。

(1) 横挖法。从路堑的一端或两端按横断面全宽逐渐向前开挖，称为横挖法，也可称为全断面横挖法。这种开挖方法适用于短而浅的路堑。路堑深度不大时，可以一次挖到设计标高，称为单层横挖法，如图9.4 (a) 所示；路堑深度较大时，为增加作业面，以便容纳较多的施工机械，形成多向出土以加快施工进度，而在不同高度上分成几个台阶进行开挖，称为分层横挖法，如图 9.4（b）所示。用人工按分层横挖法开挖路堑时，所开设的施工台阶高度应符合施工安全要求，一般宜为 1.5～2.0m。若采用机械开挖路堑，每层台阶高度为 3～4m。当运距较近时采用推土机进行开挖，运距较远时宜采用挖掘机配合自卸汽车进行开挖，或用推土机推土堆积，再用装载机配合自卸汽车运土。开挖时应配合平地机或人工分层修刮、整平边坡。

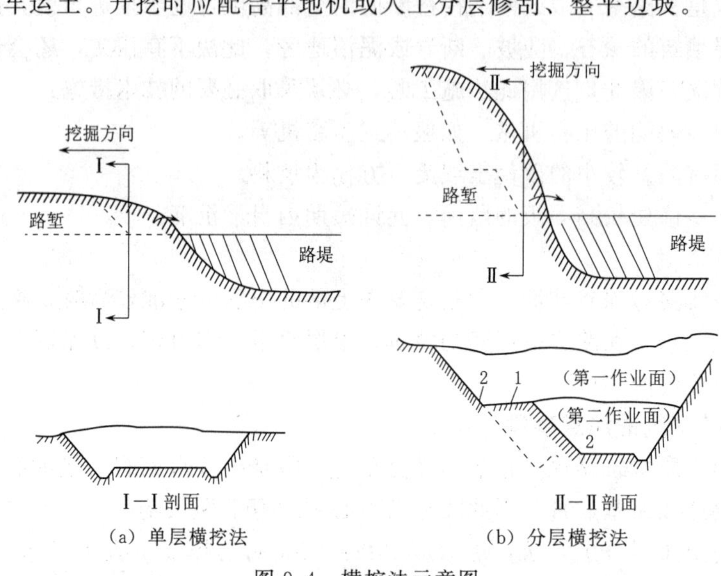

（a）单层横挖法　　（b）分层横挖法

图 9.4　横挖法示意图

1—第一台运土道；2—临时排水沟

（2）纵挖法。纵挖法是开挖时沿路堑纵向将开挖深度内的土体分成厚度不大的土层依次开挖，分为分层纵挖法和通道纵挖法两种。

分层纵挖法适用于路堑宽度和深度均不大的情况，在路堑纵断面全宽范围内纵向分层挖掘，如图 9.5 所示。当开挖地段地面横坡较陡、开挖长度较短（不超过 100m）且开挖深度不大于 3m 时，宜采用推土机作业。当挖掘的路堑较长（超过 1000m）时，宜采用铲运机或铲运机加推土机助铲作业。

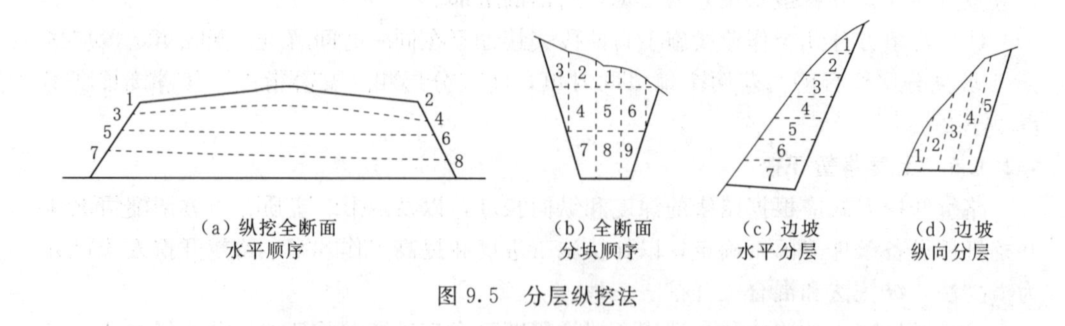

（a）纵挖全断面水平顺序　　（b）全断面分块顺序　　（c）边坡水平分层　　（d）边坡纵向分层

图 9.5　分层纵挖法

通道纵挖法适用于路堑较长、较宽、较深而两端地面坡度较小的情况。开挖时先沿纵向分层，每层先挖出一条通道，然后开挖通道两旁，通道作为机械运行和出土的路线，如图 9.6 所示。

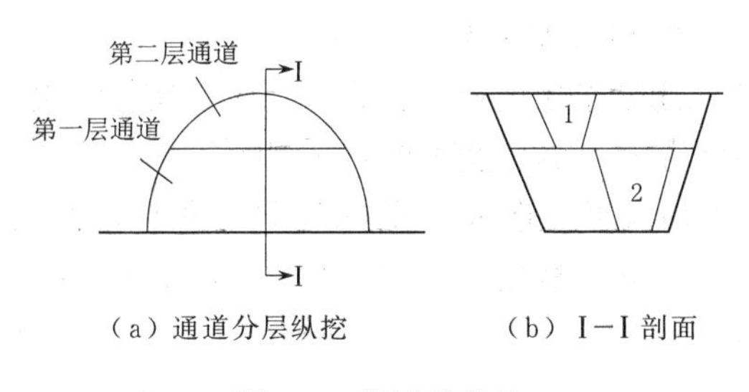

图 9.6　通道纵挖法

如果所开挖的路堑很长，可在路堑适当位置将路堑横向挖穿，把路堑分为几段，各段再采用纵向开挖的方式作业，这种挖掘路堑的方法称为分段挖掘法。这种挖掘方法可以增加施工作业面，减少作业面之间的干扰并增加出料口，从而大大提高工作效率，适用于傍山的深长路堑开挖。

(3) 混合式开挖法。混合式开挖法是将横挖法与纵挖法混合使用。开挖时先沿路堑纵向开挖通道，然后从通道开始沿横向坡面挖掘，以增加开挖坡面，每个开挖坡面能容纳一个施工作业组或一台机械。在挖方量较大地段，还可沿横向再挖掘通道以安装运土传送设备或布置运土车辆。这种方法适用于路堑纵向长度和深度都很大的地段，如图 9.7 所示。

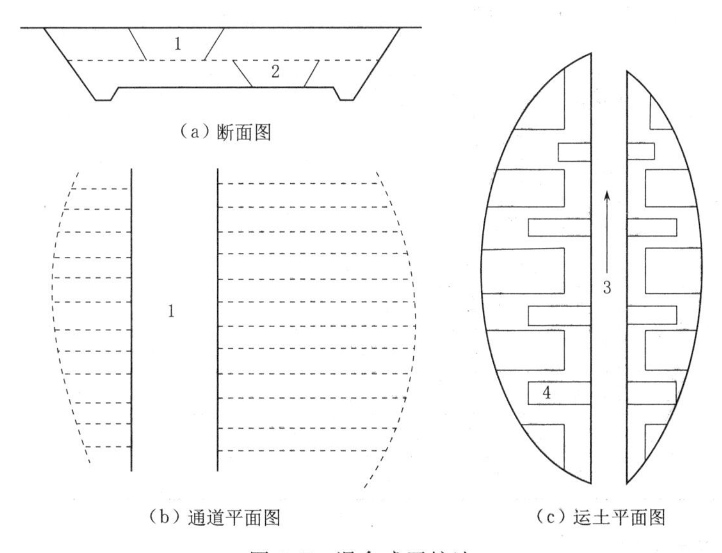

图 9.7　混合式开挖法

1、2—开挖的通道；3—纵向运土；4—横向运土

9.2.1.6　填土压实与质量检测

路基压实是保证路基质量的重要环节，路堤、路堑和路堤基底均应进行压实，且技术等级越高的公路，对路基的压实要求越严格。

路基压实的作用是提高填料的密实度，减小孔隙率；增强填料颗粒之间的接触面，增大凝聚力或嵌挤力，减少形变，为路基的正常工作提供良好的基础。

1. 影响路基压实效果的主要因素

影响路基压实效果的因素是多方面的，有内因也有外因，内因主要是土的性质和含水量，外因主要是压实功能、压实方法和压实机具。

2. 路基压实标准

通常采用干密度作为表征土基密实程度的指标。在路基施工中，主要将压实度作为衡量土基压实程度的重要指标。

压实度是指压实后土的干密度与该种土室内标准击实试验所得的最大干密度之比。压实土体的干密度可按以下公式计算：

$$\gamma = \frac{\gamma_w}{1 + 0.01\omega} \tag{9.1}$$

式中　γ_w——土的天然湿密度，g/cm^3，一般以环刀法或灌砂法现场测定；

ω——土的含水量，一般以酒精燃烧法或烘干法测定，%。

按照技术规范规定，不同等级道路及不同深度路床，其压实度要求也不同，道路等级越高压实度要求也越高。路基压实过程中，只有达到规定的压实度，才能保证路基的强度和稳定性。土质路堤的压实度标准见表9.2。

表9.2　　　　土质路堤压实度标准

<table>
<tr><th colspan="4" rowspan="2">填筑部位（路面底面以下深度）/m</th><th colspan="3">压实度/%</th></tr>
<tr><th>高速公路、一级公路</th><th>二级公路</th><th>三级、四级公路</th></tr>
<tr><td rowspan="7">填方路基</td><td colspan="2">上路床</td><td>0～0.30</td><td>≥96</td><td>≥95</td><td>≥94</td></tr>
<tr><td rowspan="2">下路床</td><td>轻、中及重交通</td><td>0.30～0.80</td><td rowspan="2">≥96</td><td rowspan="2">≥95</td><td>≥94</td></tr>
<tr><td>特重、极重交通</td><td>0.30～1.20</td><td>—</td></tr>
<tr><td rowspan="2">上路堤</td><td>轻、中及重交通</td><td>0.8～1.5</td><td rowspan="2">≥94</td><td rowspan="2">≥94</td><td>≥93</td></tr>
<tr><td>特重、极重交通</td><td>1.2～1.9</td><td>—</td></tr>
<tr><td rowspan="2">下路堤</td><td>轻、中及重交通</td><td>>1.5</td><td rowspan="2">≥93</td><td rowspan="2">≥92</td><td rowspan="2">≥90</td></tr>
<tr><td>特重、极重交通</td><td>>1.9</td></tr>
<tr><td rowspan="3">零填及挖方路基</td><td colspan="2">上路床</td><td>0～0.30</td><td>≥96</td><td>≥95</td><td>≥94</td></tr>
<tr><td rowspan="2">下路床</td><td>轻、中及重交通</td><td>0.30～0.80</td><td rowspan="2">≥96</td><td rowspan="2">≥95</td><td rowspan="2">—</td></tr>
<tr><td>特重、极重交通</td><td>0.30～1.20</td></tr>
</table>

9.2.2　石方路基施工

9.2.2.1　填石路堤施工

填石路堤一般是指用粒径大于40mm，含量超过70%的石料填筑的路堤。用于填石路基的石料强度不应小于15MPa，用于护坡的石料强度不应小于20MPa。填料最大粒径不大于500mm，且不宜超过分层压实厚度的2/3；石料性质差异较大时，不同性质的石料应分层或分段填筑。

1. 填石路堤施工工艺流程

填石路堤的填筑方法主要包括竖向填筑法（倾填法）、分层压实法（碾压法）、冲击压实法和强力夯实法。在分层压实法中，填石路堤将填方路段划分为四级施工台阶、四个作业区段，按照施工工艺流程进行分层施工。四级施工台阶是：在路基面以下0.5m为第一级台阶，0.5～1.5m为第二级台阶，1.5～3.0m为第三级台阶，超过

3.0m 为第四级台阶。四个作业区段如图 9.8 所示。

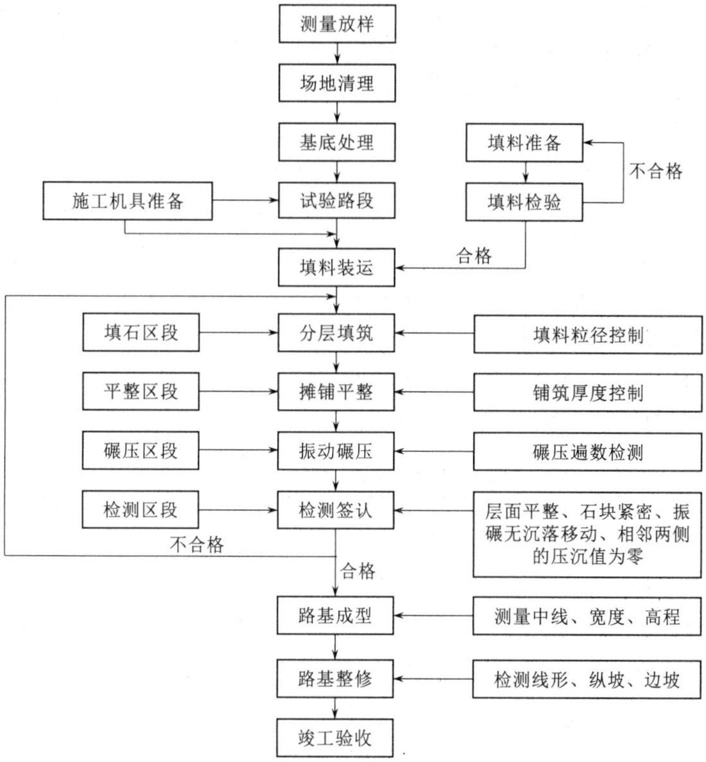

图 9.8 填石路堤施工工艺流程

施工中填方和挖方作业面形成台阶状，台阶间距视具体情况和适应机械化作业而定，一般长为 100m 左右。填石作业自最低处开始，逐层水平填筑，每一分层先是机械摊铺主骨料，平整作业铺嵌缝料，将填石空隙以小石子或石屑填满铺平，采用重型振动压路机碾压，直至填筑层顶面石块稳定。

2. 填石路堤施工要求

(1) 填石路堤应分层填筑压实，在陡峻山坡地段施工特别困难时，三级及三级以下砂石路面公路的下路堤可采用倾填的方式填筑。

(2) 岩性相差较大的填料应分层或分段填筑，软质石料与硬质石料不得混合使用。

(3) 填石路堤顶面与细粒土填土层之间应填筑过渡层或铺设无纺土工布隔离层。

(4) 压实机械宜选用自重不小于 18t 的振动压路机。

(5) 填石路堤采用强夯、冲击压路机进行补压时，应避免对附近构造物造成影响。

(6) 用中硬、硬质石料填筑路堤时，应进行边坡码砌。边坡码砌应与路基填筑同步进行。

(7) 采用易风化岩石或软质岩石石料填筑时，应按设计要求采取边坡封闭和底部设置排水垫层、顶部设置防渗层等措施。

(8) 填石路堤施工过程中要加强质量控制（表9.3），施工过程中每一压实层，应采用试验路段确定的工艺流程、工艺参数进行控制，压实质量可采用沉降差指标进行检测。施工过程中，每填高3m宜检测路基中线和宽度。

表9.3　填石路堤压实质量标准

分区	路床顶面以下深度/m	硬质石料孔隙率/%	中硬石料孔隙率/%	软质石料孔隙率/%
上路堤	0.80～1.50	≤23	≤22	≤20
下路堤	>1.50	≤25	≤24	≤22

9.2.2.2　石质路堑施工

由于岩石坚硬，石质路堑开挖往往比较困难，对施工进度的影响较大，尤其是山区石方路堑集中的路段。因此，采用什么样的开挖方法对施工进度有着决定性的影响。一般来说，应根据岩石条件、开挖尺寸、工程量和施工技术要求，通过多方案比较确定合理的施工方法。

(1) 爆破法开挖也称为钻爆开挖，是目前广泛采用的开挖施工方法，是利用炸药爆炸的能量将土石炸碎以利于开挖运输或借助爆炸的能量将土石移动到预定的位置。用此种方法开挖石方路堑具有功效高、速度快、劳动力消耗少、施工成本低等特点。爆炸后采用机械清方，是非常有效的路堑开挖方法。

(2) 松土法开挖是充分利用岩体的各种裂缝和结构面，先用带有松土器的重型推土机将岩体翻松，再用推土机或装载机与自卸汽车配合将翻松的岩块搬运到指定的地点。该法适用于施工场地广阔、大方量的软岩石方工程。优点是避免了危险的爆破法作业，不需要风、水、电辅助设施，简化了场地布置，有利于挖方边坡的稳定和附近建筑设施的安全。凡能用松土法开挖的石方路堑，应尽量不采用爆破法施工。随着大功率施工机械的使用，松土法也越来越多地应用于石质路堑的开挖，而且开挖的效率越来越高，能够使用松土法施工的范围也越来越广。

(3) 破碎法开挖是利用破碎机凿碎岩块，然后进行挖运作业。这种方法是将凿子安装在推土机或挖掘机上，利用活塞的冲击作用使凿子产生冲击力以凿碎岩石，其破碎岩石的能力取决于活塞的大小。破碎法主要用于岩体裂缝较多、岩块体积小、抗压强度低于100MPa的岩石。由于开挖效率不高，该法只能用于上述两种方法不能使用的局部场合，作为爆破法和松土法的辅助作业方式。

9.3　软土路基施工

软土是指天然含水量高、天然孔隙比大、抗剪强度低、压缩性高的细粒土，包括淤泥、淤泥土、泥炭、泥炭质土等。在软土地基上修筑公路，若不加以处治或处治不当，往往会导致路基失稳或过量沉陷，造成公路无法正常使用。

软土在我国滨海平原、河口三角洲、湖盆地周围及山涧谷地均有广泛分布。在这些软土地区修建高速公路，经常会遇到地基土强度、变形、稳定性、渗漏等方面的问题。在工程施工中，尤其将施工期间和工后的沉降作为主要控制因素，因此需要进行地基处理来减少沉降。软土地基处理是采用置换、夯实、排水、胶结、加筋或化学处理方法等对地基进行加固，以改善地基土的强度、压缩性、渗透性、动力特性等。软土路基的处理方法较多，现就一些常用措施予以介绍。

1. 浅层处理法

浅层处理法适用于表面软土厚度小于3m的浅层软弱地基处理，可采用换填垫层、抛石挤淤、稳定剂处理等方法。

（1）砂垫层。在软土层顶面铺设垫层（主要起到浅层水平排水的作用），在软土与路堤之间增设一排水面，使软土在路堤自重的压力作用下加速沉降发展，缩短固结时间，提高地基强度，但对基底应力分布与沉降量的大小无显著影响。垫层厚度以保证不致因沉降发生断裂为宜，目前多选用50cm厚。

砂垫层施工简便，不需要特殊机具设备，占地较少。但需控制填筑速度及加荷速率，使地基有充分时间进行排水固结。因此，砂垫层适用于施工期限不紧迫、砂料来源充足、运距不远的施工环境。

（2）反压护道。在路堤两侧填筑一定宽度和高度的护道，以改善路堤荷载的方式来增加抗滑力，使路堤下地基土不被挤出或隆起，从而保证路堤的稳定。

此种方法施工简便，不需要特殊的机具设备和材料，也不需要控制填土速率，但土方量大，占地面积广，仅适用于非耕地区和取土不困难的地区。后期沉降大，需经常抬道，给养护工作带来很大的工作量。

（3）抛石挤淤。在路基底部抛投一定数量片石，将淤泥挤出基底范围，以提高地基的强度。这种方法施工简单、迅速、方便，适用于常年积水的洼地，排水困难、泥炭呈流动状态、厚度较薄、表层无硬壳、片石能沉达底部的泥沼或软土中，或者由于场地原因施工机械无法进入的情况。

抛投片石的大小，随泥炭或软土的稠度而定。抛投顺序，应先从路堤中部开始，中部向前突进后再渐次向两侧扩展，以便淤泥从两旁挤出。当软土或泥沼底面有较大的横坡时，抛石应从高的一侧向低的一侧扩展，并在低的一侧多抛填一些。片石露出水面后，宜采用重型压路机进行反复碾压，然后铺设反滤层，再进行填土。

2. 排水固结法

排水固结法是软基处理最基本的方法之一，当被加固软土地基较深或渗透性较差，表层处理方法已不能满足工程工期要求时，常在地基中打设垂直排水通道，如砂井、袋装砂井和塑料排水板等竖向排水体，缩短排水距离，加速地基固结。

（1）砂井。在软土路基中做成许多按一定规格排列的圆形砂柱，使地基在附加荷载的作用下，加速排水固结，提高强度，增加地基的承载力，从而保证路堤的稳定性。

施工中砂井孔眼的施打方法有打入钢管、高压射水及爆破等，在孔眼中灌进中粗砂即为排水砂井。砂井顶面与填土之间，用砂垫层或砂沟与砂井相连，构成地基的排水系统。

此种方法少占农田，节约土方，后期沉降较小，地基承载力可提高3倍以上。当软土层软土厚度超过5m，路堤高度大于填筑临界高度的1～2倍，采用其他简易方法不能满足实际要求时，常采用砂井加固。

（2）袋装砂井。为了节约用砂量和保持砂井的连续性，现在多采用袋装砂井。选用聚丙烯或其他适宜编织料制成的砂袋，长度为设计的砂井长，砂袋中灌入渗水率较高的中、粗砂（粒径大于0.5mm的砂的含量宜占总重的50%以下，含泥量不应大于3%，渗透系数不应小于5×10^{-3} cm/s），利用振动锤将套管打入地基，达到设计深度后，将灌满砂子的砂袋放入套管，拔出套管，砂袋留在软土地基中形成袋装砂井。砂袋顶端应有20～30cm余长，并埋入砂垫层中，以便土体中的水分顺利排出。

袋装砂井的施工工艺流程：原地面整平→摊铺下层砂垫层→机具定位→打入套管→沉入砂袋→拔出套管→机具移位→埋砂袋头→摊铺上层砂垫层。

（3）塑料排水板。塑料排水板是由芯体和滤套组成的复合体，或由单重材料制成的多孔管道板带（无滤套）。塑料排水板要在砂垫层完成后施工，确定插设排水板的范围，并确定每根排水板的具体位置，插板机对中调平，把排水板在钻头上安装好，开动打桩机捶打钻杆，将塑料排水板送入设计深度，提升钻杆，将地面上的塑料排水板截断，并按规范要求留有一定富余长度。

塑料排水板的施工工艺流程：原地面整平→摊铺下层砂垫层→机具定位→安装排水板桩靴→插入套管→拔出套管→割断塑料排水板→机具移位→摊铺上层砂垫层。

3. 复合地基法

当软土层较厚，采用排水固结法处理不能满足稳定、工后沉降、工期等要求时，或对于软土层较厚的路堑及高度小于基床厚度的低路堤路段，以及软土层较厚的支挡建筑物基础或路堑边坡，可在软土地基中掺入水泥、石灰等，用喷射、搅拌的方式使其与土体充分混合固化，或把一些能固化的化学浆液（水泥浆、水玻璃、氯化钙溶液等）注入地基土空隙，以改善地基土的物理力学性质，达到加固软土地基的目的。

近年来，随着地基处理技术的发展和推广应用，复合地基技术在土木工程中得到了越来越广泛的应用，常见的复合地基处理形式有水泥土搅拌桩、高压喷射注浆法、石灰桩、挤密碎石桩、水泥粉煤灰碎石桩（CFG桩）、土工织物等，见表9.4。

表9.4　复合地基法的分类

复合地基法分类	加固方法	适用范围
水泥土搅拌桩	水泥土搅拌桩施工时分为干法（也称粉体搅拌法）和湿法（也称浆液喷搅法）两种。湿法利用深层搅拌机，将水泥浆与地基土在原位拌和；干法是利用粉喷机，将水泥粉或石灰粉与地基土在原位拌和。搅拌后形成柱状水泥体，可提高地基承载力，减少沉降，增加地基稳定性和防止渗漏	适用于淤泥、淤泥质土、含水量较高、地基承载力不大于120kPa的黏性土、粉土等软土地基。在有较厚泥炭土层的软土地基上，宜通过试验确定其适用性，并可适量添加磷石膏以提高搅拌桩身强度

续表

复合地基法分类	加固方法	适用范围
高压喷射注浆法	利用钻机把带有喷嘴的注浆管钻到设计深度的土层，将浆液高压冲击土体，使土体与浆液搅拌混合，并按一定的浆土比例和质量重新组合，在土中形成一个固结体	适用于淤泥、淤泥质土、黏性土、黄土、砂土、人工填土和碎石土等地基。对于湿陷性黄土以及土中含有较多的大粒径块石、坚硬黏性土、大量植物根茎或过多有机质时，应根据现场试验结果确定其适用范围
石灰桩	利用打桩机成孔过程中，沉管对土体的挤密作用和新鲜的生石灰成桩时对桩周围土体的脱水挤密作用使周围土体固结	适用于渗透系数适中的软黏土、杂填土、膨胀土、红黏土、湿陷性黄土。不适用于地下水位以下的渗透系数较大的土层
挤密碎石桩	利用成孔过程中沉管对土的横向挤密及振密作用，使土体向桩周挤压，桩周土体得以挤密，同时分层填入并夯实碎石，形成碎石桩，使桩与土形成复合地基	适用于松散的非饱和黏性土、杂填土、湿陷性黄土、疏松的砂性土。对于饱和软黏土，应慎重使用
CFG 桩	利用振动打桩机击沉桩管，在管内边振动边填入碎石、粉煤灰、水泥和水按一定比例的配合材料，形成半刚性的桩体，与原地基形成复合地基	适用于淤泥、淤泥质土、杂填土、饱和及非饱和的黏性土、粉土
土工织物	利用土工织物的强度、韧性等力学特性，扩散土中应力，增大土体的刚度和抗拉强度，与土体构成各种复合土工结构	适用于砂土、黏性土和软土的加固，或用作反滤、排水和隔离的材料

9.4 路面施工

路面是将筑路材料铺筑在路基顶面上，供车辆行驶的层状构造物，具有承受车辆荷载、抵抗车辆磨损、保持路面表面平整和保护路基的作用。通常按各个层位功能的不同，把路面划分为面层、基层和功能层三个层次。

面层是直接同行车和大气接触的表面层层次，承受较大的行车荷载的垂直力、水平力和冲击力的作用，同时还受到降水的侵蚀和气温变化的影响，应具有较高的结构强度和抗变形能力、较好的水稳定性和温度稳定性，还应当耐磨、不透水，表面应具有良好的抗滑性和平整度。

修筑面层所用的材料主要有水泥混凝土、沥青混凝土、沥青碎（砾）石混合料、砂砾或碎石掺土和不掺土的混合料以及块料等。

基层主要承受由面层传来的车辆荷载的垂直力，并扩散到下面的垫层和土基中，实际上基层是路面结构中的承重层，应具有一定的强度和刚度，并具有良好的扩散应力的能力。基层遭受大气因素的影响虽然比面层小，但仍然有可能经受地下水和通过面层渗入雨水的侵蚀，所以基层结构应具有足够的水稳定性。

9.4.1　路面基层施工

9.4.1.1　半刚性基层

半刚性基层是由无机结合料与集料或土组成的混合料铺筑的，具有一定厚度的路面结构层。按结合料种类和强度形成机理的不同，半刚性基层可分为石灰稳定土、水泥稳定土及石灰工业废渣稳定土三种。

施工根据拌和方式的不同可分为厂拌法施工和路拌法施工。一般高等级公路的基层或底基层多采用厂拌法施工，低等级公路的基层或底基层可采用路拌法施工。

1. 厂拌法施工

厂拌法施工是在中心拌和厂（场）将原材料拌和成混合料，然后运至施工现场进行摊铺、碾压、养护等工序作业的施工方法。

（1）准备下承层。下承层应平整、密实，无松散、“弹簧”等不良现象，并符合设计标高、横断面宽度等几何尺寸，验收合格后方可进行基层施工。

（2）施工放样。主要是恢复道路中线，在直线段每隔20m、曲线段每隔10～15m设一中桩，并在两侧路肩边缘设置指示桩，在指示桩上标记出基层的边缘设计标高及松铺厚度的位置。

（3）材料准备。半刚性基层的原材料应符合质量要求，料场中的各种原材料应分部堆放，不得混杂。雨季在潮湿多雨地区或其他地区施工时，应注意采取措施防止材料被雨淋，尤其是细集料表面应覆盖遮雨布等进行防护。

（4）拌和。拌和时应按混合料配合比要求准备配料，使集料级配、结合料剂量等符合设计，并根据原材料实际含水量调整向拌合机内的加水量。

（5）摊铺。如下承层是稳定细料土，应先将下承层顶面拉毛，再摊铺上层混合料。高等级公路的半刚性基层应用沥青混合料摊铺机、水泥混凝土摊铺机或专用稳定土摊铺机摊铺，这样可保证基层的强度及平整度、路拱横坡、标高等质量指标符合设计和施工规范要求。摊铺过程中应严格控制基层的厚度和高程，禁止用薄层贴补的办法找平，确保基层整体承载能力。

（6）碾压。摊铺整平的混合料应立即用12t以上的振动压路机、三轮压路机或轮胎压路机碾压。

水泥稳定类混合料从加水拌和开始到碾压完毕的时间称为延迟时间。混合料从开始拌和到碾压完毕的所有作业必须在延迟时间内完成，以免混合料的强度达不到设计要求。厂拌法施工的延迟时间为2～3h。

（7）养护与交通管制。养护期应采取洒水保湿措施，在铺筑上层之前，至少养护7d。养护期间封闭交通，若必须开放交通，应限制重型车辆通行并控制行车速度。养护期结束，应立即施工上层，以免产生收缩裂缝；也可先铺设封层，开放交通，待基层充分开裂后，再施工上层，以减少反射裂缝。

2. 路拌法施工

路拌法施工是将集料或土、结合料按照一定顺序均匀平铺在施工作业面上，用路拌机械拌和均匀并使混合料含水量接近最佳含水量，然后进行碾压等工序的作业。

路拌法施工的流程为：准备下承层→施工放样→备料、摊铺土→洒水闷料→整平、轻压→摆放和摊铺水泥→拌和（干拌）→加水并湿拌→整形→碾压→接缝和掉头处的处理→养生。

9.4.1.2 级配碎（砾）石基层

级配碎（砾）石基层由粗、细碎石和石屑各占一定比例、级配符合要求的碎石的混合料铺筑而成。级配碎（砾）石基层适用于各级公路的基层和底基层，还可用作较薄沥青面层与半刚性基层之间的中间层。

级配碎（砾）石基层的施工方法有路拌法和厂拌法两种。级配碎石用作半刚性路面的中间层以及用作二级以上公路的基层时，应采用集中厂拌法，并用摊铺机摊铺混合料。级配砾石宜采用路拌法，其施工流程如图 9.9 所示。

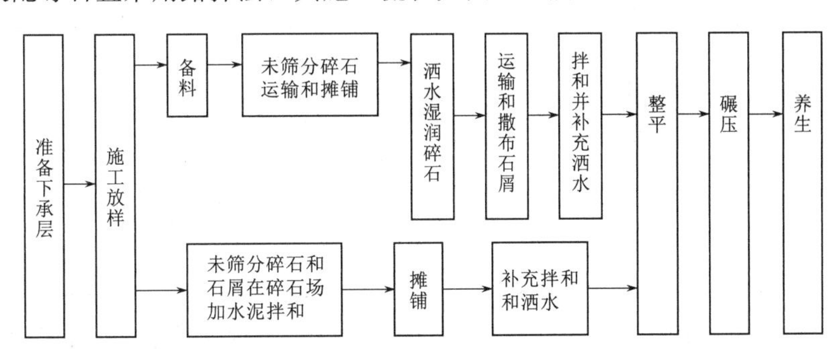

图 9.9 级配碎（砾）石路拌法施工流程

9.4.2 沥青路面施工

9.4.2.1 施工准备

铺筑沥青层前，应检查基层或下卧沥青层的质量，不符合要求的不得铺筑沥青面层。旧沥青路面或下卧层已被污染时，必须清洗或铣刨处理后方可铺筑沥青混合料。

沥青混合料必须在对同条件公路配合比设计和使用情况调查研究的基础上，充分借鉴成功的经验，选用符合要求的材料，进行配合比设计。沥青混合料的矿料级配应符合工程规定的设计级配范围。

9.4.2.2 沥青混合料的拌和

1. 拌和温度

为使沥青混合料拌和均匀，在拌制时，需要控制矿料和沥青的加热温度和拌和温度，不同沥青混合料的拌制温度和运输及施工温度应满足一定的要求，见表 9.5。对于高速公路、一级公路，以及城市快速路、主干路，当沥青混合料出厂温度超过正常温度上限 30℃时，混合料应予以废弃。

表 9.5 热拌沥青混合料的施工温度范围 单位:℃

各施工阶段温度		石油沥青的标号			
		50 号	70 号	90 号	110 号
沥青加热温度		160～170	155～165	150～160	145～155
矿料加热温度	间歇式拌合机	集料加热温度比沥青温度高 10～30			
	连续式拌合机	矿料加热温度比沥青温度高 5～10			

续表

各施工阶段温度		石油沥青的标号			
		50号	70号	90号	110号
沥青混合料出料温度		150～170	145～165	140～160	135～155
混合料储料仓贮存温度		贮存过程中温度降低不超过10			
混合料废弃温度，高于		200	195	190	185
运输到现场温度，不低于		150	145	140	135
混合料摊铺温度，不低于	正常施工	140	135	130	125
	低温施工	160	150	140	135
开始碾压的混合料内部温度，不低于	正常施工	135	130	125	120
	低温施工	150	145	135	130
碾压终了的表面温度，不低于	钢轮压路机	80	70	65	60
	轮胎压路机	85	80	75	70
	振动压路机	75	70	60	55
开放交通的路表面温度，不高于		50	50	50	45

聚合物改性沥青混合料的施工温度根据实践经验并参照规范进行选择，通常宜较普通沥青混合料的施工温度提高10～20℃。

SMA混合料的施工温度应视纤维品种和数量、矿粉用量的不同，在改性沥青混合料的基础上做适当提高。

2. 拌和时间

（1）沥青混合料的拌和时间应根据具体情况经试拌确定，以沥青均匀裹覆集料为宜。间歇式拌合机每盘的拌和时间不宜少于45s（其中干拌时间不得少于5～10s），改性沥青和SMA混合料的拌和时间应适当延长。

（2）间歇式拌合机宜具备保温性能好的成品储料仓，贮存过程中混合料温度降低不得大于10℃，且不能有沥青滴漏。普通沥青混合料的贮存时间不得超过72h，改性沥青混合料的贮存时间不宜超过24h，SMA混合料只限当天使用，OFGC混合料宜随拌随用。

9.4.2.3　沥青混合料的运输

热拌沥青混合料宜采用较大吨位的运料车运输，但不得超载、紧急制动、急转掉头等，以免损伤下卧层。对于高速公路、一级公路，应配备富余的运料车，一般在摊铺时，不应少于5辆运料车等候摊铺。

为保证混合料的清洁，运料车每次使用前后须清扫干净，在车厢板上涂一薄层隔离剂或防黏剂，防止沥青黏结，但不得有余液积聚在车厢底部。运输混合料时运料车应用苫布苫盖，以达到保温、防雨、防污染的目的。若混合料不符合施工温度要求，或已经结成团块，或遭到雨淋，不得铺筑。

9.4.2.4　沥青混合料的摊铺

热拌沥青混合料应采用沥青摊铺机进行摊铺，但在路面狭窄部分、曲线半径过小的匝道或加宽部分，以及小规模工程不能用摊铺机铺筑时可用人工摊铺。

铺筑高速公路、一级公路沥青混合料时，一台摊铺机的铺筑宽度不宜超过6m（双车道）～7.5m（三车道），通常宜采用两台或更多台数的摊铺机前后错开10～20m成梯队方式同步摊铺，两幅之间应有30～60mm宽的搭接，并避开车道轮迹带，上下层的搭接位置应错开200mm以上。

摊铺机开工前应提前0.5～1h预热熨平板，使其温度不低于100℃，铺筑过程中应选择熨平板的振捣或夯锤压实装置，使其具有适宜的振动频率和振幅，以提高路面的初始压实度。熨平板加宽连接应仔细调节至摊铺的混合料没有明显的离析现象。

摊铺机应采用自动找平方式，下面层或基层宜采用钢丝绳引导的高程控制方式，上面层宜采用平衡梁或雪橇式摊铺厚度控制方式，中面层根据情况选择合适的找平方式。

摊铺机必须缓慢、均匀、连续不间断地摊铺，不得随意变换速度或中途停顿，以提高平整度，减少混合料的离析。摊铺速度宜控制在2～6m/min，改性沥青混合料及SMA混合料速度宜为1～3m/min。当发现混合料出现明显的离析、波浪、裂缝和拖痕时，应分析原因，予以消除。

沥青混合料的松铺系数应根据混合料类型由试铺试压确定，摊铺过程中应随时检查摊铺厚度及路拱横坡等指标。

9.4.2.5 沥青混合料的压实

沥青混合料的碾压是保证路面结构质量的重要环节，也是沥青路面施工的最后一道重要工序，碾压过程分为初压、复压和终压。

1. 初压

初压应紧跟在摊铺机后碾压，并保持较短的初压区长度，以尽快使表面压实，减少热量损失。当摊铺后初始压实度较大，经实践证明采用振动压路机或轮胎压路机直接进行碾压无严重推移而有良好效果时，可免去初压直接进入复压工序。通常宜采用钢轮压路机静压1～2遍。碾压时应将压路机的驱动轮面向摊铺机，从外侧向中心碾压，在超高路段则由低向高碾压，在坡道上应将驱动轮从低处向高处碾压。

2. 复压

复压应紧跟在初压后开始，且不得随意停顿。压路机碾压段的总长度应尽量缩短，通常不超过60～80m。采用不同型号的压路机组合碾压时，宜安排每一台压路机做全幅碾压，防止不同位置的压实度不同。

密集配沥青混凝土的复压宜优先采用重型的轮胎压路机进行搓揉碾压，以增加密水性。其总质量不宜小于25t，吨位不足时宜附加重物，使每一个轮胎的压力不小于15kN，相邻碾压带应重叠1/3～1/2的碾压轮宽度，碾压至要求的压实度为止。

对于粗集料为主的较大粒径的混合料，尤其是大粒径沥青稳定碎石基层，宜先采用振动压路机复压。厚度小于30mm的薄沥青层不宜采用振动压路机碾压。振动压路机的振动频率宜为35～50Hz，振幅宜为0.3～0.8mm。层厚较大时选用高频率大振幅，以产生较大的激振力。振动压路机折返时应先停止振动。

当采用三轮钢筒式压路机时，总质量不宜小于12t，相邻碾压带宜重叠后轮的

1/2 宽度，并不应少于 200mm。

3. 终压

终压应紧接在复压后进行，如经复压后已无明显轮迹可免去终压。终压可选用双轮钢筒式压路机或关闭振动的振动压路机，碾压不宜少于 2 遍，至无明显轮迹为止。碾压后要达到要求规定的压实度。

9.4.2.6 接缝处理

沥青路面的施工必须接缝紧密、连接平顺，不得产生明显的接缝离析。上下层的纵向接缝应错开 150mm 以上（热接缝）或 300～400mm（冷接缝）。相邻两幅及上下层的横向接缝均应错开 1m 以上。

1. 纵向接缝

纵向接缝可采用热接缝和冷接缝两种方式。摊铺时采用梯队作业的纵缝应采用热接缝，将已铺部分留下 100～200mm 的宽度暂不碾压，作为后续部分的基准面，然后跨缝碾压以消除缝迹。

当半幅施工或因特殊原因而产生纵向冷接缝时，宜加设挡板或加设切刀切齐，也可在混合料尚未完全冷却前，用镐刨除边缘留下毛茬。铺设另一幅前应涂洒少量沥青，重叠在已铺层上 50～100mm，再铲走铺在前半幅上的混合料，碾压时由边向中碾压留下 100～150mm，再跨缝挤紧密实。

2. 横向接缝

横向接缝一般可采用斜接缝和平接缝两种方式，结构层较厚的也可采用阶梯型接缝。高速公路、一级公路，以及城市快速路、主干路的上面层的横缝应采用垂直的平接缝；其他层次以及其他道路的各层均可采用斜接缝或阶梯型接缝，如图 9.10 所示。

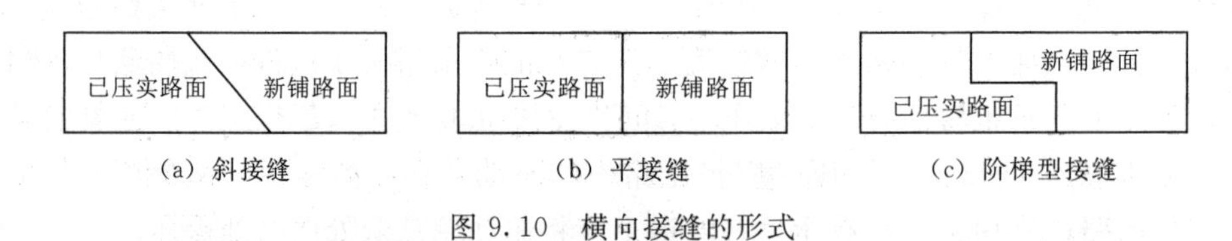

图 9.10 横向接缝的形式

9.4.3 水泥混凝土路面施工

9.4.3.1 施工准备

1. 选择混凝土拌和场地

根据施工线路的长短和采用的运输工具，混凝土可集中在一个场地拌和，也可以在沿线选择多个场地拌和。拌和场地的选择首先要考虑运送混凝土的运距最小，其次要接近水源和电源，还要有足够的面积以供砂石料的堆放。

2. 进行材料试验和混凝土配合比设计

根据设计要求与当地材料的供应情况，做好混凝土各组成材料的试验，进行混凝土各组成材料的配合比设计。

3. 基层的检查与整修

基层的宽度、路拱与标高、表面平整度与压实度，均应检查是否符合要求。如不符合，则需进行修整，否则，将使面层的厚度变化过大，而增加其造价或减少其使用寿命。

混凝土摊铺前，基层表面应洒水湿润，以免混凝土底部的水分被干燥的基层吸收而变得疏松以致产生细微裂缝。此外，也可在基层与混凝土之间铺设薄层沥青混合料或塑料薄膜。

9.4.3.2 施工程序

水泥混凝土路面面层的施工程序包括下列工序：安装模板→设置传力杆→混凝土的拌制与运输→混凝土的摊铺与振捣→接缝设置→混凝土的养护。

1. 安装模板

基层准备完成后，可在两侧预先标定的位置上安装模板，模板高程应符合设计要求。当采用机械摊铺混凝土时，侧模必须采用钢模板。模板的高度应与混凝土板厚度一致，允许偏差为±2mm。模板的接头应紧密平顺，不得有歪斜、离缝、不平齐等现象，模板内侧应刷涂机油等隔离剂，以便拆模。

2. 设置传力杆

两侧模板安装完成后，即在需要设置传力杆的胀缝或缩缝位置上设置传力杆。

(1) 水泥混凝土路面连续浇筑时，一般是在嵌缝板上预留圆孔以便传力杆穿过，嵌缝板上面设木制或铁制压缝板条，其旁再放一块胀缝模板，按传力杆位置和间距，在胀缝模板下部挖成倒U型槽，使传力杆由此通过。

(2) 水泥混凝土路面不连续浇筑时，在施工结束时设置的胀缝，宜用顶头木模固定传力杆的安装方法，即在端模板外侧增设一块定位模板，板上同样按照传力杆间距及杆径钻成孔眼，将传力杆穿过端模板孔眼并直至外侧定位模板孔眼。两模板之间可用传力杆一半长度的横木固定。

3. 混凝土的拌制与运输

混凝土的拌制可采用两种方式：在工地用拌合机拌制，用手推车或翻斗车运输；在中心拌合站集中制备，而后用混凝土罐车运送到工地。

拌制混凝土时，要准确掌握配合比，特别要严格控制用水量。每天开始拌和前，应根据天气变化情况，测定砂、石料的含水量，以调整拌制时的实际用水量。所用原材料均应过称。

各种运输车辆的合适运距视车辆类型和允许的运送时间而定。允许的运送时间取决于从搅拌机出料到浇筑完毕（开始养护）的允许最长时间。后者可根据水泥初凝时间及施工气温确定，见表9.6。

表9.6 混凝土从搅拌完至浇筑完允许最长时间

施工温度/℃	5～10	10～20	20～30	30～35
允许最长时间/h	2	1.5	1	0.75

4. 混凝土的摊铺与振捣

混凝土运到施工现场后，可由摊铺机或铁锹等按规定要求摊铺均匀。摊平后的松散混凝土表面应略高于模板顶面（一般高出压实厚度的10%左右，可通过试验确定），使振实后的路面标高同设计相符。

混凝土振捣时，先用插入式振捣器在靠近边角处顺序振捣，再用平板式振捣器纵横交错全面振捣密实，然后用底面符合路面横坡的振捣梁沿纵向振捣拖平，多余的混凝土随着振捣梁的拖移而刮掉，低陷处应采用小粒径碎石混凝土找平振实。最后，再用直径75～100mm的长无缝钢管，将两端放在侧模上，沿纵向滚压以便做进一步整平。

在摊铺和振捣的过程中，注意不要碰撞模板和钢筋（包括传力杆），以免造成移动变位。如发现模板有下沉、变形或松动的情况，应及时进行纠正。

5. 接缝设置

（1）纵缝处理。当一次铺筑路面宽度小于路面和硬路肩总宽度时，应设置纵向施工缝，构造如图9.11所示。

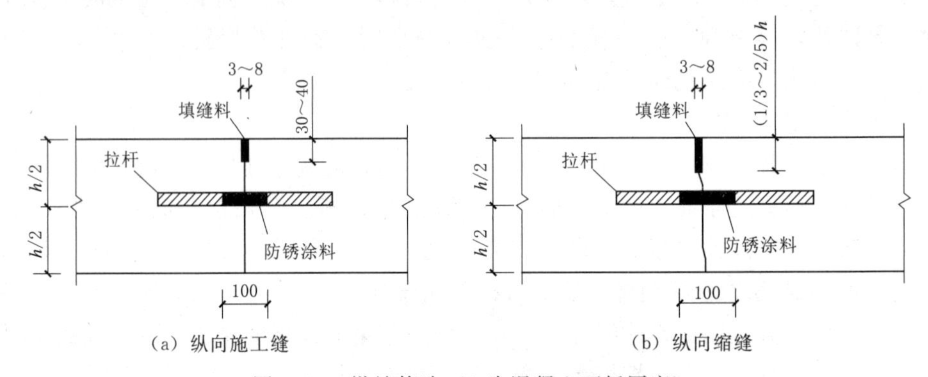

（a）纵向施工缝　　（b）纵向缩缝

图9.11　纵缝构造（h 为混凝土面板厚度）

（2）横向缩缝处理。横向缩缝，即假缝，常用切缝法和锯缝法施工。一般在混凝土强度达到1～1.5MPa时锯缝为宜，每条锯缝作业必须一次完成。缝内的粉料和杂物需彻底清除。

（3）横向胀缝处理。

1）施工过程中设置胀缝。胀缝施工应预先设置好胀缝板和传力杆支架，并预留好滑动空间。为保证胀缝施工的平整度及机械化施工的连续性，胀缝板以上的混凝土硬化后，应当用切缝机按胀缝板的宽度切两条线，将胀缝板以上的混凝土凿掉再填缝。此种施工方法对保证胀缝的施工质量效果很好。

2）施工完成时设置胀缝。传力杆长度的一般穿过端部挡板，固定于外侧定位模板中，混凝土浇筑前应先检查传力杆位置。浇筑时，应先摊铺下层混凝土，用插入振捣器捣实，并校正传力杆位置，再浇筑上层混凝土。浇筑邻板时应拆除顶头木模，并设置下部胀缝板、木质嵌条和传力杆套管。

6. 混凝土的养护

混凝土路面铺筑完成或制作抗滑构造完成后应立即进行养护，以防止水分从表面迅速蒸发和降低太阳辐射的影响。机械摊铺的混凝土路面宜采用喷洒养护剂同时保湿覆盖的方式养护，在雨天或养护用水充足的情况下，也可采用覆盖保鲜膜、土工布、麻袋、草袋等洒水湿养护的方式，不宜采用围水养护方式。

养护时间应根据混凝土弯拉强度增长情况确定，一般养护时间为14～21d，高温天气不得少于14d，低温天气不得少于21d。

9.4.3.3 开放交通

水泥混凝土路面达到设计强度时，可允许开放交通，当遇到特殊情况需要提前开放交通时，则应根据规定的试验方法测定同条件养护试件的强度，其强度应达到设计强度80%以上，其车辆荷载不得大于设计荷载。在开放交通之前，路面应清扫干净，所有接缝均应封闭好。

9.4.3.4 施工质量控制

水泥混凝土路面施工质量应符合设计和施工规范要求。施工前应对水泥、水、粗细集料、外加剂、钢材及接缝材料等原材料进行严格检查和试验，不合格的材料严禁使用。对于合格的材料，可进一步设计使其达到要求强度的配合比。施工过程中应对每一道工序进行严格的质量检查和控制，主要项目有：

（1）下承层检查：检查基层的强度、均匀性、平整度和路拱横坡。

（2）原材料检查：水泥、砂、碎石的常规检测，测定砂石的含水量，测定坍落度。

（3）检查模板位置及高程，检查传力杆的定位。

（4）观察混凝土拌和、运输、摊铺、振捣和接缝施工的质量。

（5）每铺筑400m³混凝土，同时制作两组抗折试件，龄期分别为7d和28d，每铺筑1000～2000m³混凝土增做一组试件，龄期为90d或更长，以备验收和后期强度检查使用。

水泥混凝土路面完工后，需按要求对面层进行质量检测，见表9.7。

表9.7 水泥混凝土面层实测项目

<table>
<tr><th rowspan="2">项次</th><th rowspan="2" colspan="2">检查项目</th><th colspan="2">规定值或允许偏差</th><th rowspan="2">检查方法和频率</th></tr>
<tr><th>高速公路、一级公路</th><th>其他公路</th></tr>
<tr><td>1△</td><td colspan="2">弯拉强度/MPa</td><td colspan="2">在合格标准内</td><td>按水泥混凝土抗拉强度评定方法检查</td></tr>
<tr><td rowspan="3">2△</td><td rowspan="3">板厚度/mm</td><td>代表值</td><td colspan="2">−5</td><td rowspan="3">挖验或钻取芯样检查：每200m测2点</td></tr>
<tr><td>合格值</td><td colspan="2">−10</td></tr>
<tr><td>极值</td><td colspan="2">−15</td></tr>
<tr><td rowspan="3">3</td><td rowspan="3">平整度①</td><td>σ/mm</td><td>≤1.32</td><td>≤2.0</td><td rowspan="2">平整度仪：全线每车道连续检测，每100m计算σ、IRI</td></tr>
<tr><td>IRI/(m/km)</td><td>≤2.2</td><td>≤3.3</td></tr>
<tr><td>最大间隙h/mm</td><td>3</td><td>5</td><td>3m直尺：每半幅车道每200m测2处×5尺</td></tr>
<tr><td rowspan="2">4</td><td rowspan="2">抗滑构造深度/mm</td><td>一般路段</td><td>0.7～1.1</td><td>0.5～1.0</td><td rowspan="2">铺砂法：每200m测1处</td></tr>
<tr><td>特殊路段②</td><td>0.8～1.2</td><td>0.6～1.1</td></tr>
<tr><td rowspan="2">5</td><td rowspan="2">横向力系数SFC</td><td>一般路段</td><td>≥50</td><td>—</td><td rowspan="2">按路面横向力系数评定检查：每20m测1点</td></tr>
<tr><td>特殊路段②</td><td>≥55</td><td>≥50</td></tr>
<tr><td>6</td><td colspan="2">相邻板高差/mm</td><td>≤2</td><td>≤3</td><td>尺量：胀缝每条测2点；纵、横缝每200m抽查2条，每条测2点</td></tr>
</table>

续表

项次	检查项目	规定值或允许偏差		检查方法和频率
		高速公路、一级公路	其他公路	
7	纵、横缝顺直度/mm	≤10		纵缝20m拉线尺量，每200m测4处；横缝沿板宽拉线尺量，每200m测4条
8	中线平面偏位/mm	20		全站仪：每200m测2点
9	路面宽度/m	±20		尺量：每200m测4点
10	纵断高程/mm	±10	±15	水准仪：每200m测2个断面
11	横坡/%	±0.15	±0.25	水准仪：每200m测2个断面
12	断板率③/%	≤0.2	≤0.4	目测：全部检查，数断板面板块数占总块数的比例

注　① 表中σ为平整度仪测定的标准差，IRI为国际平整度指数；h为3m直尺与面层的最大间隙。

② 特殊路段：高速公路、一级公路特殊路段包括立体交叉匝道、平面交叉口、弯道、变速车道、组合坡度不小于3%坡度段、桥面、隧道路面及收费站广场等处；其他公路特殊路段包括设超高路段、组合坡度大于或等于4%坡度段、交叉口路段、桥面及其上下坡段、隧道路面及集镇附近路段等处。

③ 断板率中包含断角率，应统计行车道与超车道面板，不计硬路肩板，不计修复后的面板。

课后习题

资源9.1
课后习题
参考答案

1. 一般路基施工的常用方法有哪些？
2. 简述土质路基常用的压实度试验方法有哪些。
3. 简述路基施工的一般程序。
4. 简述路基填料的选择。
5. 简述软土路基处理的方法，并描述每种处理方法的适用范围和工艺流程。
6. 路面施工的准备工作都包括哪些内容？
7. 水泥混凝土路面的施工工艺包括哪些？
8. 简述沥青混凝土路面施工的步骤及各环节的注意事项。

第10章 桥梁工程

【项目案例引入】

吉林市白山大桥位于吉林市丰满区，于2020年11月15日通车，工程全长1638.8m。其中含4座桥头堡，主线桥长1228.5m（其中江中主桥长296m），主线桥引道共235m，地面段175.3m。两岸地面道路全长1038.8m；桥面宽度为18～40m，双向6车道；设计车速60km/h。

白山大桥江心主桥段第八联跨度90m，采用挂篮悬灌现浇连续箱梁施工；第一、二、三、四、五、九、十联和上、下桥匝道桥采用支架现浇钢筋混凝土连续箱梁施工；第六、七联采用预制小箱梁施工。悬浇梁、现浇梁、预制梁三种不同施工工艺，应用在同一座大桥上，这在吉林市尚属首次。

10.1 概述

桥梁是供车辆及行人跨越障碍（河流、湖泊、山谷或建筑等）的人工构筑物，是线路上的关键节点，是交通网络的重要组成部分。桥梁可以分为各种不同形式，按照结构体系可分为梁式桥、拱桥、刚构桥、斜拉桥、悬索桥和组合体系桥等；按桥梁的建筑材料可分为木桥、圬工桥、钢桥、钢筋混凝土桥、预应力混凝土桥等；按用途可分为公路桥、铁路桥、人行桥、管线桥、运河桥等。

1. 梁式桥

梁式桥是一种在竖向荷载作用下无水平反力的结构，如图10.1所示。由于外力的作用方向与承重结构轴线接近垂直，因而与同样跨径的其他结构相比，梁式桥内产生的弯矩最大，通常采用抗弯、抗拉性能好的材料（钢、木、钢筋混凝土等）来建造。对于中、小跨径桥式梁，目前在公路上应用最广的是标准跨径的钢筋混凝土简支梁式桥。施工方法有预制装配和现浇两种。这种梁式桥的结构简单，施工方便，简支梁对地基承载力的要求也不高，其常用跨径在25m以下。当跨径较大时，需采用预应力混凝土简支梁式桥，其跨度一般不超过50m。

2. 拱桥

拱桥的主要承重结构是拱圈或拱肋，如图10.2所示。在竖向作用下，拱结构桥墩和桥台将承受水平推力，根据作用力与反作用力原理，墩台向拱圈（或拱肋）提供一对水平反力，这种水平反力将大大抵消在拱圈（或拱肋）内由作用所引起的弯矩。因此，与同跨径的梁相比，拱的弯矩、剪力和变形都要小得多。鉴于拱桥的承重结构以受压为主，通常可用抗压能力强的材料（如砖、石、混凝土、钢筋混凝土等）来建造。拱桥不仅跨越能力大，而且外形似彩虹卧波，十分美观，在条件许可的情况下，修建拱桥往往是经济合理的，一般跨径在 500m 以内时均可作为比选方案。

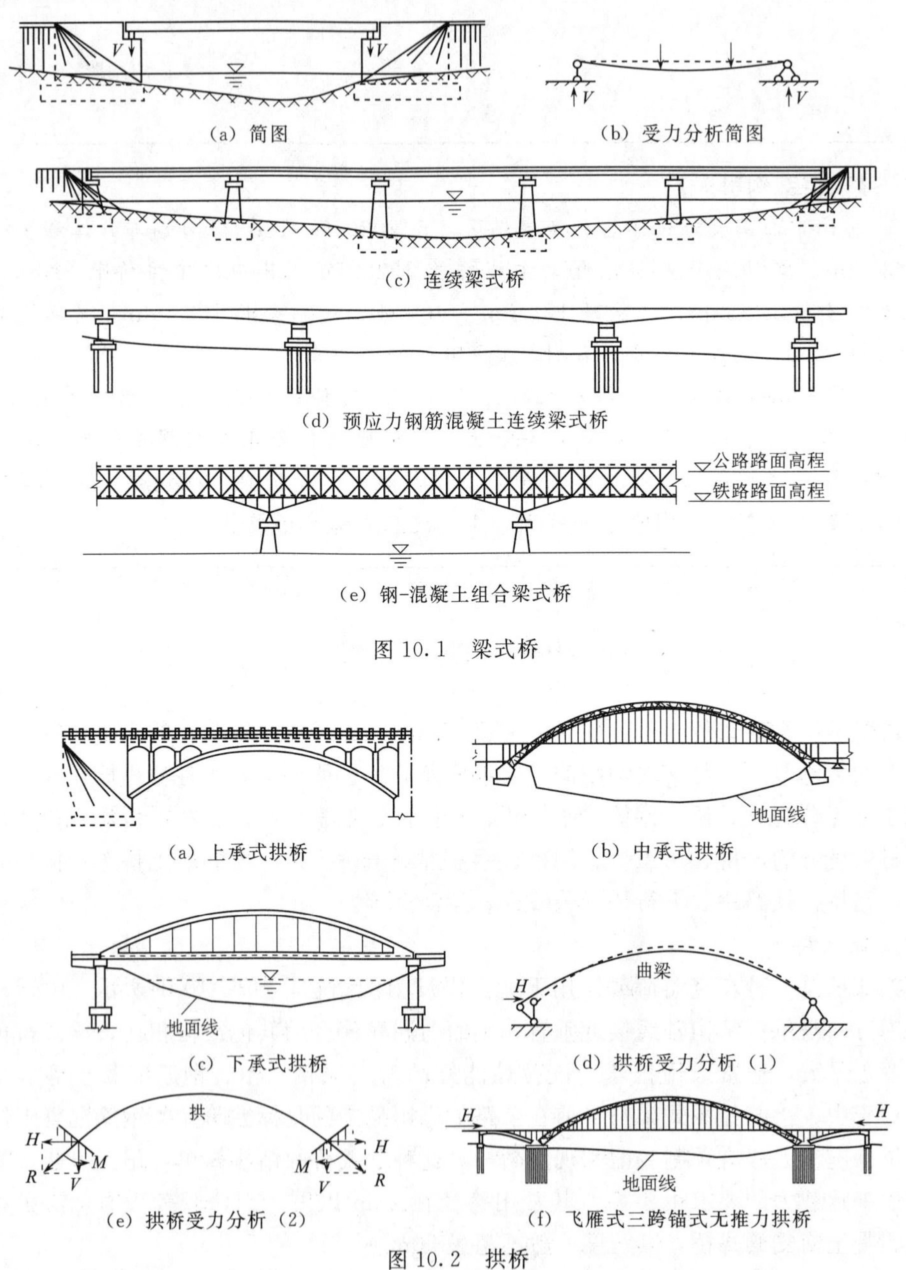

(a) 简图　(b) 受力分析简图

(c) 连续梁式桥

(d) 预应力钢筋混凝土连续梁式桥

(e) 钢-混凝土组合梁式桥

图 10.1　梁式桥

(a) 上承式拱桥　(b) 中承式拱桥

(c) 下承式拱桥　(d) 拱桥受力分析 (1)

(e) 拱桥受力分析 (2)　(f) 飞雁式三跨锚式无推力拱桥

图 10.2　拱桥

H—水平力；V—垂直反力；M—弯矩；R—反应力

3. 刚构桥

刚构桥的主要承重结构是梁（或板）与立柱（或竖墙）整体结合在一起的刚架结

构，梁和柱的连接处具有很大的刚性，以承担负弯矩的作用。其受力状态介于梁式桥和拱桥之间，如图 10.3 所示。

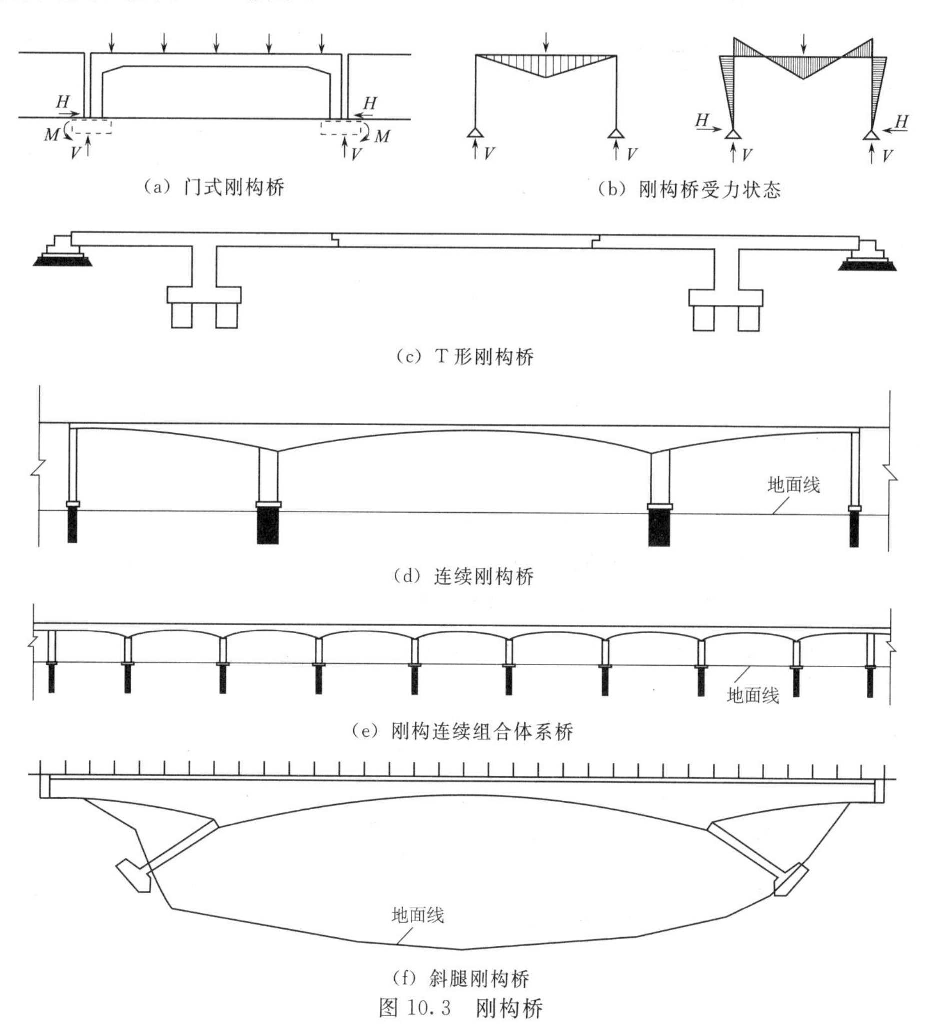

（a）门式刚构桥

（b）刚构桥受力状态

（c）T 形刚构桥

（d）连续刚构桥

（e）刚构连续组合体系桥

（f）斜腿刚构桥

图 10.3 刚构桥

对于同样的跨径，在相同荷载的作用下，刚构桥跨中正弯矩要比一般梁桥的小，因此，刚构桥跨中的建筑高度可以做得较小。当遇到线路立体交叉或需要跨越通航江河时，采用这种桥型能尽量降低线路高程，以改善纵坡并能减少土石方量。但用普通钢筋混凝土修建的刚构桥在梁柱刚结处较易产生裂缝，需要在该处增加配筋。

4. 悬索桥

悬索桥（也称吊桥）将悬挂在两边塔架上的强力缆索作为主要承重结构，如图 10.4 所示。在桥面竖向荷载作用下，通过吊杆使缆索承受很大的拉力，缆索锚于悬索桥两端的锚碇结构中。相较于前面几种结构体系，悬索桥的刚度较小，属于柔性结构，在车辆荷载和风荷载的作用下，悬索桥将产生很大的变形。悬索桥自重较小，能够跨越任何其他桥型无法相比的特大跨度，受力简单明了，施工过程中的风险相对较小。

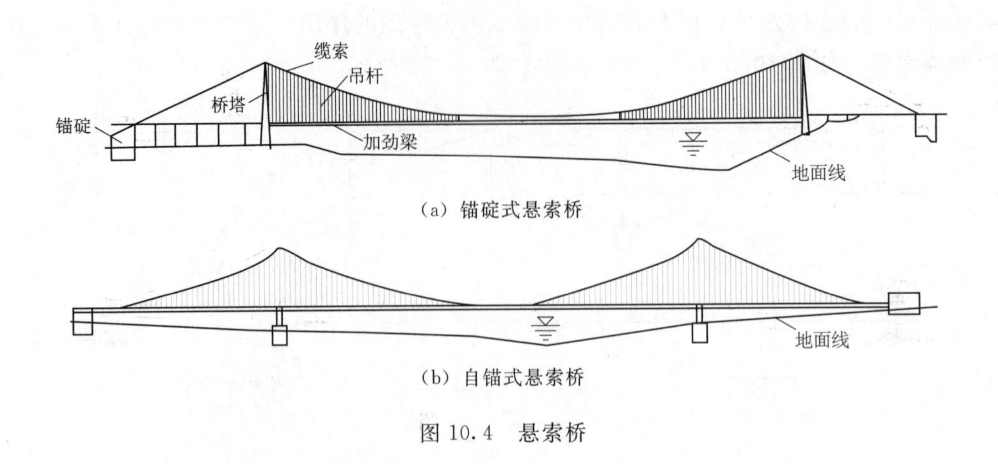

(a) 锚碇式悬索桥

(b) 自锚式悬索桥

图 10.4　悬索桥

5. 组合体系桥

根据结构的受力特点，由几种不同体系的结构组合而成的桥梁称为组合体系桥，如图 10.5 所示。如梁和拱的组合，梁和拱都是主要承重结构，两者互相配合、共同受力。由于吊杆将梁向上（与荷载作用的挠度方向相反）吊住，这样就显著减小了梁中的弯矩；同时梁和拱连在一起，拱的水平推力就传给梁来承受，梁除了受弯以外还会受拉。这种组合体系桥能跨越较一般简支梁桥更大的跨度，对墩台还没有推力作用，因此对地基的要求就与一般简支梁桥一样。

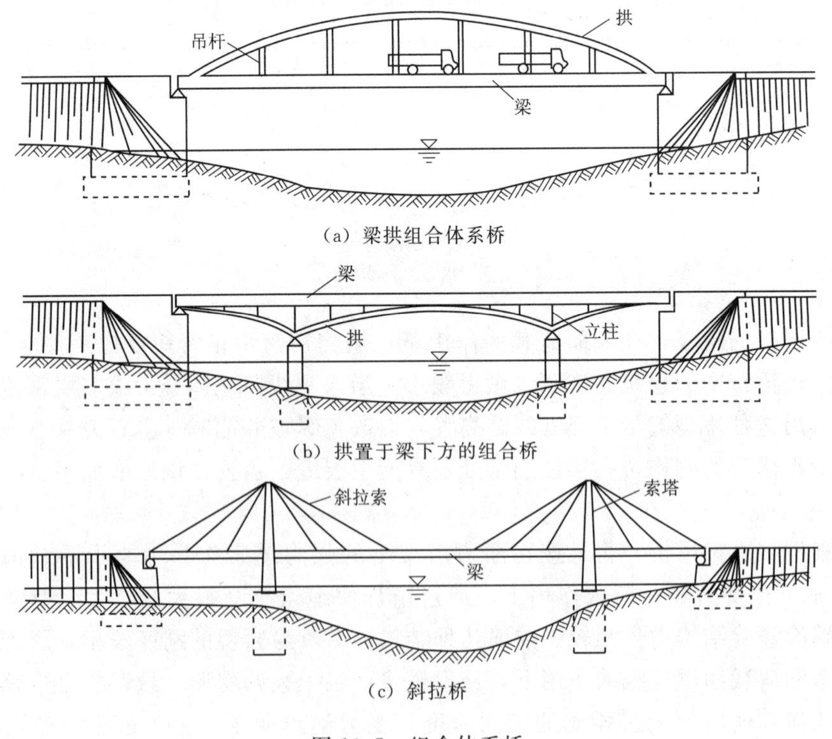

(a) 梁拱组合体系桥

(b) 拱置于梁下方的组合桥

(c) 斜拉桥

图 10.5　组合体系桥

斜拉桥是一种主梁与斜拉索相结合的组合体系，其由基础、索塔、主梁和斜拉索组成。悬挂在塔柱上被张紧的斜拉索将主梁吊住，使主梁像多点弹性支撑的连续梁一样工作，这样主梁的基本受力特征是偏心受压，从而既发挥了高强材料的作用，又显著减小了主梁截面，使结构自重减小而能跨越很大的跨径。

组合体系桥的种类很多，但究其根本，无外乎是利用梁、吊、拱三者的不同组合，上吊下撑以形成新的结构。组合体系中需要重点处理如何实现不同体系的“无缝连接”，即在不同体系的交界区，针对其受力特点的变化，进行专门研究并通过结构措施解决相关受力问题。组合体系桥梁一般都可用钢筋混凝土来建造，对于大跨径桥以采用预应力混凝土或钢材修建为宜，一般来说，这种桥梁的施工工艺也比较复杂。

10.2 桥梁基础施工技术

基础作为桥梁结构物的一个重要组成部分，起着支撑桥跨结构，保持体系稳定，把上部结构、墩台自重以及车辆荷载传递给地基的重要作用。基础的施工质量直接决定着桥梁的强度、刚度、稳定性、耐久性和安全性。基础工程属于隐蔽工程，若出现质量问题不易被发现及处理，因此，必须高度重视桥梁基础施工，严格按照规范要求施工，确保工程施工质量。

桥梁工程由于其结构形式多种多样，所处位置的地形、地质、水文、气象等情况千差万别，因此其基础的形式也种类繁多，常用形式有明挖扩大基础、桩基础、管柱基础、沉井基础、组合基础和地下连续墙基础等，其中明挖扩大基础、桩基础、组合基础应用较广。

10.2.1 明挖扩大基础施工

明挖扩大基础属直接基础，将基础底板设在直接承载地基上，来自上部结构的荷载通过基础底板直接传递给承载地基。明挖扩大基础的施工通常是采用明挖的方式进行的，如图 10.6 所示。

图 10.6 明挖扩大基础施工

明挖扩大基础用于基础不深、土层稳定、有排水条件、对机具要求不高的情况。根据水文资料和现场实际情况，选择排水挖基或水中挖基，同时根据土质情况和基坑深度选择相应的支撑方式，基底挖至设计高程时，及时进行检验。明挖扩大基础施工的主要内容包括基坑开挖前的准备工作、基坑开挖、基底检验与处理、基础施工等。

10.2.1.1　基坑开挖前的准备工作

基坑开挖与自然条件密切相关，应充分了解工程周围环境与基坑开挖的关系，在确保基坑及周围环境安全的前提下，合理确定施工方案，选择支护结构。

1. 了解工程地质及水文条件

在施工前应掌握工程地质报告，充分了解基坑处的地质构造、土层分类及参数、地层描述、地质剖面图等。

2. 调查工程周围环境

基坑开挖会对周围环境造成扰动，导致地下水位下降、地表沉降等，也会对周围结构物、地下管线和设施等带来影响，因此基坑开挖前，应对周围环境进行调查，采取可靠措施将基坑开挖对周围环境的影响控制在允许的范围内。

3. 稳定性验算

明挖基础施工前，应对基坑边坡进行稳定性验算，并制订专项施工方案和安全技术方案。当基坑开挖需采用爆破施工时，爆破作业的安全管理应符合现行国家标准的规定。对于开挖深度超过5m的特大型深基坑，除按照边开挖、边支护的原则开挖外，在施工前，还应编写专项的边坡稳定监测方案。

4. 基坑的测量放样

基坑开挖前，先进行基础的测量放样工作，以便将设计图上的基础位置准确地设置在桥址上，并用骑马桩将中心位置固定。基础放样是根据桥梁中心线与墩台的纵横轴线，推算出基础边线的定位点，再放线画出基坑的开挖范围。

10.2.1.2　基坑开挖

1. 坑壁不加支撑的基坑

在干涸无水河滩、河沟中，或有水、经改河或筑堤能排出地表水的河沟中；地下水位低于基底，或渗透量少，不影响坑壁稳定的；以及基础埋置不深，施工期较短，挖基坑时不影响邻近建筑物安全的施工场所，可考虑选用坑壁不加支撑的基坑。

当基坑深度在5m以内，施工期较短，坑底在地下水位以上，土的湿度正常，土层结构均匀时，坑壁的坡度可参照表10.1确定。

表10.1　放坡开挖基坑壁坡度表

坑壁土类	基坑壁坡度		
	基坑坡顶缘无荷载	基坑坡顶缘有荷载	基坑坡顶缘有动荷载
砂类土	1∶1	1∶1.25	1∶1.5
碎石、卵石类土	1∶0.75	1∶1	1∶1.25

续表

坑壁土类	基坑壁坡度		
	基坑坡顶缘无荷载	基坑坡顶缘有荷载	基坑坡顶缘有动荷载
粉质土、黏性土	1∶0.33	1∶0.5	1∶0.75
极软岩	1∶0.25	1∶0.33	1∶0.67
软质岩	1∶0	1∶0.1	1∶0.25
硬质岩	1∶0	1∶0	1∶0

基坑深度大于5m时，应将坑壁坡度适当放缓或加设平台。如果土的湿度可能引起坑壁坍塌，坑壁坡度应缓于该湿度下土的天然坡度。

2. 坑壁有支撑的基坑

当基坑壁坡不易稳定并有地下水渗入，或放坡开挖场地受到限制、放坡开挖工程较大，或基坑较深、放坡开挖工程数量较大，不符合技术经济要求时，可采用坑壁有支撑的基坑。常用的坑壁支撑形式有直衬板式坑壁支撑、横衬板式坑壁支撑、框架式支撑、锚桩式支撑、锚杆式支撑、锚碇板式支撑、斜撑式支撑等。

当基坑较浅且渗水量不大时，可采用竹排、木板、混凝土板或钢板等对坑壁进行支护；当基坑深度不大于4m且渗水量不大时，可采用槽钢、H型钢或工字钢等进行支护；当地下水位较高，基坑开挖深度大于4m时，宜采用锁口钢板桩或锁口钢管桩围堰进行支护。

对支护结构应进行设计计算，当支护结构受力过大时应加设临时支撑，支护结构和临时支撑的强度、刚度和稳定性应满足基坑开挖施工的要求。

3. 水中地基的基坑开挖

桥梁基础施工时总希望在无水或静止水条件进行，但桥梁墩台基础大多位于地表水位以下，有时流速还比较大。桥梁水中基础常用围堰法施工。围堰的作用主要是防水和围水，有时还起着支撑施工平台和基坑坑壁的作用。

围堰的结构形式和材料要根据水深、流速、地质情况、基础形式及通航要求等条件进行选择。根据材料和构造的不同，围堰分为土石围堰、木（竹）笼围堰、铅丝笼及钢笼围堰、钢板桩围堰、套箱围堰及双壁钢围堰等几种。

（1）土石围堰。土石围堰用在水浅、流速不大、河床土层不透水且满足泄洪要求的情况下，适用于水深1.5m以内、流速不大于0.5m/s、河床渗水性较小的河流。

土围堰可用任意土料筑成，宜用黏土或砂质黏土，其断面一般为梯形（图10.7）。当水流速大于0.7m/s、河床土质渗水较少且能满足泄洪要求时，为保证堰堤不被冲刷和减少围堰工程量，可用草（麻）袋装黏性土码砌堰堤边坡，称为草（麻）袋围堰（图10.8）。土袋上下层和内外层应相互错缝，尽量堆码密实整齐，应自上游开始填筑，至下游合拢。

（2）木（竹）笼、铅丝笼及钢笼围堰。水深在4m以内，流速较大，且能满足泄洪要求时，可筑竹笼、木笼或铅丝笼围堰；水深大于4m时可筑钢笼围堰。木（竹）笼围堰是用方木、圆木或竹材叠成框架，内填土石构成的（图10.9）。经过改进的木笼围堰称为木笼架围堰，减少了木料用量。在木笼架就位后，再抛填片石，然后在外侧设置板桩墙。

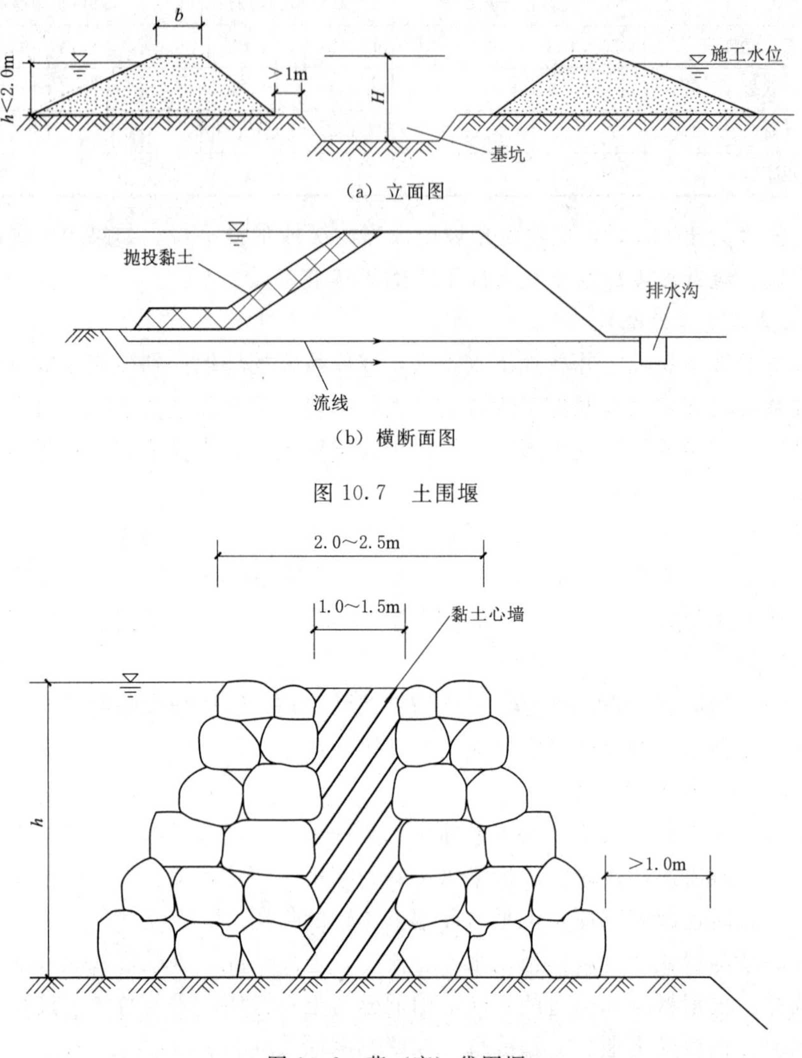

图 10.7　土围堰

图 10.8　草（麻）袋围堰

（3）钢板桩围堰。钢板桩围堰适用于砂类土、黏性土、碎石土和软岩石等河床的深水基础。钢板桩强度大、防水性能好，打入土层、砾石层、卵石层时穿透性能强，适用于水深为 10～30m 的桥位围堰。钢板桩的机械性能和尺寸应符合要求，钢板桩应采用同类型钢筋进行焊接加工，锁口后应进行试验检查。

当水深较大时，常用围囹（以钢或钢木构成框架）为钢板定位和支撑，如图 10.10（a）所示。一般在岸上或驳船上拼装围囹，运至墩位定位后，在围囹内插打定位桩，把围囹固定在定位桩上，然后在围囹四周的导框内插打钢板桩。在深水处，为了保证围堰不渗水或尽可能少水，也可采用双层钢板桩围堰［图 10.10（b）］，或采用钢管式钢板桩围堰［图 10.10（c）］。

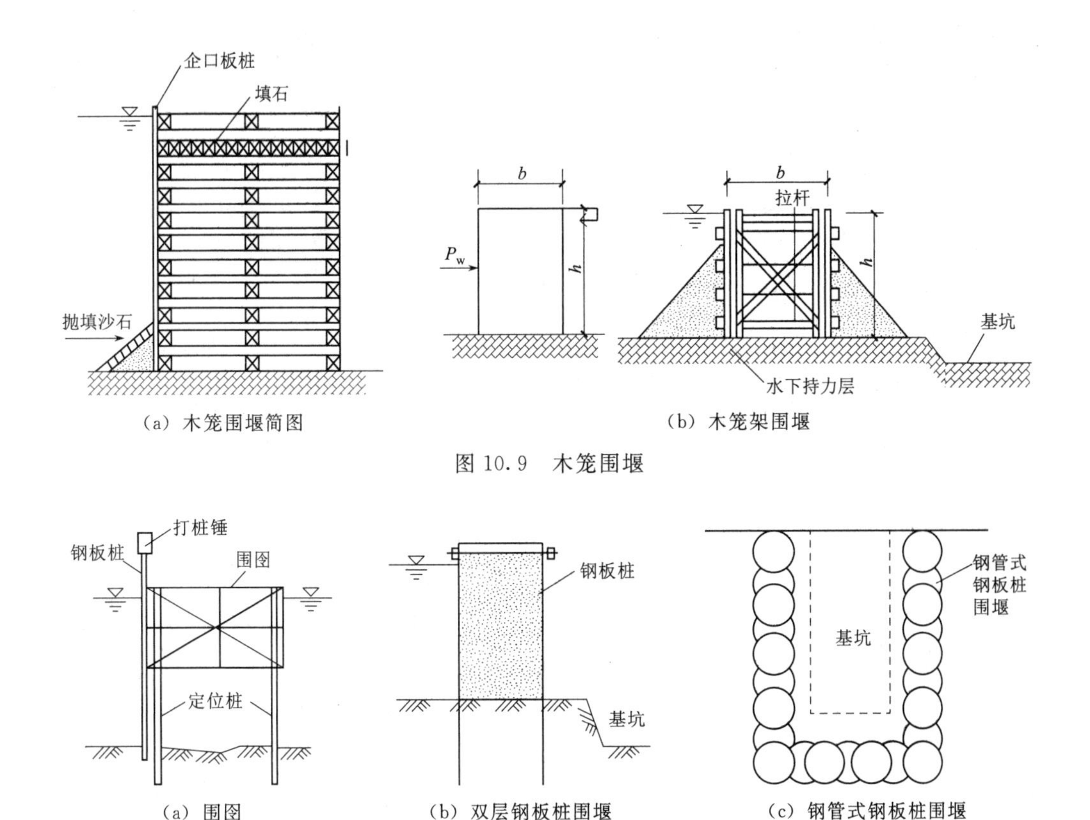

(a) 木笼围堰简图　(b) 木笼架围堰

图 10.9　木笼围堰

(a) 围囹　(b) 双层钢板桩围堰　(c) 钢管式钢板桩围堰

图 10.10　钢板桩围堰

(4) 套箱围堰。套箱围堰适用于埋置不深的水中基础，也可用来修建桩基承台。无底套箱用木板、钢板或钢丝网水泥制成，内部设木、钢料支撑。下沉套箱之前应清除河床表面障碍物，若套箱设置在岩石上，应整平岩层；如果基岩岩面倾斜，应将套箱底部做成与岩面相同的倾斜度，以增加套箱的稳定性并减少渗漏。

(5) 双壁钢围堰。双壁钢围堰适用于大型河流中的深水基础，能承受较大水压，保证基础全年施工，安全渡洪。特别是河床覆盖层较薄（0～2m）、下卧层为密实的大漂石或层岩，不能采用钢板桩围堰，且因工程要求在坑内爆破作业等不宜设立支撑，而单臂钢套箱又难以保证结构刚度时，就更显出双壁钢围堰的优势。

围堰的结构形式和材料应根据水深流速、地质情况、基础类型以及通航要求等条件进行选择，但不论何种结构形式、材料的围堰，均必须满足下列要求：

1) 围堰顶宜高出施工期间最高水位 70cm，最低不应小于 50cm，用于防御地下水的围堰宜高出水位或地面 20～40cm。

2) 围堰外形应适应水流排泄，不应压缩流水断面过多，以免壅水过高危害围堰安全，以及影响通航、导流等。围堰的结构形式应适应基础施工的要求。堰身断面尺寸应保证有足够的强度和稳定性，基坑开挖后，围堰不致发生破裂、滑动或倾覆。

3) 应尽量采取措施防止或减少渗漏，以减轻排水工作。对围堰外围边坡的冲刷和筑围堰后引起河床的冲刷均应有防护措施。

4）围堰施工一般应安排在枯水期进行。

10.2.1.3　基底检验与处理

1. 基底检验

基础浇筑之前，应按规定进行检验，施工单位自检合格后，由建设单位主持，邀请勘察、设计、质量监督部门的项目技术负责人和相关专业人员在施工现场会同施工单位、监理单位的项目技术负责人进行基坑检查、鉴定验收。

地基的检验主要包括以下内容：

（1）基底的平面位置、尺寸和设计高程。

（2）基底的地质情况和承载力是否与设计资料相符。

（3）基底处理和排水情况是否符合规范要求。

（4）施工记录及相关试验资料等。

2. 基底处理

天然地基上的基础是直接靠基底土壤来承担荷载的，因此基底土壤承载力对基础及墩台、上部结构的影响很大。基坑开挖后，如基底的地质情况与设计不符，则应按程序进行变更并对地基进行处理。地基处理应根据地基土的种类、强度和密度，按照设计要求，并结合现场情况，采取相应的处理方法。地基处理的范围应宽出基础之外不小于0.5m，具体处理方法应满足《公路桥涵施工技术规范》（JTG/T 3650—2020）的相关规定。

10.2.1.4　基础施工

明挖基础混凝土施工时，为方便施工和保证施工质量，应尽可能使地基处于干燥状态。通常基础施工可分为无水砌筑、排水砌筑和水下灌注三种情况。

排水砌筑的施工要点是：确保在无水状态下砌筑圬工；禁止带水作业及用混凝土将水赶出模板外的灌注方法，基础边缘部分应严密隔水；水下部分圬工必须待水泥砂浆或混凝土终凝后才允许浸水。

水下灌注混凝土一般只在排水困难时使用。基础圬工的水下灌注分为水下封底和水下直接灌注基础两种。前者封底后仍要排水再砌筑基础，封底只是起封闭渗水的作用，其混凝土只作为地基而不作为基础本身，适用于板桩围堰开挖的基坑。

桥梁基础施工中水下混凝土的灌注广泛采用的是垂直移动导管法，混凝土经导管输送到坑底，并迅速将导管下端埋设，随后混凝土不断地被输送到被埋设的导管下端，从而使之前输送到的但尚未凝结的混凝土向上和向四周推移。随着基底混凝土的上升，缓慢地向上提升导管，直至达到要求的封底厚度时，停止灌注混凝土，并拔出导管。

浇筑基础时，应做好与台身、墩身的接缝连接，一般要求如下：

（1）混凝土基础与混凝土墩台身的接缝、周边应预埋直径不小于16mm的钢筋或其他铁件，埋入与露出的长度不应小于钢筋直径的30倍，间距不大于钢筋直径的20倍。

（2）混凝土或浆砌片石基础与浆砌片石墩台身的接缝应预埋片石做榫，片石厚度不应小于15mm，片石的强度要求不低于基础或墩台身混凝土或砌体的强度。

基础混凝土施工后，需检查其平面尺寸、基础高程、轴线偏位、混凝土强度等，具体检查项目见表10.2。

表10.2　混凝土扩大基础实测项目

项次	检查项目		规定值或允许偏差	检查方法及频率
1△	混凝土强度/MPa		在合格标准内	
2	平面尺寸/mm		±50	尺量：长度、宽度各测3处
3	基础底面高程/mm	土质	±50	水准仪：测5处
		石质	+50，−200	
4	基础顶面高程/mm		±30	水准仪：测5处
5	轴线偏位/mm		≤25	全站仪：纵、横向各测2点

注　标注△的检查项目为关键项目，没有标注△的检查项目为一般项目。

10.2.2　沉入桩基础施工

当地基浅层土质较差、持力层埋藏较深，需要采用深基础才能满足结构物对地基强度、变形和稳定性要求时，可采用桩基础施工。桩基础是常用的桥梁基础类型之一。

桩基础按材料分为木桩、钢筋混凝土桩、预应力混凝土桩与钢桩，桥梁基础中应用较多的是钢筋混凝土桩和预应力混凝土桩；按承受荷载的工作原理不同分为摩擦桩、端承桩；按施工方法不同分为钻孔灌注桩、挖孔灌注桩、打入桩等；按制作方法分为预制桩和钻（挖）孔灌注桩；按施工方法分为锤击沉桩、振动沉桩、射水沉桩、静力压桩、就地灌注桩与钻孔埋置桩等，前四种为沉入桩。应根据地质条件、设计荷载、施工设备、工期限制及对附近建筑物产生的影响等来选择桩基础的施工方法。

沉入桩所用的桩基础主要为预制的钢筋混凝土桩、预应力钢筋混凝土桩和钢管桩。制作钢筋混凝土桩和预应力混凝土桩所用技术应按照《公路桥涵施工技术规范》（JTG/T 3650—2020）。预制桩钢筋骨架的施工质量应符合施工质量标准规定，见表10.3。

表10.3　预制桩钢筋骨架施工质量检查　　单位：mm

项次	检查项目	规定值或允许偏差	检查方法及频率
1	主筋间距	±5	尺量：测3个断面
2	箍筋、螺旋筋间距	±10	尺量：测10个间距
3△	保护层厚度	±5	尺量：测5个断面，每个断面4处
4	桩顶钢筋网片位置	±5	尺量：测网片每边线中点
5	桩尖纵向钢筋位置	±5	尺量：测垂直两个方向

注　标注△的检查项目为关键项目，没有标注△的检查项目为一般项目。

沉桩施工前应在陆域或水域建立平面测量与高程测量的控制网，桩基础轴线的测量定位点应设置在不受沉桩作业影响处；应根据桩的类型、地质条件、水文条件、施工环境条件等确定沉桩的施工方法和机具，并对空中、地下和地上的障碍物进行妥善处理。沉入桩的施工方法主要有锤击沉桩、射水沉桩、振动沉桩、静力压桩和水中沉桩等。

10.2.2.1　锤击沉桩

锤击沉桩一般适用于中密砂类土、黏性土。由于锤击沉桩依靠桩锤的冲击能量将桩打入土中，一般桩径不能太大（不大于0.6m），入土深度在40m左右，否则对沉桩设备要求较高。

锤击沉桩施工工艺可参照3.6.1节。

10.2.2.2　射水沉桩

射水沉桩施工方法的选择应视土质情况而异。在砂类土层、碎石类土层中，一般以射水为主，锤击配合；在黏性土、粉土中采用射水锤击沉桩时，应以锤击为主，射水配合；在湿陷性黄土中采用射水沉桩时，应按设计要求进行。

射水沉桩的主要设备包括水泵、水源、输水管路和射水管等。

10.2.2.3　振动沉桩

振动沉桩适用于砂质土，硬塑及软塑的黏性土，中密及较松散的碎石、卵石类土。对于软塑类黏土及饱和砂质土，当基桩入土深度小于15m时，可只用振动沉桩机。除此之外，宜采用射水配合沉桩。

10.2.2.4　静力压桩

静力压桩是采用静压力将桩压入土中，即以压桩机的自重克服沉桩过程中的阻力，适用于高压缩性土或砂性较轻的亚黏土层。沉桩速度视土质情况而异。同一地区、相同截面尺寸与沉入深度相同的桩，其极限承载能力与锤击沉桩大体相同。

10.2.3　灌注桩基础施工

灌注桩因施工速度快、质量稳定、受气候环境影响小，在桥梁基础工程中被普遍采用。具体施工方法见3.6.2节。

10.3　桥梁下部构造施工技术

桥梁墩台身施工是桥梁工程施工中的一个重要部分，其施工质量的优劣，不仅关系到桥梁上部结构的制作与安装质量，而且对桥梁的使用功能也至关重要。因此，墩台的位置、尺寸和材料强度等都必须符合设计规范要求。在施工中，首先应准确地测定墩台位置，正确地进行模板制作与安装，采用经过检验的合格建筑材料，严格执行施工规范的规定，确保施工质量。

桥梁墩台施工方法通常分为两大类：一类是现浇或砌筑，另一类是拼装预制混凝土砌块、钢筋混凝土或预应力混凝土构件。施工中多数采用前者，其特点是工序简便、机具少、技术操作难度较小，但施工期限较长，需耗费较多的人力和物力。

现浇混凝土墩台身施工工艺：制作与安装墩台身模板→绑扎钢筋→浇筑混凝土。

10.3.1 墩台身模板

模板一般用木材、钢材或其他符合设计要求的材料制成。木模质量轻，便于加工成结构物所需要的尺寸和形状，但装拆时易损坏，重复使用少。对于大量或定型的混凝土结构物，则多采用钢模板。钢模板造价较高，但可重复多次使用，且拼装拆卸方便。常用的模板类型有固定式模板、拼装式模板、整体吊装模板、组合型钢模板、滑动钢模板和爬升模板。

1. 固定式模板

固定式模板一般采用木材或竹材制作，其各构件均在现场加工制作和安装，固定式模板主要由立柱、肋木、壳板、撑木、拉杆、钢箍、枕梁和铁件组成。

2. 拼装式模板

拼装式模板是将各种尺寸的标准模板用销钉连接，并与拉杆、加劲构件等组成墩台所需形状的模板。拼装式模板由于在场内加工制作，因此板面平整，尺寸准确，体积小，质量轻，拆装容易、快速，运输方便，使用较广泛。

3. 整体吊装模板

整体吊装模板是将墩台模板水平分成若干段，每段模板组成一个整体，在地面拼装后吊装就位。整体吊装模板安装时间短，无需设施工接缝，加快施工进度，提高工程施工质量；将高空作业改为平地操作，有利于施工安全；模板刚性较强，可少设或不设拉筋，节约钢材；施工中可利用模板外框架制作简易脚手架，无需另搭脚手架；结构简单，装拆方便，建造较高的桥墩时较为经济。

4. 组合型钢模板

组合型钢模板是桥梁施工中常用的模板之一，是以各种长度、宽度及转角标准构件，用定型的连接件将钢模板拼成结构模板，具有体积小、质量轻、运输方便、拆装简单、接缝密实等优点，适用于地面拼装、整体吊装的结构。

5. 滑动钢模板

滑动钢模板适用于各种类型的桥墩。

在工程上，可根据墩台高度、墩台形式、机具设备、施工期限等条件，因地制宜、合理地选用各种模板。

10.3.2 墩台身混凝土浇筑

墩台身混凝土施工前，应将基础顶面冲洗干净，凿除表面浮浆，整修连接钢筋。浇筑混凝土时，应经常检查模板、钢筋及预埋件位置和保护层尺寸，确保位置正确，不发生变形。混凝土施工中，应切实保证混凝土的配合比、水灰比和坍落度等技术性能满足规范要求。

10.3.2.1 混凝土的运输

墩台混凝土的水平运输和垂直运输相互配合，其适用条件参考表10.4。

10.3.2.2 混凝土的浇筑

混凝土浇筑时，为防止墩台基础第一层混凝土中的水分被基底吸收或基底水分渗入混凝土，应对墩台基底进行处理。

表 10.4　　混凝土运输方式及适用条件

水平运输	垂直运输	适用条件（墩高 H）		备　注
人力混凝土手推车、内燃翻斗车、轻便轨人力推运翻斗车、混凝土起重机	手推车	中、小型桥梁，水平运距较近	$H<10$m	搭设脚手平台，铺设坡道，用卷扬机拖拉手推车上平台
	轨道爬坡翻斗车		$H<10$m	搭设脚手平台，铺设坡道，用卷扬机拖拉手推车上平台
	带式输送机		$H<10$m	倾角不宜超过15°，速度不宜超过1.2m/s。高度不足时，可将两台带式输送机串联使用
	履带/轮胎起重机（起吊高度约20m）		10m$<H<$20m	用吊斗输送混凝土
	木质或钢制扒杆		10m$<H<$20m	用吊斗输送混凝土
	墩外井架提升		$H>20$m	在井架上安装扒杆提升吊斗
	墩内井架提升		$H>20$m	适用于空心桥墩
	无井架提升		$H>20$m	适用于空心桥墩
轨道牵引车、输送混凝土翻斗车、混凝土吊斗、汽车倾卸车、汽车运输混凝土吊斗、内燃翻斗车	履带/轮胎起重机（起吊高度约30m）	大、中桥，水平运距较远	20m$<H<$30m	用吊斗输送混凝土
	塔式起重机		30m$<H<$50m	用吊斗输送混凝土
	墩外井架提升		$H<50$m	井架可用万能杆件组装
	墩内井架提升		$H>50$m	适用于空心桥墩
	无井架提升		$H>50$m	适用于滑动模板
索道吊机			$H>50$m	
混凝土输送泵			$H<50$m	可用于大体积实心墩台

墩台身钢筋的绑扎应和混凝土的浇筑配合进行。在配置第一层垂直钢筋时，应有不同的长度，同一断面的钢筋接头应符合施工规范的规定。水平钢筋的接头也应内外、上下互相错开。钢筋保护层的净厚度应符合设计要求。如无设计要求，则可取墩台身受力钢筋的净保护层不小于30mm，承台基础受力钢筋的净保护层厚度不小于35mm。

墩台身是大体积圬工，为避免水化热过高，导致墩台身内外温差过大而产生裂缝，可采用如下措施：

（1）改善集料级配、降低水胶比、掺加外加剂、掺加片石等以减少水泥用量。

（2）采用C3A、C3S含量少、水化热低的水泥，如大坝水泥、矿渣水泥、粉煤灰水泥、低强度等级水泥等。

（3）减小浇筑层厚度，加快混凝土散热速度。

（4）混凝土用料应避免阳光暴晒，以降低初始温度。

（5）在混凝土内埋设冷却管道通水降温。

当浇筑的平面面积过大，不能在前层混凝土初凝前完成次层混凝土浇筑时，为保证结构的整体性，宜采用分块浇筑。每块的面积不得小于50m²，每块高度不宜超过

2m。块与块之间的竖向接缝应与墩台身或基础平截面短边平行，与平截面长边垂直，上下邻层间的竖向接缝位置应错开，做成企口状，并按施工接缝处理。

10.3.3 墩台附属工程

墩台附属工程包括桥台翼墙、桥台锥体护坡、台后填土、搭板和排水盲沟等。其施工方法一般有现浇、预制拼装和砌筑等，填土和排水应符合道路工程要求。

10.3.3.1 桥台锥体护坡施工

（1）桥台锥体护坡施工时，石砌锥坡、护坡和河床铺砌层等工程，必须在坡面或基面夯实整平后开始铺砌，以保证护坡稳定。

（2）锥坡填土应与台背填土同时进行，填土应按高程及坡度填实。桥涵台背、锥坡、护坡及拱上等各项填土，宜采用透水性土分层填筑和夯实，每层厚度不得超过0.3m，密实度应达到路基规范的要求。

（3）护坡基础与坡脚的连接面应与护坡垂直，以防坡脚滑走。片石护坡的外露面和坡顶、边口，应选用较大、较平整并略加修凿的石块。

（4）砌石时拉线要张紧，表面要平顺，护坡片石背后应按规定做碎石导滤层，防止锥体土方被水侵蚀变形。护坡与路肩或地面的连接必须平顺，以利排水，并避免砌体背后冲刷或渗透坍塌。

（5）砌体勾缝除涉及规定外，一般可采用凸缝或平缝，且宜待坡体土方稳定后进行。浆砌砌体应在砂浆初凝后覆盖养护7～14d。养护期间应避免碰撞、振动或承重。

10.3.3.2 排水盲沟施工

（1）排水盲沟应以片石、碎石或卵石等透水材料砌筑，并按坡度设置，沟底用黏土夯实。盲沟应建在下游方向，出口处应高出一般水位0.20m，平时无水的干河应高出地面0.30m。

（2）如桥台在挖方内横向无法排水，排水盲沟在平面上可在下游方向的锥体填土内折向桥台前端排出，在平面上呈L形。

10.3.3.3 导流建筑物施工

（1）导流建筑物应和路基、桥涵工程综合考虑施工，以避免在导流建筑物范围内取土、弃土，破坏排水系统。

（2）砌筑用石料的抗压强度不得低于20MPa；砌筑用砂浆强度等级，在温和及寒冷地区不低于M5，在严寒地区不低于M7.5。

（3）填土应达到最佳密度90%以上。坡面砌石按照锥体护坡要求处理。若使用漂石时，应采用栽砌法铺砌；若采用混凝土板护面，板间砌缝10～20mm，并用沥青麻筋填塞。

（4）抛石防护宜在枯水季节施工。石块应按大小不同的规格掺杂抛投，但底部及迎水面宜用较大石块。水下边坡不宜陡于1∶1.5，顶面可预留10%～20%的沉落量。

（5）石笼防护基底应铺设垫层，使其大致平整。石笼外层应用较大石块填充，内层则可用较小石块码砌密实，装满石块后，用铁丝封口。石笼间应用铁丝连成整体。在水中安置石笼，可用脚手架或船只顺序投放，铺放整齐，笼与笼间的空隙应用石块填满。石笼的构造、形状及尺寸应根据水流及河床的实际情况确定。

10.4　桥梁上部构造施工技术

选择桥梁的上部施工方法，需要充分考虑桥位的地形、环境，安装方法的安全性、经济性，施工进度要求等因素。对于不同的桥型，在选择施工方法时还要考虑其跨径、施工的技术水平以及机具设备条件等。

传统梁桥的施工方法是搭设满堂支架现浇施工。随着我国桥梁吊运设备能力的不断提高、预应力技术的普遍应用，桥梁上部结构采用预制安装法已占到 80%～90%。

预制安装法的优点：桥梁的上、下部结构可以平行施工，施工期能够大大缩短；节省大量的支架模板，便于工厂化制作，质量容易控制，从而降低工程成本。

预制安装法的缺点：总体用钢量偏大，构件是拼接而成的，整体性较现浇法差一些，同时吊装过程中需要大型起吊运输设备，费用较高。

10.4.1　装配式预应力混凝土梁桥的施工

预制安装法施工包括分片或分段构件的预制、运输、安装三个阶段，预制安装施工的桥梁也称为装配式桥梁。

10.4.1.1　装配式构件的预制

桥梁构件的预制一般采用立式预制，以便直接吊装和运输，无需进行翻转作业。

构件预制方法按作业线布置不同分为固定式预制和活动台车上预制两种。固定式预制，是构件在整个预制过程中一直固定在一个底座上，立模、钢筋绑扎、混凝土浇筑和养护等各个作业均在同一地点顺序展开，直至构件完成，满足强度要求后被吊离底座。一般规模桥梁工程的构件预制大多采用此种方法。在活动台车上预制构件时，台车上具有活动模板，能快速进行装拆，当台车沿着轨道从一个地点移动到另一个地点上时，作业也就按照顺序一个接一个地进行，预制场地布置成流水作业线，构件分批进入蒸养室进行养护。若采用后张法张拉，待构件从蒸养室出来后，再移动到预应力张拉作业点。用此种方法进行构件预制时，可采用强有力的底模振捣和快速有效的养护，能大大提高构件的预制质量和速度。这种方法适用于大批量或永久性制造构件的预制梁场。

1. 预制构件的准备工作

预制构件有关的准备工作包括模板工作、钢筋工作和混凝土工作等。

（1）模板工作。根据工程规模和预制工作量的大小，模板可采用钢制、木制或钢木结合模板。T 形梁的模板包括底模、侧模和端模，空心板梁还需要准备芯模。

（2）钢筋工作。钢筋工作主要包括钢筋的调直、切断、除锈、弯钩、焊接和绑扎。还需要设置各种预埋件，包括构件的接缝和接头部位的预埋角钢、预埋钢板、预埋钢筋，以及吊点的吊环等，预埋件必须与钢筋骨架连接牢固。

（3）混凝土工作。混凝土工作包括混凝土的搅拌、运输、浇筑、振捣、养护与拆模等工序。混凝土的配合比应通过设计和实验室的验证来确定。

2. 预应力混凝土的张拉

预应力混凝土张拉工艺分为先张法和后张法，先张法主要用于小跨径桥梁，目前工程中大量采用的空心板、T 形梁以及小箱梁大多采用后张法工艺，故只介绍后张法施工工艺。

后张法是先浇筑构件（或块体），并在设置预应力钢筋的部位预留孔道，待混凝土达到一定强度（一般不低于设计规定强度的75%）后，在孔道内穿入预应力钢筋，将构件本身作为施加预应力的台座，根据不同的锚固体系用液压千斤顶张拉预应力钢筋，并同时压缩混凝土，张拉到控制应力后，将预应力钢筋用锚具固定在构件上，然后向孔道内压入水泥浆液。采用后张法时，预应力的建立主要是依靠构件两端的锚固装置。

(1) 预应力筋的制备。无论采用何种材料制作预应力筋，其下料长度应为 $L=L_0+L_1$，其中 L_0 为构件混凝土预留孔道长度；L_1 为工作长度，视构件端面上锚垫板数量、厚度、锚具类型、张拉设备类型和工作条件等而定。钢绞线在使用前应进行预拉，以减小其构造变形和应力松弛损失，并便于等长控制。钢绞线下料宜用砂轮切割机，严禁使用电弧切割。这是因为钢绞线为高强度钢材，局部加热或急剧冷却会导致该部位的组织脆性变化，容易在低于允许张拉力的荷载下发生脆断，具有很大的危险性。

(2) 预应力筋的安装。预应力筋可在混凝土浇筑之前或之后穿入管道（分别称为先穿束和后穿束），对于钢绞线，可将一根钢束中的全部钢绞线编束后整体穿入管道中，也可逐根将钢绞线穿入管道。穿束前应检查锚垫板和孔道，锚垫板应位置准确，孔道内应畅通，无水和其他杂物。

对于先穿束的管道，预应力筋安装完成后，应进行全面检查，以查出可能被损坏的管道。在混凝土浇筑之前，必须将管道上一切非有意留的孔、开口或损坏之处修复，并应检查预应力筋是否能在管道内自由滑动。

(3) 预应力筋的张拉。后张法张拉预应力筋所用的液压千斤顶按其作用可分为单作用（张拉）、双作用（张拉和顶紧锚塞）和三作用（张拉、顶紧锚塞和退楔）等三种形式；按其结构特点可分为锥锚式、拉杆式和穿心式三种形式。

后张法预应力混凝土梁桥使用最广的是采用高强钢丝束、钢制锥形锚具并配合锥锚式千斤顶的张拉工艺，其张拉程序见表10.5。

表10.5　　后张法预应力筋张拉程序

<table>
<tr><th colspan="2">预应力筋</th><th>张拉程序</th></tr>
<tr><td colspan="2">钢筋、钢丝束</td><td>0→初应力→1.05（持荷2min）→（锚固）</td></tr>
<tr><td rowspan="2">钢绞线束</td><td>对于夹片式等具有自锚性能的锚具</td><td>普通松弛力筋 0→初应力→1.03（锚固）
低松弛力筋 0→初应力→（持荷2min锚固）</td></tr>
<tr><td>其他锚具</td><td>0→初应力→1.05（持荷2min）→（锚固）</td></tr>
<tr><td rowspan="2">钢丝束</td><td>对于夹片式等具有自锚性能的锚具</td><td>普通松弛力筋 0→初应力→1.03（锚固）
低松弛力筋 0→初应力→（持荷2min锚固）</td></tr>
<tr><td>其他锚具</td><td>0→初应力→1.05（持荷2min）→0→（锚固）</td></tr>
<tr><td rowspan="2">精轧螺纹钢筋</td><td>直线配筋时</td><td>0→初应力→（持荷2min锚固）</td></tr>
<tr><td>曲线配筋时</td><td>0→（持荷2min）→0（上述程序可反复几次）→初应力→（持荷2min锚固）</td></tr>
</table>

注　1. 表中为张拉时的控制应力，包括预应力损失值。

2. 两端同时张拉时，两端千斤顶升降压、画线、测伸长、插垫等工作应基本一致。

3. 梁的竖向预应力筋可一次张拉到控制应力，然后于持荷5min后测伸长和锚固。

4. 超张拉数值超过最大超张拉应力极限时，应按该条规定的极值进行张拉。

千斤顶减压撤除后，应检查有无断丝、滑丝现象。通常在一个断面上的断丝数量不得超过该断面钢丝总数的 2%，每束中断丝数不得超过 2 根，每束钢丝滑移量总和不得大于该束伸长量的 2%。

(4) 孔道压浆。孔道压浆是为了保护预应力筋不受锈蚀，并使预应力筋与混凝土梁体黏结成整体，从而既能减轻锚具的受力，又能提高梁的承载能力、抗裂性和耐久性。预应力筋张拉锚固后，孔道应尽快压浆，且应在 48h 内完成，否则应采取避免预应力筋锈蚀的措施。压浆工艺分为一次压注法和二次压注法两种，前者用于不太长的直线形孔道，较长的孔道或曲线孔道宜采用二次压浆法。

压浆压力以 500～600kPa 为宜。压浆顺序应先下孔道后上孔道，以免上孔道漏浆把下孔道堵塞。直线孔道压浆时，应从构件的一端压到另一端。曲线孔道压浆则应从孔道最低处开始向两端进行。

(5) 封端。压浆完成后，应立即将梁端水泥浆冲洗干净，并将端面混凝土凿毛。在绑扎端部钢筋网和安装封端模板时，要妥善固定，以免在灌注混凝土时因模板走动而影响梁长。封端混凝土的强度应不低于梁体的强度，浇筑完封端混凝土并静置 1～2h 后，应按一般规定进行浇水养护。

10.4.1.2 预制梁的安装

装配式预应力混凝土梁桥的主梁在预制场内完成预制后，需要配合架梁的方法解决如何将梁运至桥头或桥孔下的问题。梁在起吊和安放时，应按设计规定的位置布置吊点或支撑点。

梁的架设主要有起吊、纵移、横移、落梁等工序，按其工艺不同，可分为陆地架设（包括自行式吊车架梁、跨墩门式吊车架梁、移动支架架梁等）、浮吊架设，和利用安装导梁或塔架、缆索的高空架设等。桥梁架设既是高空作业又需要重而大的机具设备，在施工中确保施工人员的安全，杜绝工程事故，也是技术人员的重要职责。

1. 自行式吊车架梁法

对于桥梁高度不大的中、小跨径桥梁，可以采用自行式吊车架梁法，这是一种机械架梁方法，适用于陆地桥梁、城市高架桥或其他场地条件许可的桥梁。根据吊装质量的不同，用一台或两台自行式吊车或履带吊直接在桥下进行吊装，如图 10.11 所示。其特点是机动性好，不需要动力设备，不需要作业准备，架梁速度快，工期短。一般吊装能力为 150～1000kN，国外已出现 4100kN 的轮式吊车。

2. 跨墩门式吊车架梁法

对于桥不太高，架桥孔数又多，沿桥墩两侧铺设轨道不困难的情况，可以采用一台或两台跨墩门式吊车来架梁。用本法架梁的优点是架设安装速度快，而且架设时不需要特别复杂的技术工艺，作业人员较少。

在水深不超过 5m、水流平缓、不通航的中小河流上的小桥孔，也可采用跨墩龙门吊机架梁。这时必须在水上桥墩的两侧架设龙门吊机轨道便桥，便桥基础可用木桩或钢筋混凝土桩。在水浅流缓而无冲刷的河上，也可用木笼或草袋筑岛做便桥的基础。便桥的梁可用贝雷片组拼。

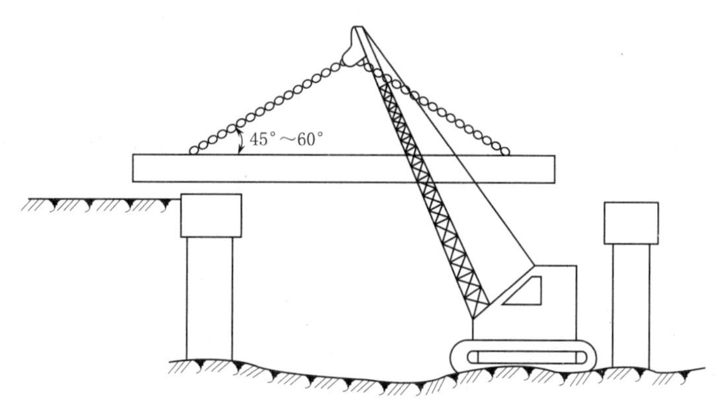

图 10.11 自行式吊车架梁法

3. 浮运架梁法

在海上或深水大河上修建桥梁时，可采用浮运架梁法施工。采用浮吊安装预制梁，施工速度快，高空作业较少，施工比较安全，吊装能力也大，工效也高，但需要大型浮吊。目前国外采用浮吊的吊装能力已达到3000kN以上。

4. 联合架桥机架梁法

此法适用于架设安装30m以下的多孔桥梁，其优点是完全不设桥下支架，不受水深流急影响，架设过程中不影响桥下通航、通车，预制梁的纵移、起吊、横移、就位都比较方便，如图10.12所示。

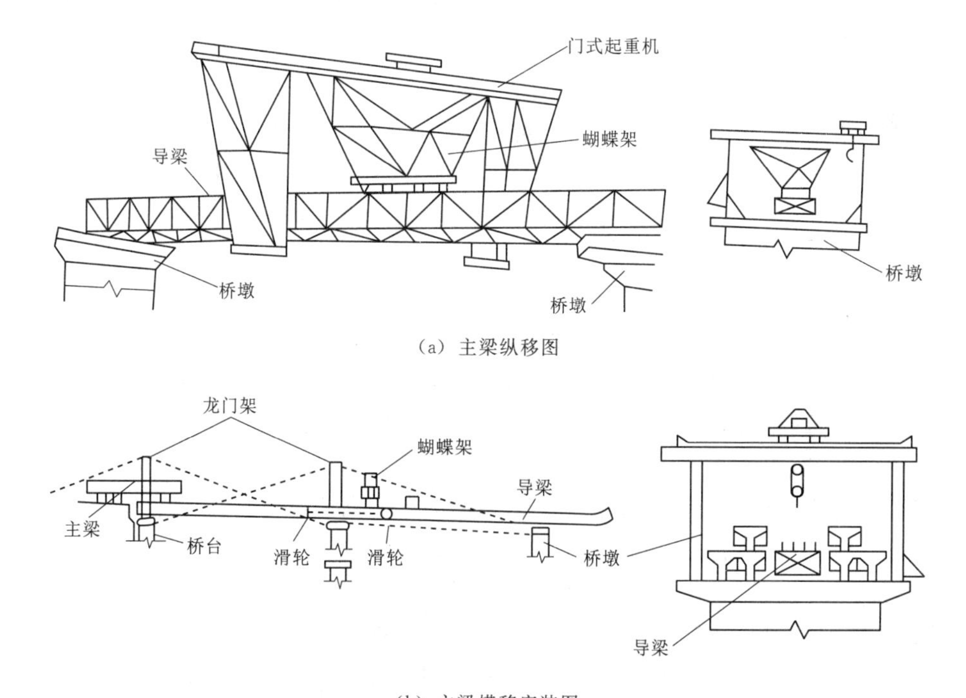

图 10.12 联合架桥机架梁法

联合架桥机由两套门式起重机、一个托架（也叫蝴蝶架）、一根两跨长的钢导梁组成。其架梁顺序如下：

（1）在桥头拼装钢导梁，梁顶铺设钢轨，并用绞车纵向拖拉导梁就位。

（2）拼装蝴蝶架和门式起重机，用蝴蝶架将两个门式起重机移运到架梁孔的桥墩（台）上。

（3）由平车轨道运送预制梁至架梁孔位，将导梁两侧可以安装的预制梁用两个门式起重机吊起，横移并落梁就位。

（4）将导梁所占位置的预制梁临时安放在已架设好的梁上。

（5）用绞车纵向拖拉导梁至下一孔后，将临时安放的梁由门式起重机架设就位，完成一孔梁的架设工作，并用电焊将各梁连接起来。

（6）在已架设的梁上铺设钢轨，用蝴蝶架顺序将两个门式起重机托起并运至前一孔的桥墩上。

5. 双导梁穿行式架梁法

本法是在架设孔间设置两组导梁，导梁上安设配有悬吊预制梁设备的轨道平车和起重汽车或移动式龙门起重机，将预制梁在双导梁内吊着运到规定位置后，再落梁、横移就位。横移时可将两组导梁吊着预制梁整体横移，另一种方法是导梁设在桥面宽度以外，预制梁在龙门起重机上横移，导梁不横移，这种方法要比第一种横移方法安全。

双导梁穿行式架梁法的优点同联合架桥机架梁法相同，适用于墩高、水深的情况下架设多孔中小跨径的装配式梁桥，但不需蝴蝶架，而配备双组导梁，故架设跨径较大，吊装的预制梁较重。我国用该类型的架梁法架设了梁长 51m、重 1310kN 的预应力混凝土 T 形梁桥。

10.4.2　预应力混凝土连续梁桥的施工

预应力混凝土连续梁桥的施工方法很多，有整体现浇、装配—整体施工、悬臂法施工、顶推法施工和移动式模架逐孔施工等。整体现浇需要搭设满堂支架，既影响通航，又要耗费大量支架材料，在大跨径多孔连续梁桥施工中很少采用。

1. 顶推法施工

顶推法施工的原理是沿桥梁纵轴方向的台后开辟预制场地，分阶段预制混凝土梁，并用纵向预应力筋连成整体，通过水平液压千斤顶施力，借助不锈钢板与聚四氟乙烯模压板组成的滑动装置，将梁段向对岸推进。待全部顶推就位后，落梁、更换成永久支座，完成桥梁施工。顶推法有单点顶推法和多点顶推法。

2. 悬臂法施工

悬臂法施工也称为分段施工法，是以桥墩为中心向两岸对称地、逐节悬臂接长的施工方法，是连续梁桥、连续刚构桥、斜拉桥最常用的施工方法。

悬臂法施工不需要大量施工支架和临时设施，不影响桥下通航通车，施工不受季节、河流水位的影响。多孔桥跨结构可同时施工，加快施工进度。

悬臂法施工按悬臂接长的方式不同，可分为悬臂浇筑法和悬臂拼装法。悬臂浇筑法是在桥墩两侧对称逐段就地浇筑混凝土，待混凝土达到一定强度后，张拉预应力筋，移动机具、模板继续施工。悬臂拼装法则是将预制节段块件，从桥墩两侧一次对称安装节段，张拉预应力筋，悬臂不断接长，直至合龙。

3. 逐孔施工法

逐孔施工法是从桥梁一端开始，采用一套施工设备或一、二孔施工支架逐孔施工，周期循环，直到全部完成。逐孔施工法常用在对桥梁跨径无特殊要求的中小跨桥的长桥，如高架道路、跨越海湾和跨越湖泊的桥梁等，有的桥梁总长达数十公里。逐孔施工法体现了造桥施工的省和快，可使施工单一标准化、工作周期化，最大程度地降低工费比例，降低造价。

逐孔施工法从施工技术方面可分为三种类型：

(1) 用临时支承组拼预制节段逐孔施工。它是将每一桥跨分成若干节段（包括桥墩顶节段、标准节段），预制完成后在临时支承（钢架导梁、下挂式高架钢架等）上逐孔组拼施工。节段可在预制厂生产，提高了机械设备的利用率和生产效率。

(2) 使用移动支架逐孔现浇施工。此法也称移动模架法，是在可移动的支架、模板（移动悬吊模架、支承式活动模架）上完成一孔桥梁的模板、钢筋、浇筑混凝土和张拉预应力筋等全部工序，然后移动支架、模板，进行下一孔桥梁的施工。由于是在桥位上现浇施工可免去大型运输和吊装设备，桥梁整体性好，主要用于建造孔数多、桥跨较长、桥墩较高及桥下净空受到约束的桥梁。支架分为落地式和梁式。

(3) 采用整孔吊装或分段吊装逐孔施工。它是早期连续梁桥采用逐孔施工的唯一方法。近年来，由于起重能力增强，桥梁的预制构件向大型化方向发展，从而更能体现逐孔施工速度快的特点，可用于混凝土连续梁和钢连续梁桥的施工中。

采用逐孔施工时，随着施工的进程，桥梁结构的受力体系在不断变化，由此导致结构内力也随之变化。逐孔施工的体系转换有三种：由简支梁状态转换为连续状态、由悬臂梁转换为连续梁以及由少跨连续梁逐孔延伸转换为所要求的体系等。在体系转换中，不同的转换途径将得到不同的结构内力叠加过程，而最终的恒载内力（包括混凝土的收缩、徐变内力重分布）将接近于连续梁桥（按照全联一次完成）的恒载内力。

课 后 习 题

1. 试述桥梁的分类及受力特点。
2. 简述桥梁基础施工的方法及注意事项。
3. 简述预应力混凝土梁桥的施工方法及特点。
4. 简述不同钻孔方法的特点及适用范围。
5. 查阅资料，描述斜拉桥施工过程。
6. 查阅相关资料，了解近20年国内外桥梁施工安全事故，简述事故发生的过程及原因，分析其中包含的工程伦理问题。

资源10.1
课后习题
参考答案

第11章 隧道工程

【项目案例引入】

××项目隧道工程施工准备：

××线××至××高速公路福州段牛岩山隧道，左线全长9252m，右线全长9198m，隧道设计行车速度为80km/h，最大埋深约500m。隧道左线采用三区段斜竖井送排式分段纵向通风，左线斜井水平距长度1366.66m，纵坡14.56%，竖井长××m；隧道右线采用两区段斜井送排式分段纵向通风，右线斜井水平距长度1030m，纵坡16.05%。现依据设计要求和工程特点提出隧道工程施工方案。

1. 施工准备

(1) 技术准备。

(2) 材料准备。

(3) 主要机具。

(4) 作业条件。

(5) 劳动力组织。

2. 工艺设计和控制要求

(1) 技术要求。

(2) 材料质量要求。

3. 施工工艺

(1) 工艺流程。

(2) 钻眼爆破操作工艺。

(3) 装渣与运输操作工艺。

4. 质量标准

11.1 洞身开挖工程

隧道工程的“施工方法”是开挖和支护等工序的组合，或者定义为达到规定的使用目的、规定的设计要求、规定的技术标准，使用一定的人员、资金、机械、材料，运用一定的技术措施和管理措施，遵循一定的作业程序，修建隧道及地下洞室建筑物的方法。

隧道施工就是要挖除坑道范围内的岩体，并尽量保持坑道围岩的稳定。显然，开挖是隧道施工的第一道工序，也是关键工序。在坑道的开挖过程中，围岩稳定与否主要取决于围岩本身的工程地质条件，但开挖方法对围岩稳定状态有着直接而重要的影响。

因此，隧道开挖的基本原则是：在保证围岩稳定或减少对围岩的扰动的前提条件下，选择恰当的开挖方法和掘进方式，并应尽量提高掘进速度。即在选择开挖方法和掘进方式时，一方面应考虑隧道围岩地质条件及其变化情况，选择能很好地适应地质条件及其变化，并能保持围岩稳定的方法和方式；另一方面应考虑坑道范围内岩体的坚硬程度，选择能快速掘进，并能减少对围岩的扰动的方法和方式。

隧道施工中，开挖方法是影响围岩稳定的重要因素之一。因此，在选择开挖方法时，应对隧道断面大小及形状、围岩的工程地质条件、支护条件、工期要求、工区长度、机械配备能力、经济性等相关因素进行综合分析，采用恰当的开挖方法。尤其应与支护条件相适应。

隧道开挖方法实际上是指开挖成形方法。按开挖隧道的横断面分部情形来分，开挖方法可分为全断面开挖法、台阶法、分部开挖法等。

11.1.1 全断面开挖法

11.1.1.1 施工顺序

全断面开挖法就是按照设计轮廓一次爆破成形，然后支护再修建衬砌的施工方法。

11.1.1.2 适用条件

（1）Ⅰ～Ⅳ级围岩。在用于Ⅳ级围岩时，围岩应具备从全断面开挖到初期支护前这段时间内，保持其自身稳定的条件。

（2）有钻孔台车或自制作业台架及高效率装运的机械设备。

（3）隧道长度或施工区段长度不宜太短，根据经验一般不应小于1km，否则采用大型机械施工时其经济性较差。

采用全断面一次开挖法，必须注意机械设备的配套，以充分发挥机械设备的效率。

隧道机械化施工有三条主要作业线，见表11.1。

表11.1　　隧道机械化施工作业线

作业线	采用的大型机械设备
开挖作业线	钻孔台车、装药台车、装载机配合自卸汽车（无轨运输时）、装渣机配合矿车及电瓶车或内燃机车（有轨运输时）
喷锚作业线	混凝土喷射机、混凝土喷射机械手、喷锚作业平台、进料运输设备及锚杆灌浆设备
模筑衬砌作业线	混凝土拌和作业厂、混凝土输送车及输送泵、施作防水层作业平台、衬砌钢模台车

为加快隧道建设，必须实现隧道施工机械化，而隧道工程新技术、新工艺的推广又为机械化施工奠定了基础。同时，机械化的发展又推动了隧道施工工艺水平的不断提高。机械设备选型时应遵循可靠性、经济性、配套性等原则。

11.1.1.3 施工特点

（1）开挖断面与作业空间大、干扰小。

（2）有条件充分使用机械，减少人力。

（3）工序少，便于施工组织与施工管理，改善劳动条件。

（4）开挖一次成形，对围岩扰动少，有利于围岩稳定。

11.1.2　台阶法

根据台阶长度不同，划分为长台阶法、短台阶法和微台阶法三种，如图 11.1 所示。

施工中采用哪一种台阶法，要根据两个条件来决定：①对初期支护形成闭合断面的时间要求，围岩越差，要求闭合时间越短；②对上部断面施工所采用的开挖、支护、出渣等机械设备需要施工场地大小的要求。对于软弱围岩，主要考虑前者，以确保施工安全；对于较好围岩，主要考虑如何更好地发挥机械设备的效率，保证施工中的经济效益，因此只考虑后一条件。

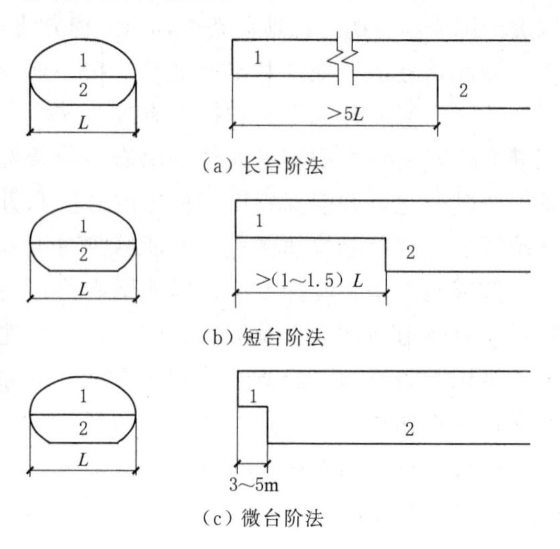

图 11.1　台阶法类型

1—上台阶；2—下台阶

11.1.2.1　长台阶法

长台阶法开挖断面小，有利于维持开挖面的稳定，适用范围较全断面法广，一般适用于Ⅰ～Ⅴ级围岩。在上、下两个台阶上，分别进行开挖、支护、运输、通风、排水等作业线，因此台阶长度长。但台阶长度过长，如大于 100m，则增加了支护封闭时间，同时也增加了通风排烟、排水的难度，降低了施工的综合效率。因此长台阶一般在围岩条件相对较好、工期不受控制、无大型机械化作业时选用。

11.1.2.2　短台阶法

短台阶法适用于Ⅲ～Ⅴ级围岩，台阶长度定为 10～15m，即 1～2 倍开挖宽度，主要是考虑既要实现分台阶开挖，又要实现支护及早封闭。上台阶一般采用少药量的松动爆破，出渣采用人工或小型机械转运至下台阶。因此台阶长度又不宜过长，如果超过 15m，则出渣所需的时间显得过长。

短台阶法可缩短支护闭合时间，改善初期支护的受力条件，有利于控制围岩变形。缺点是上部出渣对下部断面施工干扰较大，不能全部平行作业。

11.1.2.3　微台阶法

微台阶法是全断面开挖的一种变异形式，适用于Ⅴ～Ⅵ级围岩。台阶长度一般为 3～5m，台阶长度小于 3m 时，无法正常进行钻眼和拱部的喷锚支护作业；台阶长度大于 5m 时，利用爆破将石渣翻至下台阶有较大的难度，必须采用人工翻渣。微台阶法上下断面相距较近，机械设备集中，作业时相互干扰大，生产效率低，施工速度慢。

11.1.3　分部开挖法

分部开挖法包括环形开挖留核心土法、双侧壁导坑法、中洞法、中隔壁法等。

11.1.3.1　环形开挖留核心土法

环形开挖留核心土法常用于Ⅵ级围岩单线和Ⅴ～Ⅵ级围岩双线隧道掘进。施工顺序为：人工或单臂掘进机开挖环形拱部→架立钢支撑→挂钢丝网→喷射混凝土。在拱部初期支护保护下，开挖核心土和下半部，随即接长边墙钢支撑，挂网喷射混凝土，并进行封底。根据围岩变形，适时施作二次衬砌。

施工要求：环形开挖进尺一般为0.5～2.0m；开挖后应及时施作喷锚支护、安设钢架支撑，每两榀钢架之间采用连续钢筋连接，并加锁脚锚杆；当围岩地质条件差，自稳时间较短时，开挖前应在拱部设计开挖轮廓线以外进行超前支护。

环形开挖留核心土法施工开挖工作面的稳定性好，施工较安全，但具有施工干扰大、工效低等特点，在土质及软弱围岩中使用较多，在大秦线、军都山隧道黄土段等隧道施工中均有应用。

11.1.3.2 双侧壁导坑法

双侧壁导坑法适用于Ⅴ～Ⅵ级围岩双线或多线隧道掘进。由于跨度较大，无法采用全断面或台阶法开挖，先开挖隧道两侧导坑（相当于先开挖2个小跨度的隧道），并及时施作导坑四周初期支护，再根据地质条件、断面大小，对剩余部分断面进行一次或二次开挖。

双侧壁导坑法施工要求：侧壁导坑高度以到起拱线为宜；侧壁导坑形状应近于椭圆形断面，导坑断面为整个断面的1/3；侧壁导坑领先长度一般为30～50m，以开挖一侧导坑所引起的围岩应力重分布不影响另一侧导坑为原则；导坑开挖后应及时进行初期支护，并尽早封闭成环。

双侧壁导坑法具有控制地表沉陷好、施工安全等优点，但进度慢，成本高。因此，该法适用于断面跨度大，地表沉陷要求严格，围岩条件特别差的隧道，在衡广复线香炉坑隧道、大秦线西坪隧道通过塌方体、北京地铁西单车站等地下工程中均有应用。

11.1.3.3 中洞法

中洞法适用于双连拱隧道。采用先进行中洞的开挖与支护，在中洞内施作隧道中墙混凝土，后开挖两侧的施工方法。

中洞法施工要求：中洞法开挖高度应大于中墙高度1m，开挖宽度应大于5m；中洞开挖超前长度根据隧道长度、宽度以及地质情况综合考虑，一般为50～80m；对于长度200～300m的短隧道可先贯通中洞，然后再施工两侧侧洞；中洞开挖后应及时施作初期支护，再分段浇筑中墙混凝土，每一纵向段长度为4～10m，在中墙混凝土达到设计强度后方可拆模，并进行临时横向支撑施工。

11.1.3.4 中隔壁法

在近年国内的铁路隧道和城市地下工程中的实践证明，中隔壁法是通过软弱、浅埋、大跨度隧道的最有效的施工方法之一，它适用于Ⅴ～Ⅵ级围岩的双线隧道。中隔墙开挖时，应沿一侧自上而下分为2部或3部进行，每开挖1部均应及时施作锚喷支护、安设钢架、施作中隔壁。之后再开挖中隔墙的另一侧，其分部次数及支护形式与先开挖的一侧相同。

中隔壁洞法施工要求：各部开挖时，周边轮廓尽量圆顺，减小应力集中；各部的底部高程应与钢架接头处一致；后一侧开挖应全断面及时封闭；左右两侧纵向间距一般为30～50m；中隔壁设置为弧形或圆弧形。

11.1.3.5　交叉中隔壁法

交叉中隔壁法适用于Ⅴ～Ⅵ级围岩浅埋的双线或多线隧道。自上而下分为 2～3 部开挖中隔墙的一侧，及时支护并封闭临时仰拱，待完成 1～2 部后，即开始另一侧 1～2 部开挖及支护，形成左右两侧开挖及支护相互交叉的情形。

采用交叉中隔壁法施工，除满足中隔壁法的要求外，尚应满足：设置临时仰拱，步步成环；自上而下，交叉进行；中隔壁及交叉临时支护，在灌注二次衬砌时，应逐段拆除。

11.2　隧道爆破施工技术

资源 11.1 八达岭隧道——我国自行修建的首座铁路越岭隧道

11.2.1　爆破材料

11.2.1.1　炸药的性能

炸药爆炸是一种高速化学反应过程。在这个过程中炸药物质成分发生改变，生成大量的气体物质并释放大量的热能，表现为对周围介质的冲击、压缩、破坏和抛掷作用。炸药的性能取决于所含化学成分。掌握炸药等爆破材料的性能，对正确使用、储存、运输爆破材料，确保安全和提高爆破效果，具有重要意义。炸药的主要性能如下：

1. 感度

炸药的敏感度简称感度，是指炸药在外界起爆能作用下发生爆炸反应的难易程度，也就是炸药爆炸对外能的需要程度。根据外能形式的不同，炸药感度主要有：

（1）热敏感度，亦称爆发点，即使炸药爆炸的最低温度。它表示炸药对热的敏感度。工程中几种常用炸药的爆发点见表 11.2。

表 11.2　几种炸药的爆发点　单位：℃

炸药名称	爆发点	炸药名称	爆发点	炸药名称	爆发点	炸药名称	爆发点
EL 系列乳化炸药	330	梯恩梯	290～295	2 号岩石硝铵炸药	186～230	硝化甘油	200
2 号煤矿硝铵炸药	180～188	黑索金	230	黑火药	290～390	特屈儿	195～200

（2）火焰感度，表示炸药对火焰（明火星）的敏感度。有些炸药虽然对温度比较钝感，但对火焰却很敏感，如黑火药一接触明火星便易燃烧、爆炸。

（3）机械感度，是指炸药对机械能（撞击、摩擦）作用的敏感程度。一般来说，对撞击比较敏感的炸药，对摩擦也比较敏感。一般以试验次数的爆炸百分率来表示。

（4）爆轰感度，是指炸药对爆炸能的敏感程度。通常在起爆作用下，炸药的爆炸是由冲击波、爆炸产物流或高速运动的介质颗粒的作用而激发的。不同的炸药所需的起爆能也不同。爆轰感度一般用极限起爆药量表示。

2. 爆速

炸药爆炸时爆轰在炸药内部的传播速度称为爆速。不同成分的炸药有不同的爆速，但一般来说密度越大的炸药其爆速也越高。同一种成分的炸药其爆速还受装填密实程度、药量、含水量和包装材料等因素的影响，几种炸药的爆速见表11.3。

表11.3 几种炸药的爆速和爆力

炸药名称	2号岩石铵梯炸药	硝化甘油	梯恩梯	特屈儿	黑索金	太安
密度/（g/cm^3）	0.1～1.4	1.60	1.50	1.60	1.70	1.72
爆速/（m/s）	5200	7450	6850	7334	8660	8083
爆力/cm^3	320	600	285	300	600	580

3. 爆力（威力）

炸药爆炸时对周围介质做功的能力称为爆力（威力）。炸药的爆力越大，其破坏能力越强，破坏的范围及体积也越大。一般地，爆炸产生的气体物质越多，或爆温越高，则其爆力越大。炸药的爆力通常用铅柱扩孔实验法测定。铅柱扩孔容积等于$280cm^3$时的爆力称为标准爆力。几种炸药的爆力见表11.3。

4. 猛度

炸药爆炸后对与之接触的固体介质的局部破坏能力称为猛度。这种局部破坏表现为固体介质的粉碎性破坏程度和范围大小。一般地，炸药的爆速越高，则其猛度也越大。炸药的猛度通常用铅柱压缩法测定，以铅柱被爆炸压缩的数值表示。

5. 爆炸稳定性

爆炸稳定性是指炸药经起爆后，能否连续、完全爆炸的能力。它主要受炸药的化学性质、爆轰感度以及装药密度、药包大小（或药卷直径）、起爆能量等因素的影响。爆炸稳定性主要包括临界直径、最佳密度、管道效应。

（1）临界直径。工程爆破采用柱状装药时，常用药卷的“临界直径”来表示炸药的爆炸稳定性。“临界直径”是在柱状装药时被动药卷能发生殉爆的最小直径ϕ_{min}。临界直径越小，则其爆炸稳定性越好。如铵梯炸药的爆炸稳定性较好，其临界直径为15mm。浆状炸药的爆炸稳定性较差，其临界直径为100mm，但加入敏化剂后其临界直径降为32mm，也能稳定爆炸。

工程爆破中，为保证装药能稳定爆炸而不发生断爆，在选择药卷直径时应不小于炸药的临界直径。装药直径越大，其爆炸越稳定。但当药卷直径超过某值（极限直径）后，爆炸稳定性即不随药卷直径而变化。

若因需减少炸药用量而缩小装药（药卷）直径，则应相应选用爆轰感度较高的炸药或加入敏化剂以降低其临界直径。

（2）最佳密度。对于单质猛炸药，其装药密度越大，则其爆速越大，爆炸越稳定。对于工程用混合炸药，在一定密度范围内，也有以上关系。炸药爆炸稳定，且爆速最大时的装药密度称为“最佳密度”。如硝铵类炸药的最佳密度为0.9～$1.19g/cm^3$，乳化炸药一般为1.05～$1.30g/cm^3$。但随后爆速又随着密度的增加而下降，直至某一密度时，爆炸不稳定，甚至拒爆，这时炸药的密度称为“临界密度”。

（3）管道效应。工程爆破中，常采用钻孔柱状药卷装药。若药卷直径较钻孔直径小，则在药卷与孔壁之间有一个径向空气间隙。药卷起爆后，爆轰波使间隙中的空气产生强烈的空气冲击波，这股空气冲击波速度比爆轰波速度更高，它在爆轰波未到达之前，即将未爆炸的炸药压缩，当炸药被压缩到临界密度以上时，就会导致爆速下降，甚至断爆，这种现象称为管道效应。为减少管道效应，可减小间隙或采用高感度、高爆速的炸药。

6. 殉爆距离

一个药包（主动药包）爆炸后，能引起与它不相接触的邻近药包（被动药包）爆炸，这种现象称为被动药包的“殉爆”。发生殉爆的原因是主动药包爆炸产生冲击波和高速物流，使邻近药包在其作用下而爆炸。是否会发生殉爆，则主要取决于主动药包的药量和爆力、被动药包的爆轰感度、主动与被动药包之间的距离和介质性质。当主动、被动药包采用同性质炸药的等直径药卷时，则用被动药包发生殉爆的最大距离来表示被动药包的殉爆能力，称为“殉爆距离”。当然它也反映了主动药包的致爆能力。

工程爆破中，常采用柱状间隔（不连续）装药来减少炸药用量和调整装药集中度。但应注意使药卷间距不大于殉爆距离。实际殉爆距离应做现场试验确定。

7. 安定性

炸药的安定性是指其物理化学性质的安定性，主要表现为吸湿、结块、挥发、渗油、老化、冻结和化学分解等。如硝铵炸药吸湿性很强，也容易结块，遇此需人工解潮和碾碎后再使用；胶质炸药易老化和冻结，老化的胶质炸药敏感度和爆速降低，威力减小；而冻结的胶质炸药感度高，使用危险，必须解冻后才允许使用。硝铵炸药的安定性差、易分解，在运输存放过程中，应通风避光，不宜堆放过高。

11.2.1.2　隧道工程常用的炸药

工程用炸药一般以某种或几种单质炸药为主要成分，另加一些外加剂混合而成。目前在隧道爆破施工中使用最广的是硝铵类炸药。硝铵类炸药品种极多，但其主要成分是硝酸铵，占 60％以上，其次是梯恩梯或硝酸钠（钾），占 10％～15％。

（1）铵梯炸药。在无瓦斯坑道中使用的铵梯炸药，简称岩石炸药，其中 2 号岩石炸药是最常用的一种；在有瓦斯坑道中使用的炸药，简称煤矿炸药，它是在岩石炸药的基础上外加一定比例食盐作为消焰剂的煤矿用安全炸药。

（2）浆状（水胶）炸药，是近十年发展起来的新型安全炸药。由于这类炸药含水量较大，爆温较低，比较安全，发展前景良好。浆状炸药是由氧化剂水溶液、敏化剂和胶凝剂为基本成分组成的混合炸药。水胶炸药是在浆状炸药的基础上应用交联技术，使之形成塑性凝胶状态，炸药结构更均一，进一步提高了炸药的化学稳定性和抗水性，提高了传爆性能。浆状（水胶）炸药具有抗水性强、密度高、爆炸威力较大、原料广、成本低和安全等优点，常用在露天有水深孔爆破中。

（3）乳化炸药，通常是以硝酸铵或硝酸钠水溶液与碳质燃料通过乳化作用形成的乳脂状混合炸药，亦称为乳胶炸药。其外观随制作工艺不同而呈白色、淡黄色、浅褐色或银灰色。乳化炸药具有爆炸性能好、抗水性能强、安全性能好、环境污染小、原料来源广和生产成本低、爆破效率比浆状及水胶炸药更高等优点，尤其适用于硬岩爆破。

（4）硝化甘油炸药，又称胶质炸药，是一种高猛度炸药，它的主要成分是硝化甘油或硝化甘油与二硝化乙二醇的混合物。硝化甘油炸药抗水性强、密度高、爆炸威力大，因此适用于有水和坚硬岩石的爆破。但它对撞击摩擦的敏感度高，安全性差，价格昂贵，且保存期不能过长，容易老化而导致性能降低甚至失去爆炸性能，一般只在水下爆破中使用。

隧道爆破使用的炸药一般均由厂制或现场加工成药卷形式。药卷直径分为 ϕ22mm、ϕ25mm、ϕ32mm、ϕ35mm、ϕ40mm 等，长度为 165～500mm，可按爆炸设计的装药结构和用药量来选择使用。

11.2.1.3 起爆材料（系统）

设置传爆起爆系统的目的是在装药（药包或药卷）以外的安全距离处通过发爆（点火、通电或激发枪）和传递，使安在药包或药卷中的雷管起爆，并引发药包或药卷爆炸，从而爆破岩石。

1. 导火索与火雷管

（1）导火索是用来传递火焰给火雷管，并使火雷管在火焰作用下爆炸的传爆材料之一。导火索的燃烧速度取决于索芯黑火药的成分和配比，一般在 110～130s/m 范围内，缓燃导火索则为 180～210s/m 或 240～350s/m。导火索具有一定的防潮耐水能力，在 1m 深常温静水中浸 2h 后，其燃烧速度和燃烧性能不变。普通导火索不能在有瓦斯或有矿尘爆炸危险的场所使用。

（2）火雷管是最简单的一种雷管，见图 11.2。火雷管成本低，使用比较简单灵活，不受杂散电流的影响，应用广泛。但撞击、摩擦和火花等作用时能引起爆炸。火雷管全部是即发雷管（一点火，就爆炸）。

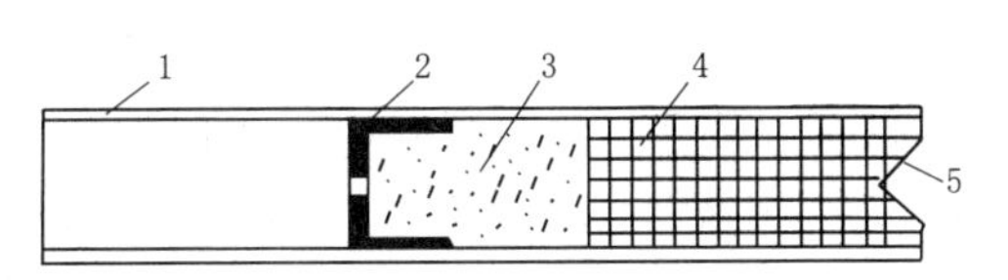

图 11.2 火雷管

1—管壳；2—加强帽；3—正起爆药；4—副起爆药；5—聚能穴

雷管号数按其起爆能力的大小分为十个等级（号数）。号数越大，起爆能力越强。工程中常用的是 8 号和 6 号雷管。其他雷管号数亦同此划分。

2. 电雷管

电雷管是在火雷管中加设电发火装置而成的。它是用导电线传输电流使装在雷管中的电阻发热而引起雷管爆炸的。

（1）雷管可分为即发电雷管和迟发电雷管。即发电雷管见图 11.3。为实现延期起爆，迟发电雷管的延期时间是在即发电雷管中加装延期药来实现的（图 11.4）。延期时间的长短均用段数来表示。

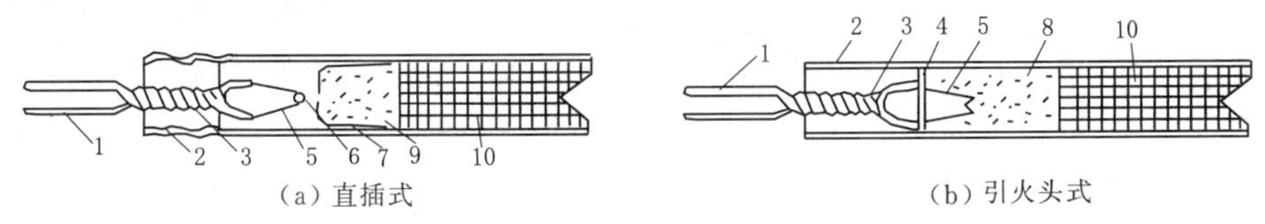

图 11.3 即发电雷管

1—脚线；2—管壳；3—密封线；4—纸垫；5—桥丝；6—引火头；7—加强帽；8—DDNP；9—正起炸药；10—副起炸药

（2）迟发电雷管按其延期时间差可分为秒迟发和毫秒迟发系列。国产秒迟发电雷管按延期时间的长短分为七段，段数越大，延期时间越长。最长延期时间为（7.0+1.0）s，见表 11.4。

表 11.4　　秒迟发电雷管的延期时间

段别	1	2	3	4	5	6	7
延期时间/s	<0.1	1.0+0.5	2.0+0.6	3.1+0.7	4.3+0.8	5.6+0.9	7.0+1.0
脚线颜色	灰蓝	灰白	灰红	灰绿	灰黄	黑蓝	黑白

国产毫秒迟发电雷管有五个系列，其中第二系列是工程中常用的一个时间系列，第一、第五系列为高精度系列，第三、第四系列的延期时间间隔分别为 100ms 和 300ms。

（3）发爆电源可用交、直流照明或动力电源，也可以用各种类型的专用电起爆器。对于康铜丝电雷管，一般要求在 10ms 的传导时间内，其发火冲量（$K=I^2t$）最小不低于 $25A^2 \cdot ms$，最大不超过 $45A^2 \cdot ms$。在有杂散电流条件下，应采用抗杂散电流电雷管。

3. 塑料导爆管与非电雷管

（1）塑料导爆管的传爆原理及优点。塑料导爆管是用来传递微弱爆轰给非电雷管，使之爆炸的传爆材料，因其是由瑞典科学家诺雷尔（Nonel）首创的一种新型传爆材料，故又称诺雷尔管。它是在聚乙烯塑料管［外径（2.95±0.15）mm，内径（1.4±0.10）mm］的内壁涂一层高能炸药［主要成分是奥托金，线密度（16±2）mg/m］，管壁上的高能炸药在冲击波作用下可以沿着管道方向连续稳定爆轰，而将爆轰传播到非电雷管使雷管起爆。弱爆轰在管内的传播速度为 1600～2000m/s，但因其微弱，不至于炸坏塑料管。

塑料导爆管有以下优点：抗电、抗火、抗冲击性能好；起爆传爆性能稳定，甚至在扭结、180°对折导致局部断药的情况下，将管端对接均能正常传爆。它不能直接起爆炸药，应与非电毫秒雷管配合使用。运输和使用过程中抗破坏能力强，安装简单，使用方便，价格便宜，且可作为非危险品运输，因而在隧道工程中被广泛应用。

（2）非电雷管的构造及延期时间系列。非电雷管须与塑料导爆管配合使用，其构造见图 11.5。

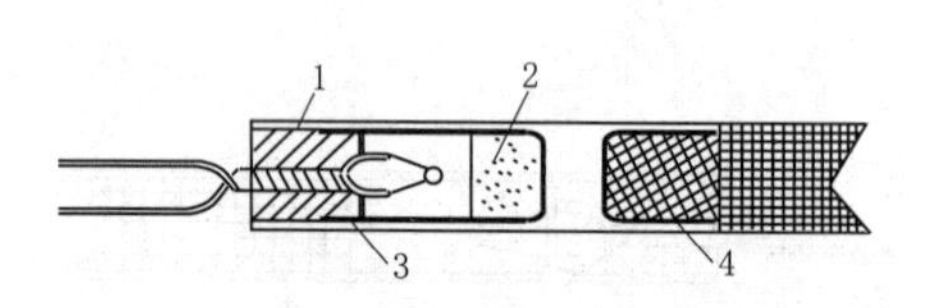

图 11.4　迟发电雷管

1—塑料塞；2—延期药；3—延期内管；4—加强帽

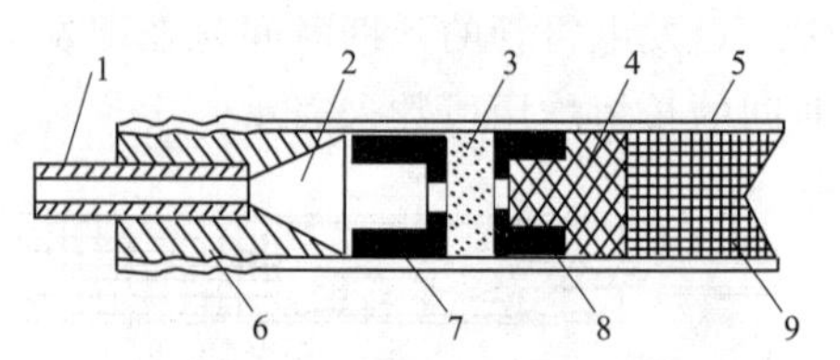

图 11.5　迟发非电雷管

1—塑料导爆管；2—消爆空腔；3—延期药；4—正起爆药；5—金属管壳；6—塑料联接套；7—空信帽；8—加强帽；9—副起爆药

国产非电雷管的延期时间也分为毫秒、半秒、秒三个系列。

（3）导爆管的发爆及连接网络。导爆管可用8号火雷管、导爆索、击发枪、专用激发器引爆。其连接和分支可集束捆扎雷管继爆，也可以用连通器连接继爆。

4. 导爆索与继爆管

（1）导爆索是以单质猛炸药黑索金或太安作为索芯的传爆材料。它经雷管起爆后，可以直接引爆其他炸药。根据适用条件不同，导爆索主要分为普通导爆索和安全导爆索两种。

（2）继爆管是一种专门与导爆索配合使用的，具有毫秒延期作用的起爆器材。导爆索与继爆管见图11.6。

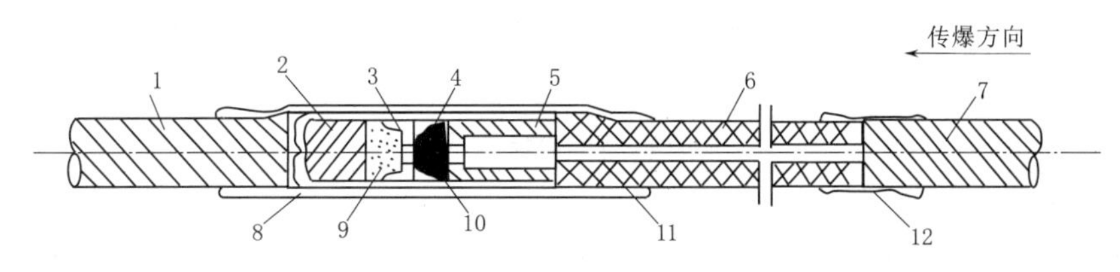

图11.6 导爆索与继爆管

1—导爆索；2—副起爆药；3—加强帽；4—缓冲剂；5—大内管；6—消爆管；7—导爆索；8—雷管壳；9—正起爆药；10—纸垫；11—外套管；12—连接管

导爆索与继爆管具有抵抗杂散电流和静电引起爆炸危害的能力，装药时可不停电，增加了纯作业时间，所以导爆索-继爆管起爆系统在矿山和其他工程爆破中得到了应用。其缺点是成本比毫秒电雷管系统高，且在有瓦斯环境中危险性高，网络中的导爆索不能交叉。

11.2.2 隧道爆破设计

11.2.2.1 炮眼的种类和作用

隧道开挖爆破的炮眼数目与隧道断面的大小有关，多在几十至数百范围内。炮眼按其所在位置、爆破作用、布置方式和有关参数的不同可分为以下几种：

1. 掏槽眼

针对隧道开挖爆破只有一个临空面的特点，为提高爆破效果，宜先在开挖断面的适当位置（一般在中央偏下部）布置几个装药量较多的炮眼。其作用是先在开挖面上炸出一个槽腔，为后续炮眼的爆破创造新的临空面。

2. 辅助眼

位于掏槽眼与周边眼之间的炮眼称为辅助眼。其作用是扩大掏槽眼炸出的槽腔，为周边眼爆破创造临空面。

3. 周边眼

沿隧道周边布置的炮眼称为周边眼。其作用是炸出较平整的隧道断面轮廓。按其所在位置的不同，又可分为帮眼、顶眼、底眼。

爆破的关键是掏槽眼和周边眼的爆破。掏槽眼为辅助眼和周边眼的爆破创造了有利条件，直接影响循环进尺和掘进效果；周边眼关系到隧道开挖边界的超欠挖和对周围围岩的影响。

11.2.2.2　掏槽形式和参数

掏槽效果的好坏直接影响整个隧道爆破的成败。根据掏槽眼与开挖面的关系、掏槽眼的布置方式、掏槽深度以及装药起爆顺序的不同，可将掏槽形式分为如下几类。

1. 斜眼掏槽

斜眼掏槽的特点是掏槽眼与开挖断面斜交，它的种类很多，如锥形掏槽、爬眼掏槽、各种楔形掏槽、单斜式掏槽等。隧道爆破中常用的是垂直楔形掏槽和锥形掏槽。

(1) 垂直楔形掏槽。掏槽眼水平成对布置，爆破后将炸出楔形槽口。炮眼与开挖面间的夹角 α、上下两对炮眼的间距 a 和同一平面上一对掏槽眼眼底的距离 b，是影响此种掏槽爆破效果的重要因素，这些参数随围岩类别的不同而有所不同。表 11.5 列出一些经验数据供参考。

表 11.5　　垂直楔形掏槽爆破参数

围岩级别	α	斜度比	a/cm	b/cm	炮眼数量/个
Ⅳ级及以上	70°～80°	1∶0.27～1∶0.18	70～80	30	4
Ⅲ级	75°～80°	1∶0.27～1∶0.18	60～70	30	4～6
Ⅱ级	70°～75°	1∶0.37～1∶0.27	50～60	25	6
Ⅰ级	55°～70°	1∶0.47～1∶0.37	30～50	20	6

(2) 锥形掏槽。这种炮眼呈角锥形布置，各掏槽眼以相等或近似相等的角度向工作面中心轴线倾斜，眼底趋于集中，但互相并不贯通，爆破后形成锥形槽。根据掏槽炮眼数目的不同分为三角锥、四角锥、五角锥等。四角锥形掏槽如图 11.7 所示，它常用于受岩层层理、节理、裂隙影响较大的围岩。其有关参数见表 11.6。

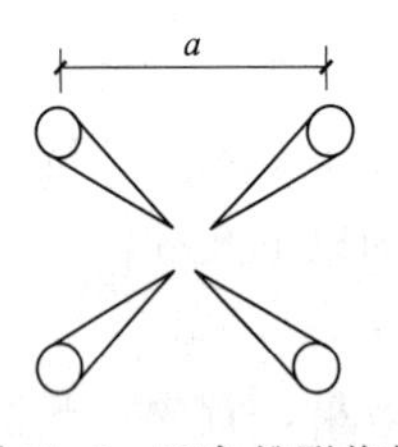

图 11.7　四角锥形掏槽

表 11.6　　锥形掏槽爆破参数

围岩级别	α	a/cm	炮眼数量/个
Ⅱ级及以下	70°	100	3
Ⅲ级	68°	90	4
Ⅳ级	65°	80	5
Ⅵ级	60°	70	6

斜眼掏槽具有操作简单、精度要求较直眼掏槽低、能按岩层的实际情况选择掏槽方式和掏槽角度、易把岩石抛出、掏槽眼的数量少且炸药耗量低等优点。但是，炮眼深度易受开挖断面尺寸的限制，不易提高循环进尺，也不便于多台凿岩机同时作业。

2. 直眼掏槽

直眼掏槽由若干个垂直于开挖面的炮眼所组成，掏槽深度不受围岩软硬和开挖断面大小的限制，可以实现多台钻机同时作业、深眼爆破和钻眼机械化，从而为提高掘进速度提供了有利条件。由于直眼掏槽凿岩作业较方便，不需随循环进尺的改变而变化掏槽形式，仅需改变炮眼的深度，且石渣的抛掷距离也可缩短，受到施工单位欢迎。但直眼掏槽的炮眼数目和单位用药量较多，对眼距、装药量等有严格要求，往往由于设计或施工不当，槽内的岩石不易抛出或重新固结而降低炮眼利用率。

(1) 直眼掏槽形式。直眼掏槽形式有很多种，过去常用的有龟裂掏槽、五眼梅花掏槽和螺旋掏槽。近年来，随着重型凿岩机械的使用，尤其是能钻大于100mm直径炮孔的液压钻机投入施工以后，直眼掏槽的布置形式有了新发展。目前常用的形式如下：

1) 柱状掏槽（图11.8）。它是充分利用大直径空眼作为临空孔和岩石破碎后的膨胀空间，使爆破后能形成柱状槽口的掏槽爆破。作为临空孔的空眼数目，视炮眼深度而定：一般当炮眼深度小于3.0m时，采用1个；当炮眼深度为3.0～3.5m时，采用双临空孔；当炮眼深度为3.5～5.15m时，采用3个。试验表明：第一个起爆装药孔离开临空孔的距离应不大于1.5倍的临空孔直径。

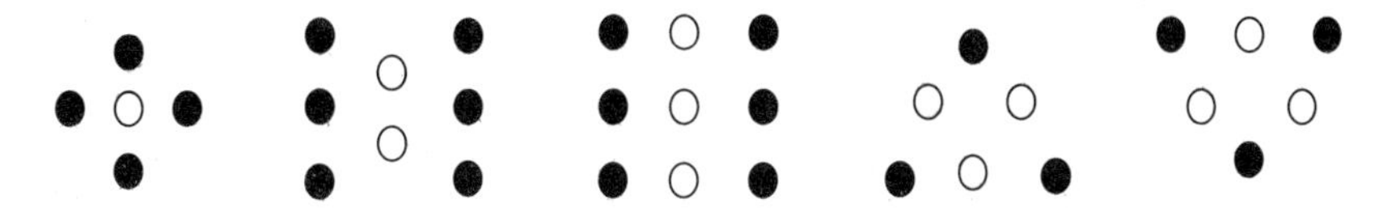

图11.8 柱状掏槽

●—装药孔；○—临空孔

2) 螺旋形掏槽。螺旋形掏槽由柱状掏槽发展而来，其特点是中心眼为空眼，邻近空眼的各装药眼与空眼之间的距离逐渐加大，其连线呈螺旋形状，如图11.9所示。装药眼与空眼之间的距离分别为$a=(1.0\sim1.5)D$，$b=(1.2\sim2.5)D$，$c=(3.0\sim4.0)D$，$d=(4.0\sim5.0)D$。D为空眼直径，一般不小于100mm，也可用$\phi60\sim70$mm的钻头钻成8字形双空孔。爆破按1、2、3、4由近及远顺序起爆，以充分利用自由面，扩大掏槽效果。

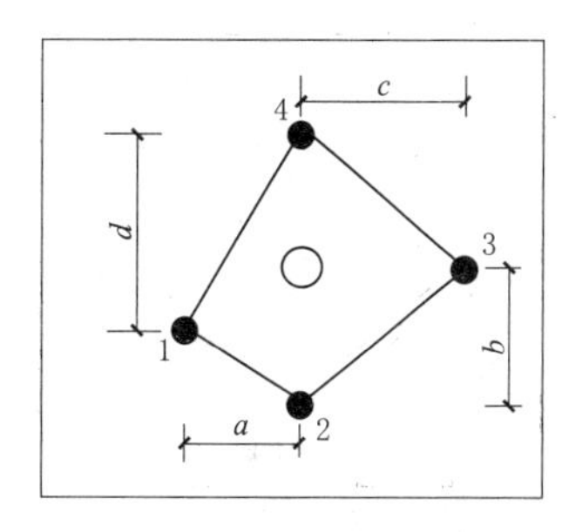

图11.9 螺旋形掏槽

(2) 影响直眼掏槽效果的因素。直眼掏槽以空眼作为增加的临空面，利用炸药爆炸的能量将槽内岩石破碎，并借助爆破产生气体的余能将已破碎的岩石从槽腔内抛出。在直眼掏槽中，应注意以下几点：

1) 眼距。眼距即空眼与装药眼之间的距离。当用等直径炮孔时，此距离一般随岩性不同而变动，变动范围为炮眼直径的2～4倍；当采用大直径空眼时，眼距不宜超过空眼直径的2倍。由于掏槽效果对眼距变化很敏感，往往眼距稍大就会造成掏槽失败或效果降低，而眼距过小不仅钻眼困难，还容易发生槽内岩石被挤实的现象。

2) 空眼。空眼不仅起着自由面和破碎岩石发展的导向作用，同时为槽内岩石破碎提供一个膨胀的空间。所以增加空眼数目能获得良好的效果，一般空眼数随眼深的加大也相应增多。

3) 装药。直眼掏槽一般都是过量装药，装药长度占全眼长的70%～90%，如果装药长度不够，易发生“挂门帘”和“留门坎”现象。当眼深大于2.5m时，易产生沟槽效应，应采取相应措施防止爆轰中断。

4）辅助抛掷。直眼掏槽的关键是把槽内已破碎岩石抛出槽腔，当炮眼较深时仅利用爆炸产生气体的余能抛出岩石是很难达到预计的掏槽效果的，所以当眼深在 2.0m 以上时，可采用辅助抛掷措施。一般是将空眼加深 100～200mm，并在眼底放一卷炸药，在掏槽眼全部起爆后接着起爆。

5）钻眼质量。要保证钻眼的准确性，使各炮眼之间保持等距、平行是极为重要的。如果两眼钻穿，易造成爆生气体过早损失，降低槽内岩石抛出率或使岩石再生。如果距离过大或钻眼偏斜，易发生单个炮眼直径扩大或单个炮眼爆炸，炮眼间的岩石不易崩落等现象。

3. 混合掏槽

混合掏槽是指两种以上的掏槽方式混合使用，一般在岩石特别坚硬或隧道开挖断面较大时使用。

（1）复式掏槽。严格地说，复式掏槽也属于斜眼掏槽，它是在浅眼楔形掏槽的基础上发展起来的。在大断面隧道掘进中，为加大掏槽深度，可采用两层、三层或四层楔形掏槽眼，每对掏槽眼完全对称或近似对称，深度由浅到深，与工作面的夹角由小到大。

复式掏槽也叫多重楔形掏槽或 V 形掏槽。复式掏槽的爆破角（掏槽眼与工作面的夹角）与掏槽眼深度的相互关系，应使从每个眼底所作的垂线恰好落在开挖断面两壁与开挖面相交的临空面上；最深掏槽眼眼底的垂线也必须落在隧道内，即与已爆出的工作面相交；在每一掏槽眼眼底所作的垂线必须与隧道壁面相交。复式掏槽根据开挖断面的大小及进尺常分为两级复式掏槽和三级复式掏槽（图 11.10）。复式掏槽在一般情况下，上、下排距为 50～90cm，硬岩取小值，软岩取大值。在硬岩中爆破时，最好使用高威力炸药，一般布置上、下两排即可；岩石十分坚硬时，可用三排或四排。炮眼深度小于 2.5m 时，一般用两级复式掏槽。

（2）升级掏槽。升级掏槽系采用逐级加深的炮眼布置，按掘进方向平行钻孔，使全部掏槽深度分阶段达到爆破的目的，如图 11.11 所示。升级掏槽将常用掏槽方法在爆破技术上的优点和直眼掏槽在钻眼技术上的优点结合起来，因此，其适应能力强，可对应各种不同的条件和岩石状况采用不同的方法加以处理，掏进深度也可以根据炮眼的级数来确定。实践表明，用这种方法进行爆破是很有成效的。

（3）分段掏槽。为克服深眼爆破中装药底部仅产生挤压破碎作用和弱抛掷，可将掏槽炮眼分次起爆，这样有利于槽腔形成，提高掏槽腔的有效深度，便于机械化作业。

11.2.2.3　隧道爆破的参数设计

1. 炮眼直径

炮眼直径对凿岩生产率、炮眼数目、单位耗药量和洞壁的平整程度均有影响。加大炮眼直径以及相应装药量可使炸药能量相对集中，改善爆炸效果。但炮眼直径过大将导致凿岩速度显著下降，并影响岩石破碎质量、洞壁平整程度和围岩稳定性。因此，必须根据岩性、凿岩设备和工具、炸药性能等综合分析，合理选用孔径。一般隧道的炮眼直径在 32～50mm 之间，药卷与眼壁之间的间隙一般为炮眼直径的 10%～15%。

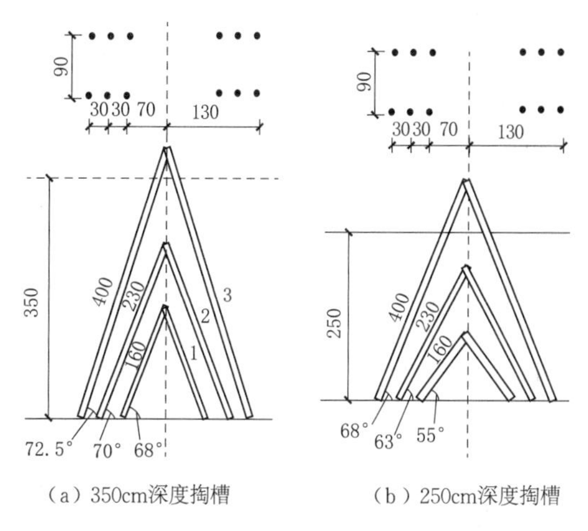

（a）350cm深度掏槽　（b）250cm深度掏槽

图 11.10　三级复式掏槽炮孔布置（单位：cm）

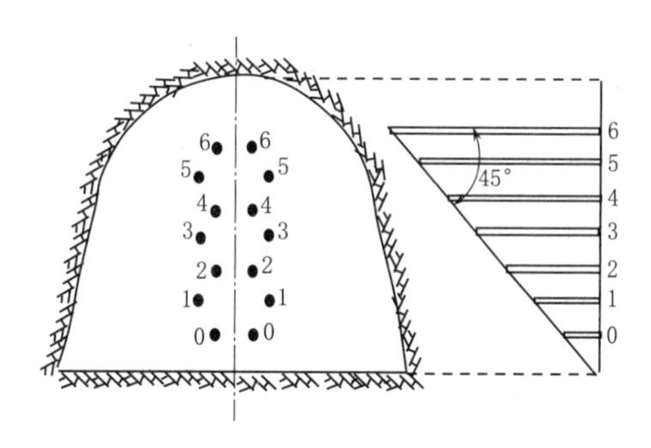

图 11.11　升级掏槽

2. 炮眼数量

炮眼数量主要与开挖断面、炮眼直径、岩石性质和炸药性能有关。炮眼的多少直接影响凿岩工作量。炮眼数量应能保证装入设计的炸药量，通常可根据各炮眼平均分配炸药量的原则来计算。其公式为

$$N=\frac{qS}{\alpha\gamma} \tag{11.1}$$

式中　N——炮眼数量，不包括未装药的空眼数，个；

q——单位炸药消耗量，一般取 1.1～2.9kg/m^3；

S——开挖断面积，m^2；

α——装药系数，即装药长度与炮眼全长的比值；

γ——每米药卷的炸药质量，2 号岩石铵梯炸药每米的质量，kg/m。

3. 炮眼深度

炮眼深度是指炮眼底至开挖面的垂直距离。合适的炮眼深度有助于提高掘进速度和炮眼利用率。随着凿岩、装渣运输设备的改进，目前普遍存在加长炮眼深度以减少作业循环次数的趋势。炮眼深度一般根据下列因素确定：

(1) 围岩的稳定性，避免过大的超欠挖。

(2) 凿岩机的允许钻眼长度、操作技术条件和钻眼技术水平。

(3) 掘进循环安排，保证充分利用作业时间。

确定炮眼深度的常用方法有三种。一种是采用斜眼掏槽时，炮眼深度受开挖面大小的影响，炮眼过深，周边岩石的夹制作用较大，故炮眼深度不宜过大。一般最大炮眼深度取断面宽度（或高度）的 0.5～0.7 倍，即 $L=(0.5\sim0.7)B$。当围岩条件好时，采用较小值。

第二种方法是利用每一掘进循环的进尺数及实际的炮眼利用率来确定，即

$$L=\frac{l}{\eta} \tag{11.2}$$

式中 L——炮眼深度，m；

l——每一掘进循环的计划进尺数，m；

η——炮眼利用率，一般要求不低于0.85。

第三种方法是按每一掘进循环中所占时间确定，即

$$L=\frac{mvt}{N} \tag{11.3}$$

式中 m——钻机数量；

v——钻眼速度，m/h；

t——每一掘进循环中钻眼所占的时间，h；

N——炮眼数量，个。

所确定的炮眼深度还应与装渣运输能力相适应，使每个作业班能完成整数个循环，而且使掘进每米坑道消耗的时间最少，炮眼利用率最高。目前较多采用的炮眼深度为1.2～1.8m，中深孔2.5～3.5m，深孔3.5～5.15m。

4. 装药量的计算及分配

炮眼装药量的多少是影响爆破效果的重要因素。药量不足，会出现炸不开、炮眼利用率低和石渣块度过大的现象；装药量过多，则会破坏围岩稳定，崩坏支撑和机械设备，使抛渣过散而对装渣不利，且增加了洞内有害气体，相应地增加了排烟时间和供风量等。合理的药量应根据所使用的炸药的性能和质量、地质条件、开挖断面尺寸、临空面数目、炮眼直径和深度及爆破的质量等要求来确定。目前多采取先用体积公式计算出一个循环的总用药量，然后按各种类型炮眼的爆破特性进行分配，再在爆破实践中加以检验和修正，直到取得良好的爆破效果的方法。计算总用药量 Q 的公式为

$$Q=qV=qlS \tag{11.4}$$

式中 Q——一个爆破循环的总用药量，kg；

q——爆破每立方米岩石所需炸药的消耗量，kg/m^3；

V——一个循环进尺所爆落的岩石总体积，m^3；

l——计划循环进尺，m；

S——开挖面积，m^2。

总的炸药量应分配到各个炮孔中去。由于各炮眼的作用及受到岩石夹制情况不同，装药数量亦不同，通常按装药系数 α 进行分配。

11.2.2.4 炮眼的布置

1. 布置原则

隧道内布置炮眼时，必须保证获得良好的爆破效果，并考虑钻眼的效率。在开挖面上除出现土石互层、围岩类别不同、节理异常等特殊情况外，应按实际需要布置炮眼。炮眼一般按下述原则布置：

(1) 先布置掏槽眼，其次是周边眼，最后是辅助眼。掏槽眼一般应布置在开挖面中央偏下部位，其深度应比其他眼深15～20cm。为爆出平整的开挖面，除掏槽眼和底部炮眼外，所有掘进眼眼底应落在同一平面上。底部炮眼深度一般与掏槽眼相同。

（2）周边眼应严格按照设计位置布置。断面拐角处应布置炮眼。为满足机械钻眼需要和减少超欠挖，周边眼设计位置应考虑0.03～0.05的外插斜率，并应使前后两排炮眼的衔接台阶高度（锯齿形的齿高）最小。此高度一般要求为10cm，最大也不应大于15cm。

（3）辅助眼的布置主要是解决炮眼间距和最小抵抗线的问题，这可以根据施工经验确定，一般抵抗线W为炮眼间距的60%～80%，并在整个断面上均匀排列。当采用2号岩石铵梯炸药时，W值一般取0.6～0.8m。

（4）当炮眼的深度超过2.5m时，靠近周边眼的内圈辅助眼应与周边眼有相同的倾角。

（5）当岩层层理明显时，炮眼方向应尽量垂直于层理面。如节理发育，炮眼应尽量避开节理，以防卡钻和影响爆破效果。

2. 布置方式

隧道开挖面的炮眼，在遵守上述原则的基础上，可以有以下几种布置方式：

（1）直线形布眼。将炮眼按垂直方向或水平方向围绕掏槽开口呈直线形逐层排列，如图11.12（a）、（b）所示。这种布眼方式，形式简单且易掌握，同排炮眼的最小抵抗线一致，间距一致，前排眼为后排眼创造临空面，爆破效果较好。

（2）多边形布眼。这种布眼是围绕着掏槽部位由里向外将炮眼逐层布置成正方形、长方形、多边形等，如图11.12（c）所示。

（3）弧形布眼。顺着拱部轮廓线逐圈布置炮眼，如图11.12（d）所示。此外，还可将开挖面上部布置成弧形，下部布置成直线形，以构成混合型布置。

（4）圆形布孔。当开挖面为圆形时，炮孔围绕断面中心逐层布置成圆形。这种布孔方式多用在圆形隧道、泄水洞以及圆形竖井的开挖中。

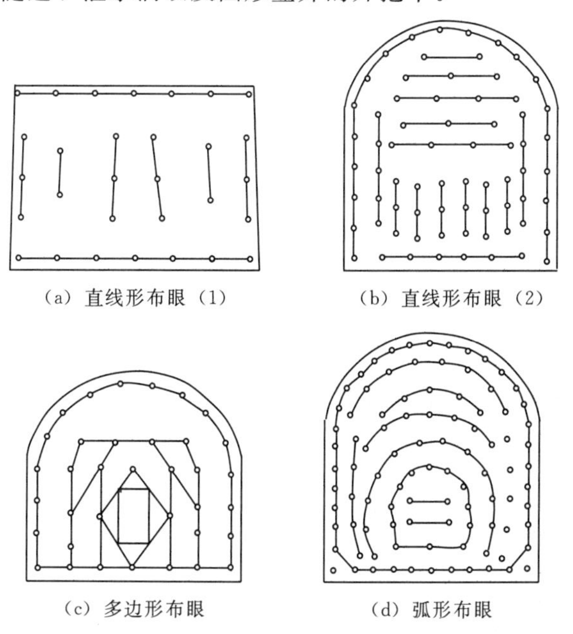

图11.12 隧道炮眼布置方式

11.2.3　周边眼的控制爆破

在隧道爆破施工中，首要的要求是开挖轮廓与尺寸准确，对围岩扰动小。所以，周边眼的爆破效果反映了整个隧道爆破的成洞质量。实践表明，采用普通爆破方法不仅对围岩扰动大，而且难以爆出理想的开挖轮廓，故目前采用控制爆破技术进行爆破。隧道控制爆破是指光面爆破和预裂爆破。

11.2.3.1　隧道光面爆破

1. 隧道光面爆破的特点与标准

光面爆破是通过正确确定爆破参数和施工方法，在设计断面内的岩体爆破崩落后再爆周边孔，使爆破后的围岩断面轮廓整齐，最大限度地减轻爆破对围岩的扰动和破坏，尽可能地保持原岩的完整性和稳定性的爆破技术。其主要标准为：开挖轮廓成形规则，岩面平整；围岩壁上保存有 50%以上的半面炮眼痕迹，无明显的爆破裂缝；超欠挖符合规定要求，围岩壁上无危石等。

光面爆破对围岩扰动小，又尽可能保存了围岩自身原有的承载能力，从而改善了衬砌结构的受力状况；由于围岩壁面平整，减少了应力集中和局部落石现象，增加了施工安全度，减少了超挖和回填量，若与锚喷支护相结合，能节省大量混凝土，降低工程造价，加快施工进度。光面爆破可减轻振动和保护围岩，所以它在松软及不均质的地质岩体中较为有效。

2. 隧道光面爆破的主要参数

光面爆破的成功与否主要取决于爆破参数的确定。其主要参数包括周边炮眼的间距、光面层的厚度、周边眼密集系数和装药集中度等。影响光面爆破参数选择的因素有很多，主要有岩石的地质条件、爆破性能、炸药品种、一次爆破的断面大小、断面形状、凿岩设备等，其中影响最大的是地质条件。光面爆破参数的选择，通常采取简单的计算并结合工程类比加以确定，在初步确定后，一般都要在现场爆破实践中加以修正改善。

（1）周边炮眼间距 E。在不耦合装药的前提下，光面爆破应满足炮孔内静压力 F 小于爆破岩体的极限抗压强度，而大于岩体的极限抗拉强度的条件，如图 11.13 所示，即

$$\left.\begin{aligned}[\sigma_p]EL \leqslant F \leqslant [\sigma_c]dL \\ E \leqslant [\sigma_c]/[\sigma_p]d \leqslant K_i d \\ K_i = [\sigma_c]/[\sigma_p]\end{aligned}\right\} \tag{11.5}$$

式中　σ_p——岩体的极限抗拉强度，MPa；

σ_c——岩体的极限抗压强度，MPa；

d——炮眼直径，cm；

L——炮眼深度，cm；

K_i——孔距系数。

从式（11.5）可以看出，周边炮眼间距与岩体的抗拉、抗压强度以及炮眼直径有关。一般取 $K_i=10\sim18$，即 $E=(10\sim18)d$；当炮眼直径为 32～40mm 时，$E=$

320～700mm。一般情况下，对于软质或完整的岩石，E 宜取大值；对于隧道跨度小、坚硬和节理裂隙发育的岩石，E 宜取小值，装药量也需相应减少。还可以在两个炮眼间增加导向空眼，导向眼到装药眼间的距离一般控制在 400mm 以内。此外，还应注意炸药的品种对 E 值也有影响。

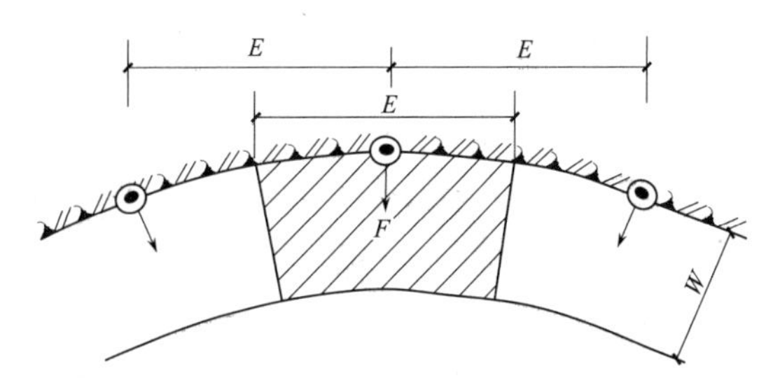

图 11.13 光面爆破参数示意

(2) 光面层厚度及周边眼密集系数。所谓光面层就是周边眼与最外层辅助眼之间的一圈岩石层。其厚度就是周边眼的最小抵抗线 W（图 11.13）。周边眼的间距 E 与光面层厚度 W 有着密切关系，通常以周边眼的密集系数 $K(K=E/W)$表示，其大小对光面爆破效果有较大影响。必须使应力波在两相邻炮眼间的传播距离小于应力波至临空面的传播距离，即 $E<W$。实践表明，$K=0.8$ 较为适宜，光面层厚度 W 一般取 50～80cm。

(3) 装药量。周边眼的装药量通常以线装药密度表示。恰当的装药量应当既具有破岩所需的能量，又不造成围岩的过度破坏。施工中应根据孔距、光面层厚度、石质及炸药种类等因素综合考虑确定装药量。在光面层单独爆落时，周边眼的线装药密度一般为 0.15～0.25kg/m。全断面一次起爆时，为减少残眼，装药密度需适当增加，一般可达 0.30～0.35kg/m。

3. 隧道光面爆破的技术措施

为了获得良好的光面爆破效果，可采取以下技术措施：

(1) 使用低爆速、低猛度、低密度、传爆性能好、爆炸威力大的炸药。

(2) 采用不耦合装药结构。光面爆破的不耦合系数最好大于 2，但药卷直径不应小于该炸药的临界直径，以保证稳定传爆。当采用间隔装药时，相邻炮眼所用的药卷位置应错开，以充分利用炸药效能。

(3) 严格掌握与周边眼相邻的内圈炮眼的爆破效果，为周边眼爆破创造临空面。周边眼应尽量做到同时起爆。

(4) 严格控制装药集中度，必要时可采取间隔装药结构。为克服眼底岩石的夹制作用，通常在眼底需加强装药。

表 11.7 给出了光面爆破一般参考数值和国内部分隧道光面爆破设计参数。此表适用于炮眼深度 1.0～3.5m，炮眼直径 40～50mm，药卷直径 20～25mm。

表 11.7 光面爆破一般参考数值

装药集中度/(kg/m)	岩石类别	E/cm	W/cm	$K=E/W$
0.30～0.35	硬岩	55～70	60～80	0.7～1.0
0.20～0.30	中硬岩	45～65	60～80	0.7～1.0
0.07～0.12	软岩	35～50	40～60	0.5～0.8

11.2.3.2 隧道预裂爆破

预裂爆破是由于首先起爆周边眼，在其他炮眼未爆破之前先沿着开挖轮廓线预裂爆破出一条用以反射爆破地震应力波的裂缝而得名。预裂爆破的目的同光面爆破，只是在炮眼的爆破顺序上有所区别，光面爆破是先引爆掏槽眼，再引爆辅助眼，最后引爆周边眼，而预裂爆破则是首先引爆周边眼，使沿周边眼的连心线炸出平顺的预裂面。由于这个预裂面的存在，对后爆的掏槽眼、辅助眼的爆轰波能起反射和缓冲作用，可以减轻爆轰波对围岩的破坏影响，保持了岩体的完整性，从而使爆破后的开挖面整齐规则。

由于成洞过程和破岩条件不同，在减轻对围岩的扰动程度上，预裂爆破较光面爆破的效果更好。所以，预裂爆破特别适用于稳定性较差而又要求控制开挖轮廓的软弱围岩。但预裂爆破的周边眼距和最小抵抗线都要比光面爆破小，相应地要增多炮眼数量，钻眼工作量增大。

理想的预裂效果是保证在炮眼连线上产生贯通裂缝，形成光滑的岩壁。但预裂爆破受到只有一个临空面条件的制约，因此，其爆破技术较光面爆破更为复杂。影响预裂爆破效果的因素很多，如钻孔直径、孔距、装药量、岩石的物理力学性质、地质构造、炸药品种、装药结构及施工因素等，而这些因素又是相互影响的。目前，确定预裂爆破主要参数的方法有理论计算法、经验公式计算法和经验类比法三种。就目前的状况来说，对预裂爆破的理论研究还很欠缺，设计计算方法也很不完善，多半需通过经验类比初步确定爆破参数，再由现场试验调整，才能获得满意的结果。

11.2.4　钻爆施工

钻爆施工是把钻爆设计付诸实施的重要环节，包括钻眼、装药、堵塞和爆破后可能出现的问题处理等。隧道爆破通常都要求每一循环进尺尽可能大，但在很多情况下，往往会碰到对爆破效果估计过高而带来的一些困难，因此在钻爆设计中，不但要了解实际掘进速度的可能性，而且还要研究开挖方法。

11.2.4.1　钻眼

目前，在隧道开挖爆破过程中，广泛采用的钻孔设备为凿岩机和钻孔台车。为保证达到良好的爆破效果，施钻前应由专门人员根据布孔设计图现场布设，并标出掏槽眼和周边眼的位置，严格按照炮眼的设计位置、深度、角度和眼径进行钻眼。如出现偏差，由现场施工技术人员确定其取舍，必要时应废弃重钻。

11.2.4.2　装药

在炸药装入炮眼前，应将炮眼内的残渣、积水排除干净，并仔细检查炮眼的位置、深度、角度是否满足设计要求，装药时应严格按照设计的炸药量进行装填。隧道爆破中常采用的装药结构有连续装药结构、间隔装药结构及不耦合装药结构等，其中连续装药结构按照雷管所在位置的不同又可分为正向起爆装药结构和反向起爆装药结构两种形式，如图 11.14 所示。

实践表明，反向起爆有利于克服岩石的夹制作用，能提高炮眼利用率，减小岩石破碎块度，爆破效果较正向起爆为好。但反向起爆较早装入起爆药卷，会影响后续装药质量，在有水情况下，起爆药卷易受潮拒爆，还易损伤起爆引线，机械化装药时易产生静电早爆。

隧道周边眼一般采用小直径药卷连续装药结构或普通药卷间隔装药结构（图

11.14)。当岩石很软时，也可用导爆索装药结构，即用导爆索取代炸药药卷进行装药。眼深小于 2m 时，可采用空气柱装药结构。

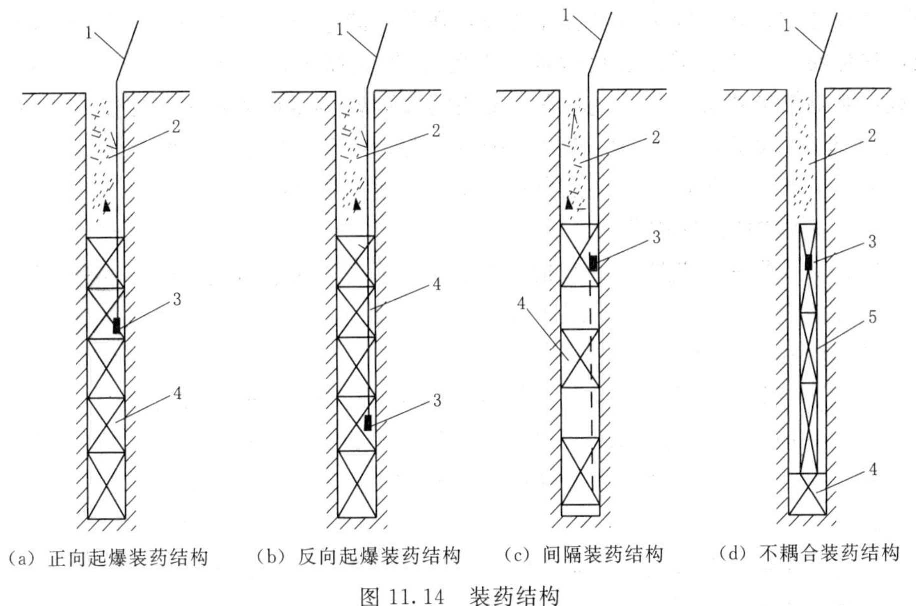

图 11.14 装药结构

1—引线；2—炮泥；3—雷管；4—药卷；5—小直径药卷

11.2.4.3 堵塞及起爆

隧道内所用的炮眼堵塞材料一般为砂子和黏土混合物，其比例大致为砂子 40%～50%、黏土 50%～60%。堵塞长度视炮眼直径而定，当炮眼直径为 25mm 和 50mm 时，堵塞长度不能小于 18cm 和 45cm。堵塞长度也和最小抵抗线有关，通常不能小于最小抵抗线。堵塞可采用分层捣实法进行。

起爆网络是隧道爆破成败的关键，它直接影响爆破效果和爆破质量。起爆网络必须保证每个药卷按设计的起爆顺序和起爆时间起爆。目前，在无瓦斯与煤尘爆炸危险的隧道中进行爆破开挖多采用导爆管起爆系统起爆。

11.2.4.4 起爆顺序及时差

(1) 除预裂爆破的周边眼是最先起爆外，在一个开挖断面上，起爆顺序是由内向外逐层起爆。这个起爆顺序可以用迟发电雷管的不同延期时间（段别）来实现。

(2) 试验和研究表明，各层（卷）炮之间的起爆时差越小，爆破效果越好。常采用的时差为 40～200ms，称为微差爆破。

(3) “内圈炮眼先起爆，外圈炮眼后起爆”的顺序不能颠倒，否则爆破效果将大受影响，甚至完全失败。为了保证内外圈先后起爆顺序，在实际使用中，常跳段选用毫秒雷管。但应注意，在深孔爆破时，要将掏槽炮与辅助炮之间的时差稍加大，以保证掏槽炮在此时差内将石渣抛出槽口，防止槽口淤塞，为后爆辅助炮提供有效的临空面。

(4) 同圈眼必须同时起爆，尤其是掏槽眼和周边眼，以保证同圈眼的共同作用效果。

（5）延期时间可以由孔内控制或孔外控制。孔内控制是将迟发电雷管装入孔内的药卷中来实现微差爆破。这是常用的方法，但其装药要求严格，一旦差错就影响爆破效果。孔外控制是将迟发电雷管装在孔外，在孔内药卷中装入即发电雷管来实现微差爆破，这样便于装药后进行系统检查（段数）。但先爆雷管可能会炸断其他管线，造成瞎炮，影响爆破效果。由于毫秒迟发电雷管段数较多和延期时间精度提高，现多采用孔内控制微差爆破，而较少采用孔外控制。此外，若一次爆破孔眼数量较多，雷管段数不够用，可采用孔内、孔外混合及串联、并联混合网络。

11.2.4.5 盲炮的预防和处理

放炮时，炮眼内预期发生爆炸的装药未发生爆炸的现象称为盲炮，俗称瞎炮。炸药、雷管或其他火工品不能被引爆的现象称为拒爆。

1. 盲炮产生的原因

（1）火雷管拒爆产生盲炮。火雷管导火索药芯过细或断药、加强帽堵塞，导火索和火雷管在运输、储存或使用中受潮变质，火雷管与导火索连接不好，都有可能造成雷管瞎火；装药充填时不慎使导火索受损或与雷管拉脱或点炮时漏点、响炮顺序不当等产生盲炮。

（2）电力起爆产生盲炮。例如：电雷管的桥丝与脚线焊接不好，引火头与桥丝脱离，延期导火索未引燃起爆药等；雷管受潮或同一网路中采用不同厂家、不同批号和不同结构性能的雷管，或者网路电阻配置不平衡，雷管电阻差太大，致使电流不平衡，从而每个雷管获得的电能有较大的差别，获得足够起爆电能的雷管首先起爆而炸断电路，造成其他雷管不能起爆；电爆网路短路、断路、漏接、接地或连接错误；起爆电源起爆能力不足，通过雷管的电流小于准爆电流；在水孔中，特别是溶有铵梯类炸药的水中，线路接头绝缘不良造成电流分流或短路。

（3）导爆索起爆产生盲炮。例如：导爆索因质量问题或受潮变质，起爆能力不足；导爆索药芯掺入油类物质；导爆索连接时搭接长度不够，传爆方向接反，联成锐角，或敷设中使导爆索受损；延期起爆时，先爆的药爆炸炸断起爆网路。

（4）导爆管起爆系统拒爆产生盲炮。例如：导爆管内药中有杂质，断药长度较大（断药 15cm 以上）；导爆管与传爆管或毫秒迟发电雷管连接处卡口不严，异物（如水、泥沙、岩屑）进入导爆管；导爆管管壁破裂、管径拉细；导爆管过分打结、对折；采用雷管或导爆索起爆导爆管时捆扎不牢，四通连接件内有水，防护覆盖的网路被破坏，或雷管聚能穴朝着导爆管的传爆方向，以及导爆管横跨传爆管等；延期起爆时首段爆破产生的振动飞石使延期传爆的部分网路损坏。

2. 盲炮的预防

（1）爆破器材要妥善保管、严格检查，禁止使用技术性能不符合要求的爆破器材。

（2）同一串联支路上使用的电雷管，其电阻差不应大于 0.8Ω，重要工程不超过 0.3Ω。

（3）不同燃速的导火索应分批使用。

（4）提高爆破设计质量。设计内容包括炮孔布置、起爆方式、延期时间、网路敷设、起爆电流、网路检查等。对于重要爆破，必要时需进行网路模拟试验。

(5) 改善爆破操作技术，保证施工质量。火雷管起爆要保证导火索与雷管紧密连接，雷管与药包不能脱离；电力起爆要防止漏接、错接和折断脚线，网路接地电阻不得小于 100000Ω，并要经常检查开关和线路接头是否处于良好状态。

(6) 在有水的工作面或水下爆破时，应采取可靠的防水措施，避免爆破器材受潮。

3. 盲炮的处理

(1) 浅眼爆破盲炮处理方法如下：

1) 经检查确认，炮孔的起爆线路完好时，可重新起爆。

2) 打平行眼装药爆破。平行眼距盲炮孔口不得小于 0.3m。为确定平行眼的方向，允许从盲炮口取出长度小于 20cm 的填塞物。

3) 用木制、竹制或其他不发生火星的材料制成的工具，轻轻地将炮眼内大部分填塞物掏出，用聚能药包诱爆。

4) 在安全距离外用远距离操纵的风水管吹出盲炮填塞物及炸药，但必须采取措施，回收雷管。

5) 盲炮应在当班处理。当班不能处理或未处理完毕，应将盲炮情况（盲炮数量、炮眼方向、装药数量和起爆药包位置、处理方法和处理意见）在现场交接清楚，由下一班继续处理。

(2) 深孔爆破盲炮处理方法如下：

1) 爆破网络未受破坏且最小抵抗线无变化者，可重新连线起爆；最小抵抗线有变化者，应验算安全距离，并加大警戒范围后连线起爆。

2) 在距盲炮口不小于 10 倍炮孔直径处另打平行孔装药起爆。爆破参数由爆破工作负责人确定。

3) 所用炸药为非抗水硝铵类炸药且孔壁完好者，可取出部分填塞物，向孔内灌水使之失效，然后进一步处理。

11.2.4.6 超欠挖问题

1. 隧道允许超欠挖值

隧道的允许超欠挖值应符合表 11.8 的规定。

表 11.8　隧道允许超欠挖值　　单位：cm

开挖部位	围岩级别		
	Ⅰ	Ⅱ～Ⅳ	Ⅴ～Ⅵ
拱部	平均 10	平均 15	平均 10
	最大 20	最大 25	最大 15
边墙、仰拱、隧底	平均 10	平均 10	平均 10

隧道不应欠挖，当围岩完整、石质坚硬时，允许围岩个别突出部分（每 $1m^2$ 不大于 $0.1m^2$）侵入衬砌。对于整体式衬砌，侵入值应小于 1/3，并小于 10cm；对于喷锚衬砌不应大于 5cm；拱脚和墙脚以上 1m 范围内严禁欠挖。

2. 超欠挖的原因

(1) 地质条件，如岩性（主要包括岩石物理、力学特性等）、岩石结构（主要包括岩石成因演变过程特性，如节理裂隙等）。如果隧道方向垂直于岩层走向，则破裂是整体的，超挖一般较少；但当平行于岩层走向时，则超挖较多。如遇软弱围岩或完整性差的地质情况，更易产生超挖。

(2) 钻孔设备如大型钻机钻臂外插角构造及设备自动化程度。凿岩台车外插角大和钻孔深必然导致超挖量大，凿岩设备自动化程度低也会影响凿岩定位及钻进深度，从而产生向外或向上的超挖偏差。

(3) 炸药品种及装药结构。炸药性能与岩石抗阻不相匹配（及炸药猛度过大，对炮孔壁产生过量破坏），装药结构（或线装药密度）不合理也常常会造成对炮孔壁底局部或整体超爆破坏。

(4) 爆破设计不当。周边眼布置及周边眼间排距设计不当。

(5) 施工操作不当。例如：不放轮廓线、不准确放轮廓线、错误布置轮廓线和钻孔位置；施钻人员技术不精，钻孔定位或钻进角度偏差控制不好，少打眼以及试图争取缩短钻眼时间，擅自减少钻孔深度，采用过多装药量；手持风钻施钻时工作平台高度不够从而使钻孔向上偏斜过大等。

3. 防止或减少超欠挖的措施

针对上述产生超欠挖的原因，实际中可采取以下技术和管理措施。

(1) 优化每一循环进尺，尽可能将钻孔深度设计在 4m 以内。

(2) 选择与岩石声阻抗相匹配的炸药品种。

(3) 利用空孔导向，或在有条件时采用异型钻头钻凿有翼形缺口的炮孔。

(4) 利用装药不耦合系数或相应的间隔装药方式。

(5) 提高施工人员素质，加强岗位责任制。

11.2.4.7 隧道爆破质量检验标准

隧道爆破质量直接影响隧道施工的安全、掘进速度以及经济效益。爆破时，围岩的破坏范围过大，将威胁到施工安全；石渣块度过大，将会影响装运速度；眼底不平，炮眼利用率不高，会影响掘进速度；光爆效果不好，超挖过大，则是造成经济效益不好的直接原因。隧道爆破质量检验标准主要包括以下几个方面：

(1) 超欠挖：爆破后的围岩面应圆顺平整无欠挖，超挖量（平均线性超挖）应控制在一定范围如 10cm（眼深 3m）和 13cm（眼深 5m）以内。

(2) 半眼痕保存率：围岩为整体性好的坚硬岩石时，半眼保存率应大于 70%；对于软岩，应大于 50%。

(3) 对围岩的破坏程度：爆破后围岩上无粉碎岩石和明显的裂缝，也不应有浮石（岩性不好时应无大浮石），炮眼利用率应大于 90%。

11.3 围岩支护

在 11.1 节介绍隧道开挖方法时，就有一个假定，即开挖面（或称掌子面）和开挖后的坑道能够暂时稳定。但事实上这个假定只能对稳定性较好的围岩成立，对于软弱破碎围岩则不然。在开挖软弱破碎围岩时，即使采用短进尺开挖，开挖面和开挖后的断面不稳定，如果不及时进行锚杆施工、钢架支立及喷射混凝土支护措施，将会引起隧道塌方。当地下水丰富时，这种情况就更为严重。在隧道工程历史中，隧道塌方的事例并不鲜见，造成了人、财、物的大量损失。

随着开挖技术、锚喷支护技术、地层改良技术的研究应用和发展，隧道工作者研究出了许多辅助稳定措施，从而使得现代隧道工程施工的开挖和支护变得更简捷、及时、有效，也更具有可预防性和安全性。

施工中应经常观测地形、地貌的变化以及地质和地下水的变异情况，制定有关的安全施工细则，预防事故的发生。必须坚持预支护（或强支护）、后开挖、短进度、弱爆破、快封闭、勤测量的施工原则。

11.3.1 超前锚杆

11.3.1.1 构造组成

超前锚杆是沿开挖轮廓线，以一定的外插角，向开挖面前方钻孔安装锚杆，形成对前方围岩的预锚固，在提前形成的围岩锚固圈的保护下进行开挖等作业（图11.15)。

11.3.1.2 性能特点及适用条件

锚杆超前支护的柔性较大，整体刚度较小。它主要适用于地下水较少的破碎、软弱围岩的隧道工程中，如裂隙发育的岩体、断层破碎带、浅埋无显著偏压的隧道。采用风枪、凿岩机或专用的锚杆台车进行钻孔、注入锚固剂或砂浆锚固。工艺简单、工效高。

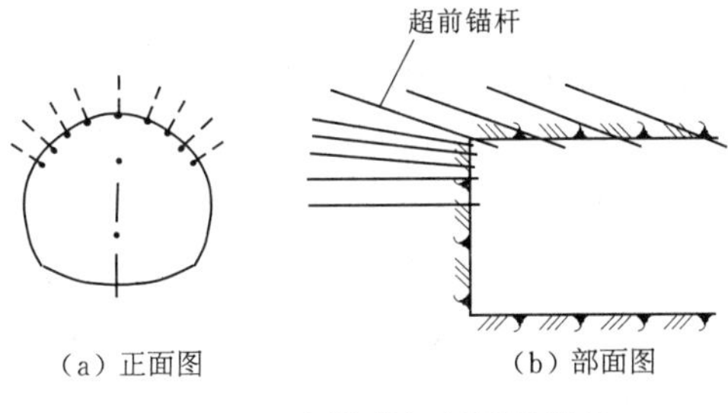

图 11.15 超前锚杆预锚固围岩

11.3.1.3 设计、施工要点

(1) 超前锚杆的长度、环向间距、外插角等参数，应视围岩地质条件、施工断面大小、开挖循环进尺和施工条件而定。一般超前长度为循环进尺的3～5倍，宜采用3～5m，环向间距采用0.3～1.0m；外插角宜用10°～30°；搭接长度宜为超前长度的40%～60%，大致形成双层或双排锚杆。

(2) 超前锚杆宜用早强砂浆全黏结式锚杆，锚杆材料可用不小于ϕ22的螺纹钢筋。

(3) 超前锚杆的安装误差，一般要求孔位偏差不超过10cm，外插角不超过2°，锚入长度不小于设计长度的96%。

(4) 开挖时应注意保留前方有一定长度的锚固区，以使超前锚杆的前端有一个稳定的支点。其尾端应尽可能多地与系统锚杆及钢筋网焊连。若掌子面出现滑坍现象，则应及时喷射混凝土封闭开挖面，并尽快打入下一排超前锚杆，然后才能继续开挖。

(5) 开挖后应及时喷射混凝土，并尽快封闭环形初期支护。

(6) 开挖过程中应密切观察锚杆变形及喷射混凝土层的开裂、起鼓等情况，以掌握围岩动态，及时调整开挖及支护参数。如遇地下水，则可钻孔引排。

11.3.2　管棚

11.3.2.1　构造组成

管棚是利用钢拱架沿开挖轮廓线以较小的外插角、向开挖面前方打入钢管构成的棚架来形成对开挖面前方围岩的预支护（图 11.16）。

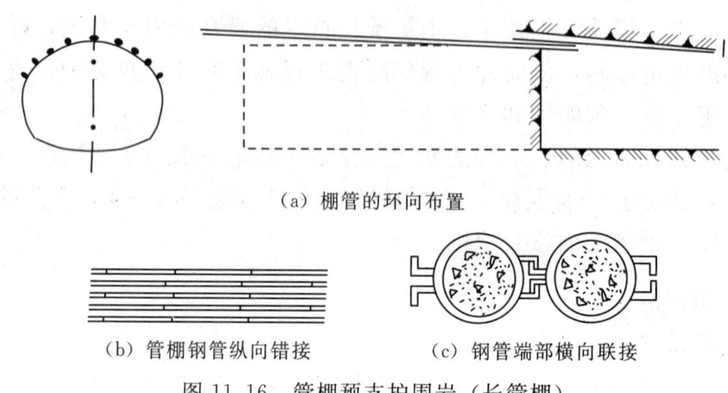

（a）棚管的环向布置

（b）管棚钢管纵向错接　（c）钢管端部横向联接

图 11.16　管棚预支护围岩（长管棚）

采用长度小于 10m 的钢管的管棚称为短管棚；采用长度为 10～45m 且较粗的钢管的管棚称为长管棚。

11.3.2.2　性能特点及适用条件

管棚因采用钢管或钢插板作纵向预支撑，又采用钢拱架作环向支撑，其整体刚度较大，对围岩变形的限制能力较强，且能提前承受早期围岩压力。因此管棚主要适用于围岩压力来得快来得大、对围岩变形及地表下沉有较严格要求的软弱、破碎围岩隧道工程中，如土砂质地层、强膨胀性地层、强流变性地层、裂隙发育的岩体、断层破碎带、浅埋有显著偏压等围岩的隧道中。此外，采用插板封闭较为有效；在地下水较多时，可利用钢管注浆堵水和加固围岩。

短管棚一次超前量少，基本上与开挖作业交替进行，占用循环时间较多，但钻孔安装或顶入安装较容易。

长管棚一次超前量大，虽然增加了单次钻孔或打入长钢管的作业时间，但减少了安装钢管的次数，减少了与开挖作业之间的干扰。在长钢管的有效超前区段内，基本上可以进行连续开挖，也更适于采用大中型机械进行大断面开挖。

11.3.2.3　设计、施工要点

（1）管棚的各项技术参数要视围岩地质条件和施工条件而定。长棚管长度不宜小于 10m，一般为 10～45m；管径 70～180mm，孔径比管径大 20～30mm，环向间距 0.2～0.8m；外插角 1°～2°。

（2）两组管棚间的纵向搭接长度不小于 1.5m；钢拱架常采用工字钢拱架或格栅钢架。

（3）钢拱架应安装稳固，其垂直度允许误差为±2°，中线及高程允许误差为±5cm。

（4）钻孔平面误差不大于 15cm，角度误差不大于 0.5°，钢管不得侵入开挖轮

廓线。

(5) 第一节钢管前端要加工成尖锥状，以利导向插入。要打一眼，装一管，由上而下顺序进行。

(6) 长钢管应用4～6m的管节逐段接长，打入一节，再连接后一节，连接头应采用厚壁管箍，上满丝扣，丝扣长度不应小于15cm；为保证受力的均匀性，钢管接头应纵向错开。

(7) 当需增加管棚刚度时，可在安装好的钢管内注入水泥砂浆，一般在第一节管的前段管壁交错钻 ϕ10～15孔若干，以利排气和出浆，或在管内安装出气导管，浆注满后方可停止压注。

(8) 钻孔时如出现卡钻或坍孔，应注浆后再钻，有些土质地层则可直接将钢管顶入。

11.3.3 超前注浆小导管

11.3.3.1 构造组成

超前小导管注浆是在开挖前，沿坑道周边向前方围岩内打入带孔小导管，并通过小导管向围岩压注起胶结作用的浆液，待浆液硬化后，坑道周围岩体就形成了有一定厚度的加固圈。在此加固圈的保护下即可安全地进行开挖等作业（图11.17）。若小导管前端焊一个简易钻头，则可钻孔、插管一次完成，称为自进式注浆锚杆。

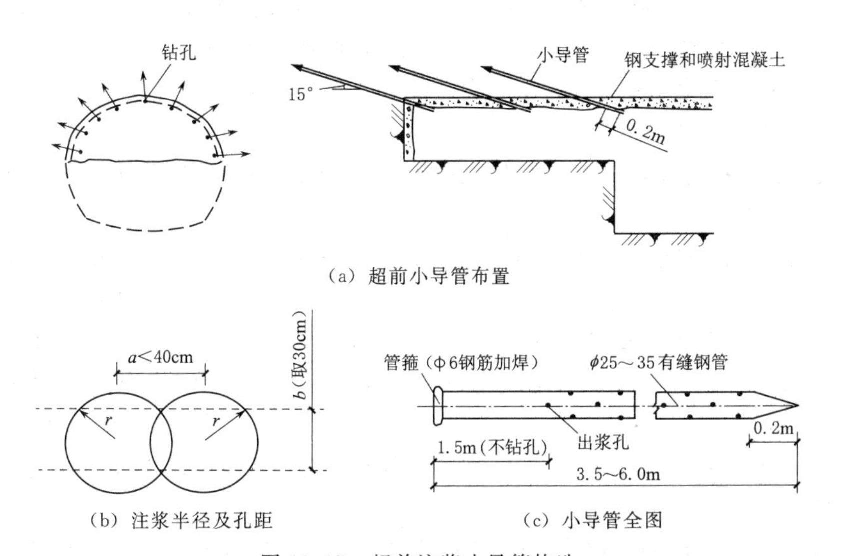

图11.17 超前注浆小导管构造

11.3.3.2 性能特点及适用条件

浆液被压注到岩体裂隙中并硬化后，不仅将岩块或颗粒胶结为整体起到了加固作用，而且填塞了裂隙，阻隔了地下水向坑道渗流的通道，起到了堵水作用。因此，超前注浆小导管不仅适用于一般软弱破碎围岩，也适用于含水的软弱破碎围岩。

11.3.3.3 小导管布置和安装

(1) 小导管钻孔安装前，应对开挖面及5m范围内的坑道喷射5～10cm厚的混凝土封闭。

(2) 小导管一般采用 $\phi32$ 的焊接管或 $\phi40$ 的无缝钢管制作，长度宜为 3～6m，前端做成尖锥形，前段管壁上每隔 10～20cm 交错钻眼，眼孔直径宜为 6～8mm。

(3) 钻孔直径应较管径大 20mm 以上，环向间距应按地层条件而定，一般采用 20～50cm；外插角应控制在 10°～30°之间，一般采用 15°。

(4) 极破碎围岩或处理塌方时可采用双排管；地下水丰富的松软层，可采用双排以上的多排管；大断面或注浆效果差时，可采用双排管。

(5) 小导管插入后应外露一定长度，以便连接注浆管，并用塑胶泥（40°Be 水玻璃拌 525 号水泥）将导管周围孔隙封堵密实。

11.3.3.4　注浆材料

1. 注浆材料种类及适用条件

(1) 在断层破碎带及砂卵石地层（裂隙宽度或颗粒粒径大于 1mm，渗透系数 $k \geqslant 5\times10^{-4}$ m/s）等强渗透性地层中，应采用料源广且价格便宜的注浆材料。一般对于无水的松散地层，宜优先选用单液水泥浆；对于有水的强渗透地层，则宜选用水泥-水玻璃双浆液，以控制注浆范围。

(2) 当断层带裂隙宽度（或粒径）小于 1mm，或渗透系数 $k \geqslant 10^{-5}$ m/s 时，注浆材料宜优先选用水玻璃类和木胺类浆液。

(3) 细、粉砂层，细小裂隙岩层及断层地段等弱渗透地层中，宜选用渗透性好、低毒及遇水膨胀的化学浆液，如聚胺酯类，或超细水泥浆。

(4) 对于不透水的黏土层，则宜采用高压劈裂注浆。

2. 注浆材料的配合比

注浆材料的配比应根据地层情况和胶凝时间要求，并经过试验而定，常用的配合比如下：

(1) 采用水泥浆液时，水灰比可采用 0.5∶1～1∶1。如需缩短凝结时间，则可加入氯盐、三乙醇胺速凝剂。

(2) 采用水泥-水玻璃浆液时，水泥浆的水灰比可用 0.5∶1～1∶1；水玻璃浓度为 25°～40°Be，水泥浆与水玻璃的体积比宜为 1∶1～1∶0.3。

11.3.3.5　注浆

(1) 注浆设备应性能良好，工作压力应满足注浆压力要求，并应进行现场试验其运转情况。

(2) 小导管注浆的孔口最高压力应严格控制在允许范围内，以防压裂开挖面，注浆压力一般为 0.5～1.0MPa，止浆塞应能经受注浆压力。注浆压力与地层条件及注浆范围要求有关，一般要求单管注浆能扩散到管周 0.5～1.0m 的半径范围内。

(3) 要控制注浆量，即每根导管内已达到规定注入量时，就可结束。若孔口压力已达到规定压力值，但注入量仍不足，亦应停止注浆。

(4) 注浆结束后，应做一定数量的钻孔检查或用声波探测仪检查注浆效果，如未达到要求，应进行补注浆。

(5) 注浆后应视浆液种类，等待 4h（水泥-水玻璃浆）～8h（水泥浆）方可开挖，开挖长度应按设计循环进尺的规定，保留一定长度的止浆墙（即超前注浆的最短超前量）。

11.3.4 超前深孔围幕注浆

超前注浆小导管对围岩加固的范围和止水的效果是有限的，作为软弱破碎围岩隧道施工的一项主要辅助措施，它占用时间和循环次数较多。因此，在不便采取其他施工方法（如盾构法）时，深孔预注浆止水并加固围岩就较好地解决了这些问题。注浆后可形成较大范围的筒状封闭加固区，称为围幕注浆。

11.3.4.1 注浆机理及适用条件

注浆机理可以分成四种：

1. 渗透注浆

对于破碎岩层、砂卵石石层、中细、粉砂层等有一定渗透性的地层，利用中低压力将浆液压注到地层中的空穴、裂缝、孔隙里，凝固后将岩土或土颗粒胶结为整体，以提高地层的稳定性和强度。

2. 劈裂注浆

对于颗粒更细的黏土质不透水（浆）地层，采用高压浆液强行挤压孔周岩石，在注浆压力的作用下，浆液作用的周围土体被劈裂并形成裂缝，通过土体中形成的浆液脉状固结作用对黏土层起到挤压加固和增加高强夹层加固作用，以提高其强度和稳定性。

3. 压密注浆

将浓稠的浆液注入土层中，使土体形成浆泡，向周围土层加压而使土体得到加固。

4. 高压喷灌注浆

在高压作用下，从灌浆管底部的特殊喷嘴中喷射出高速浆液射流，促使土粒在冲击力、离心力及重力作用下被切割破碎，随注浆管的向上抽出与浆液混合形成柱状固结体，以达到加固之目的。

深孔预注浆一般可超前开挖面 30～50m，可以形成有相当厚度和较长区段的筒状加固区，从而使得堵水的效果更好，也使得注浆作业的次数减少，更适用于有压地下水及地下水丰富的地层中，也更适用于采用大中型机械化施工，见图 11.18。

如果隧道埋深较浅，则注浆作业可在地面进行。对于深埋长大隧道，可利用辅助平行导坑对正洞进行预注浆，这样可以避免对正洞施工的干扰，缩短施工工期。

11.3.4.2 注浆范围

图 11.18 中已示意出对围岩进行注浆加固的大致范围，即形成筒状加固区。要确定加固区的大小，即确定围岩塑性破坏区的大小，可以按岩体力学和弹塑性理论计算出开挖坑道后围岩的压力重分布结果，并确定其塑性破坏区的大小，这也就是加固区的大小。

11.3.4.3 注浆数量及注浆材料选择

注浆数量应根据加固区需充填的地层孔隙数量来确定。

工程中常用充填率来估算和控制注浆总量。所谓充填率是指注浆体积占孔隙总体积的比率。注浆总量可按下式计算：

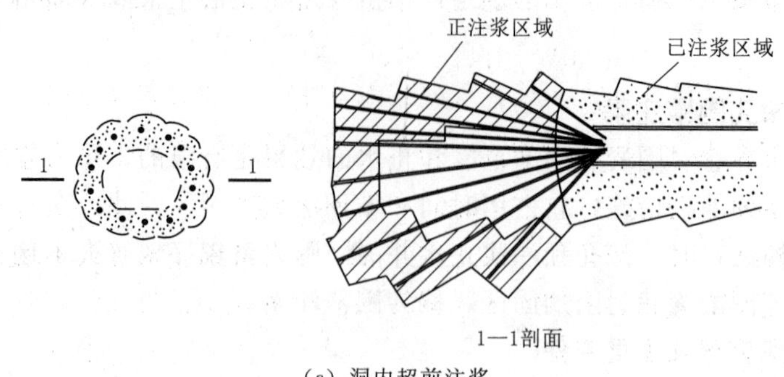

(a) 洞内超前注浆

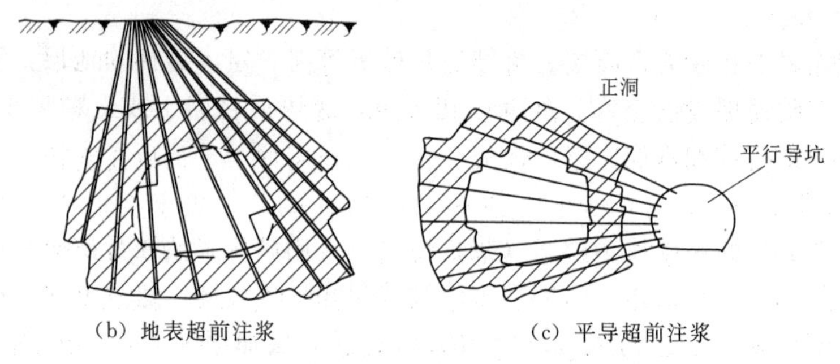

(b) 地表超前注浆　　(c) 平导超前注浆

图 11.18　超前深孔围幕注浆

$$Q = naA \tag{11.6}$$

式中　Q——注浆总量，m^3；

A——被加固围岩的体积，m^3；

n——被加固围岩的孔隙率，%；

a——过去实践证实了的充填率，%，见表 11.9。

表 11.9　孔隙率和注浆充填率表　　%

土质		壤土	黏土	粉砂	砂					砂砾		
注浆目的		堵水加固			堵水			加固		堵水		
孔隙率	范围值	65～75	50～70	40～60	46～50	40～48	30～40	46～50	40～48	40～60	28～40	22～40
	标准值	70	60	50	48	44	35	48	44	50	34	31
充填率 a		约 30	约 30	约 20	约 60	约 50	约 50	约 50	约 40	约 60	约 60	约 60

为了做好注浆工作，必须事先对被加固围岩进行试验，查清围岩的透水系数、土颗粒组成、孔隙率、饱和度、密度、pH 值、剪切和抗压强度等。必要时还要做现场注浆和抽水试验。注浆材料的选择参见 11.3.3.4 节。

11.3.4.4　钻孔布置及注浆压力

注浆钻孔的布置方式见图 11.18。另外，对于浅埋隧道，还可以采用平行布置方式，即注浆钻孔均呈竖直方向并互相平行分布，但每钻一孔即需移动钻机。

钻孔间距要根据地层条件、注浆压力及钻孔能力等来确定。一般渗透性强的地层，可以采用较低的注浆压力和较大的钻孔间距，钻孔量少，但平均单孔注浆量大。

渗透注浆时，注浆压力应大于待注浆底层的静水压力。劈裂注浆时，注浆压力应大于待注浆底层的水压力与土压之和，并取一定的储备系数，一般为1.1～1.3。

11.3.4.5 施工要点

（1）注浆管和孔口套管。深孔一次式注浆时，孔内可用注浆管或不用；分段式注浆时需用注浆管。注浆管一般采用带孔眼的钢管或塑料管。止浆塞常用的有两种，一种是橡胶式，一种是套管式。安装时，将止浆塞固定在注浆管上的设计位置，一起放入钻孔，然后用压缩空气或注浆压力使其膨胀而堵塞注浆管与钻孔之间的间隙，此法主要用于深孔注浆。

另外，若采用全孔注浆，因浆液流速慢，尤其是深孔注浆时，易造成“死管”问题。因此，多采用前进或后退式分段注浆。

（2）钻孔。钻孔可根据地层条件及成孔效果选择用冲击式钻机或旋转式钻机。

（3）注浆顺序。应先上方后下方或先内圈后外圈，先无水孔后有水孔，先上游（地下水）后下游顺序进行。应利用止浆阀保持孔内压力直至浆液完全凝固。

（4）结束条件。注浆结束条件应根据注浆压力和单孔注浆量两个指标来判断确定。单孔结束条件为：注浆压力达到设计终压；浆液注入量已达到计算值的80%以上。全段结束条件为：所有注浆孔均已符合单孔结束条件，无漏注。注浆结束后必须对注浆效果进行检查，如未达到设计要求，应进行补孔注浆。

11.3.5 水平旋喷预支护

喷射注浆法，又称旋喷法，分为垂直和水平旋喷注浆两种方法，在20世纪70年代初期日本首次开发使用了这种地层加固技术。水平旋喷注浆法是在一般的初期导管注浆的基础上发展起来的，以高压旋喷的方式压注水泥浆，从而在隧道开挖轮廓外形成拱形预衬砌的超前预支护工法。水平旋喷注浆的施工原理类似于垂直旋喷注浆，只是一个为水平、一个为垂直，我国垂直旋喷注浆技术已比较成熟。水平旋喷注浆技术在我国已初步获得应用，如神延铁路的沙哈拉茆隧道和宋家坪隧道。其施工方法为，首先使用旋喷注浆机沿着隧道掌子面周边的设计位置旋喷注浆形成旋喷柱体，再通过固结体的相互咬合形成预支护拱棚。一般每根旋喷体，首先通过水平钻机成孔，钻到设计位置以后，随着钻杆的退出，将水泥浆或水泥-水玻璃双浆液旋喷注入钻成的孔腔，通过高压射流切割腔壁土体，被切割下的土体与浆液搅拌混合、固结形成直径600mm左右的固结体，同时周围地层受到压缩和固结，其土体的物理力学性能得到一定程度的改善。旋喷柱体沿隧道拱部形成环向咬合、纵向搭接的预支护拱棚，在松散不稳定地层隧道中，可有效控制坍塌和地层变形。水平旋喷注浆桩的应用在我国还不是很广，旋喷桩抗弯性能不强，施工控制的难度较大，特别是目前我国的水平旋喷钻机性能尚未过关，制约了水平旋喷预支护技术的应用和发展。

它主要适用于黏性土、砂类土、淤泥等地层。

课　后　习　题

资源 11.2
课后习题
参考答案

1. 按开挖隧道的横断面分部情形来分，开挖方法分为几种？
2. 钻孔爆破每一循环包括哪些工序？
3. 列举炸药的性能包括哪些。
4. 隧道炮眼有哪些？并简述其位置、作用。
5. 隧道支护的方式有哪些？

参　考　文　献

［1］袁志华．建筑施工技术［M］．哈尔滨：哈尔滨工业大学出版社，2018．
［2］殷为民．土木工程施工组织［M］．武汉：武汉理工大学出版社，2022．
［3］高涛涛，江璐，郭平功．土木工程施工［M］．哈尔滨：哈尔滨工业大学出版社，2019．
［4］毛鹤琴．土木工程施工［M］．5版．武汉：武汉理工大学出版社，2018．
［5］重庆大学，同济大学，哈尔滨工业大学．土木工程施工技术［M］．3版．北京：中国建筑工业出版社，2016．
［6］姚谨英．建筑施工技术［M］．6版．北京：中国建筑工业出版社，2017．
［7］魏瞿霖，王春梅．建筑施工技术［M］．北京：清华大学出版社，2017．
［8］王利文．土木工程施工技术［M］．北京：中国建筑工业出版社，2021．
［9］李建峰，郑天旺．土木工程施工［M］．北京：中国电力出版社，2016．
［10］重庆大学，同济大学，哈尔滨工业大学．土木工程施工［M］．北京：中国建筑工业出版社，2016．
［11］郭正兴，李金根．土木工程施工［M］．南京：东南大学出版社，2007．
［12］郑少瑛．土木工程施工［M］．天津：天津科学技术出版社，2019．
［13］张泽平．土木工程施工［M］．天津：天津科学技术出版社，2021．
［14］鲁雷，高始慧，刘国华．建筑工程施工技术［M］．武汉：武汉大学出版社，2016．
［15］姚谨英，姚晓霞．建筑施工技术［M］．北京：中国建筑工业出版社，2022．
［16］朱冬青．建筑防水行业“十四五”发展展望［R］．北京：第二届防水行业大会，2021．
［17］岳强，路桂华．路基路面工程［M］．北京：机械工业出版社，2021．
［18］王作文．土木工程施工［M］．北京：化学工业出版社，2020．
［19］王修山．道路与桥梁施工技术［M］．2版．北京：机械工业出版社，2022．
［20］王博，申凯凯．道路工程施工［M］．北京：天津科学技术出版社，2018．